新编鸽病防治

主 编
陈益填 陆桂平

副主编
羊建平 杨荣明

编著者
陈益填 陆桂平 羊建平
杨荣明 王传锋 左伟勇
胡新刚 黄银云 谭 菊

金盾出版社

内 容 提 要

本书由我国著名养鸽专家陈益填研究员等人编写,主要介绍了鸽病诊断与治疗技术,鸽场防疫技术,鸽常用药物,并介绍了鸽主要传染病、寄生虫病、营养代谢病、中毒病和常见普通病的预防和治疗。本书内容丰富,技术实用,通俗易懂,适合养鸽场技术人员、养鸽爱好者、基层兽医技术人员和畜牧兽医类专业师生参考。

图书在版编目(CIP)数据

新编鸽病防治/陈益填,陆桂平主编.北京:金盾出版社,2009.12
ISBN 978-7-5082-6084-6

Ⅰ.①新… Ⅱ.①陈…②陆… Ⅲ.①鸽—禽病—防治 Ⅳ.①S858.39

中国版本图书馆 CIP 数据核字(2009)第 206161 号

金盾出版社出版、总发行
北京太平路 5 号(地铁万寿路站往南)
邮政编码:100036 电话:68214039 83219215
传真:68276683 网址:www.jdcbs.cn
封面印刷:北京印刷一厂
正文印刷:北京华正印刷有限公司
装订:北京华正印刷有限公司
各地新华书店经销
开本:850×1168 1/32 印张:7.875 字数:194千字
2012年5月第1版 第9次印刷
印数:140001~155000册 定价:13.00元

(凡购买金盾出版社的图书,如有缺页、
倒页、脱页者,本社发行部负责调换)

目 录

第一章 鸽病诊断与治疗技术 (1)
第一节 鸽病发生原因与特点 (1)
一、鸽病发生原因 (1)
二、鸽病特点与防治原则 (2)
第二节 鸽病诊断技术 (4)
一、流行病学调查 (4)
二、临床检查 (5)
三、病理解剖 (6)
四、病理组织学检查 (12)
五、病原学检查 (12)
六、免疫学检查 (14)
第三节 鸽病治疗技术 (20)
一、采血技术 (20)
二、给药技术 (20)
二、中毒急救方法 (22)

第二章 鸽场防疫技术 (24)
第一节 鸽场选址与鸽舍建设 (24)
一、场址选择 (24)
二、鸽场布局 (25)
三、鸽舍及其设计要求 (26)
第二节 鸽场饲养管理 (26)
一、分区饲养 (26)
二、执行全进全出、自繁自养的饲养制度 (28)
三、实行隔离、封锁措施 (29)

四、防止鸽场蛋媒疾病……………………………………(30)
　　五、人员和车辆管理……………………………………(31)
　　六、饲料和饮水管理……………………………………(32)
　　七、防鼠与灭鼠…………………………………………(33)
　　八、防虫和杀虫…………………………………………(34)
　　九、废弃物处理…………………………………………(35)
第三节　鸽场消毒技术……………………………………(35)
　　一、常用消毒方法………………………………………(35)
　　二、消毒药品的配制……………………………………(40)
　　三、不同消毒对象的消毒………………………………(41)
　　四、消毒注意事项………………………………………(46)
第四节　鸽场免疫技术……………………………………(47)
　　一、鸽常用生物制品……………………………………(47)
　　二、生物制品的使用……………………………………(49)
第五节　鸽病的检疫与监测………………………………(59)
　　一、鸽病的检疫…………………………………………(59)
　　二、鸽病监测……………………………………………(60)

第三章　鸽常用药物…………………………………………(62)
第一节　药物使用的基本知识……………………………(62)
　　一、药物的分类…………………………………………(62)
　　二、药物的剂型…………………………………………(62)
　　三、药物的作用…………………………………………(62)
第二节　常用药物种类……………………………………(65)
　　一、消毒药物……………………………………………(65)
　　二、抗生素类药物………………………………………(75)
　　三、合成抗菌药物………………………………………(86)
　　四、抗寄生虫药物………………………………………(93)
　　五、维生素类药物………………………………………(98)

目　录

　　六、灭鼠药物 …………………………………………（104）
　　七、解毒药 ……………………………………………（107）
第四章　鸽传染性疾病 …………………………………（111）
　第一节　病毒性传染病 …………………………………（111）
　　一、鸽瘟（鸽新城疫）………………………………（111）
　　二、禽流感 ……………………………………………（116）
　　三、鸽痘 ………………………………………………（122）
　　四、鸽马立克氏病 ……………………………………（126）
　　五、鸽疱疹病毒感染 …………………………………（128）
　第二节　细菌性传染病 …………………………………（129）
　　一、大肠杆菌病 ………………………………………（129）
　　二、沙门氏菌病 ………………………………………（133）
　　三、巴氏杆菌病（禽霍乱）…………………………（142）
　　四、葡萄球菌病 ………………………………………（149）
　　五、链球菌病 …………………………………………（152）
　　六、结核病 ……………………………………………（155）
　　七、伪结核病 …………………………………………（157）
　　八、铜绿假单胞菌病 …………………………………（158）
　　九、李氏杆菌病 ………………………………………（160）
　　十、丹毒 ………………………………………………（162）
　　十一、溃疡性肠炎 ……………………………………（163）
　　十二、坏疽性皮炎 ……………………………………（165）
　第三节　其他传染病 ……………………………………（166）
　　一、曲霉菌病 …………………………………………（166）
　　二、支原体病 …………………………………………（169）
　　三、衣原体病 …………………………………………（172）
　　四、螺旋体病 …………………………………………（175）
　　五、念珠菌病 …………………………………………（177）

六、冠癣 …………………………………………… (180)
七、隐球菌病 ……………………………………… (181)
第五章 鸽寄生虫病 ………………………………… (183)
 第一节 鸽原虫病 …………………………………… (183)
  一、鸽球虫病 ……………………………………… (183)
  二、鸽弓形虫病 …………………………………… (185)
  三、鸽六鞭原虫病 ………………………………… (187)
  四、鸽血变原虫病(鸽疟疾) ……………………… (188)
  五、鸽毛滴虫病 …………………………………… (189)
 第二节 鸽线虫病 …………………………………… (192)
  一、鸽蛔虫病 ……………………………………… (192)
  二、鸽毛细线虫病 ………………………………… (194)
  三、鸽鸟圆线虫病 ………………………………… (196)
  四、鸽锐形线虫病 ………………………………… (197)
  五、鸽四棱线虫病 ………………………………… (198)
  六、鸽尖旋线虫病 ………………………………… (199)
 第三节 鸽吸虫病 …………………………………… (200)
  一、鸽棘口吸虫病 ………………………………… (200)
  二、鸽前殖吸虫病 ………………………………… (201)
  三、鸽嗜眼吸虫病 ………………………………… (202)
  四、鸽顿水吸虫病 ………………………………… (202)
 第四节 鸽绦虫病 …………………………………… (203)
  一、鸽戴文绦虫病 ………………………………… (203)
  二、鸽赖利绦虫病 ………………………………… (205)
 第五节 鸽体外寄生虫病 …………………………… (206)
  一、鸽羽虱 ………………………………………… (206)
  二、鸽虱蝇 ………………………………………… (207)
  三、鸽皮刺螨病 …………………………………… (208)

四、鸽气囊螨病 ……………………………………… (210)
　　五、鸽锐缘蜱病 ……………………………………… (210)
第六章　鸽营养代谢病 ……………………………………… (213)
　第一节　维生素缺乏症 ……………………………………… (213)
　　一、维生素 A 缺乏症 ………………………………… (213)
　　二、维生素 D 缺乏症 ………………………………… (214)
　　三、维生素 E 缺乏症 ………………………………… (215)
　　四、维生素 B_1 缺乏症 ………………………………… (216)
　　五、维生素 B_2 缺乏症 ………………………………… (217)
　　六、泛酸缺乏症 ……………………………………… (218)
　　七、烟酸缺乏症 ……………………………………… (219)
　　八、叶酸缺乏症 ……………………………………… (219)
　　九、维生素 B_6 缺乏症 ………………………………… (220)
　　十、维生素 B_{12} 缺乏症 ………………………………… (221)
　第二节　钙磷缺乏与钙磷比例失调症 ……………………… (221)
　第三节　锰缺乏症 …………………………………………… (222)
　第四节　硒缺乏症 …………………………………………… (223)
　第五节　鸽痛风 ……………………………………………… (225)
　第六节　鸽啄癖 ……………………………………………… (226)
第七章　鸽中毒病 …………………………………………… (227)
　第一节　食盐中毒 …………………………………………… (227)
　第二节　氨和氯中毒 ………………………………………… (228)
　第三节　磺胺类药物中毒 …………………………………… (228)
　第四节　霉玉米中毒 ………………………………………… (229)
　第五节　有机磷农药中毒 …………………………………… (230)
　第六节　敌鼠钠盐中毒 ……………………………………… (231)
第八章　鸽普通病 …………………………………………… (232)
　第一节　胃肠炎 ……………………………………………… (232)

第二节　鼻炎 …………………………………………（233）

第三节　咽喉炎 ………………………………………（234）

第四节　支气管炎 ……………………………………（234）

第五节　创伤性食管炎 ………………………………（235）

第六节　胰腺炎 ………………………………………（235）

第七节　嗉囊炎 ………………………………………（236）

第八节　眼炎 …………………………………………（237）

第九节　热射病 ………………………………………（238）

第十节　软嗉病 ………………………………………（239）

第十一节　肿瘤 ………………………………………（240）

第十二节　便秘 ………………………………………（240）

第十三节　卵泌症 ……………………………………（241）

第十四节　创伤 ………………………………………（241）

附录　食品动物禁止使用的药物……………………（243）

第一章　鸽病诊断与治疗技术

第一节　鸽病发生原因与特点

一、鸽病发生原因

引起鸽发病的原因有很多，常见的有病原微生物感染，寄生虫侵袭，农药或化学药物中毒，误食霉变饲料，饲养管理不善等。不同的致病因素导致病鸽的症状、病变、发病数量、防治方法有所不同，临床上应区别对待。

（一）病原微生物感染　鸽在生活过程中可以通过用具、饲料、饮水、空气、饲养管理人员等接触到各类病原微生物。引起鸽子感染发病的病原微生物主要有病毒、细菌、支原体、真菌和衣原体等。这些病原的致病力、感染途径不同，对鸽的品种、品系、年龄、性别等有一定的选择性，因此临床上由病原微生物引起的疾病的潜伏期、临床症状、病理变化、传染性等也是不同的。

（二）寄生虫侵袭　在饲养管理不善的情况下，鸽子可以通过粪便、饲料、饮水以及接触野鸟等感染寄生虫。此类寄生虫主要有球虫、吸虫、线虫、绦虫、虱和蝇等。寄生虫侵入鸽体内后，一方面从鸽体摄取营养，导致鸽渐进性消瘦，抵抗力下降，增加感染其他病原微生物的机会，同时也会释放毒素，以及造成鸽体机械性损伤。

（三）农药或化学药物中毒　由于农药、鼠药、杀虫药以及消毒药、治疗药物的广泛使用，鸽误食喷洒农药的作物，或误食混入鼠药、杀虫药以及发霉变质的饲料、误服消毒药水等达到一定量时均可引起药物性或毒素性中毒。治疗鸽病时喂饲超大剂量的药物，鸽子在野外误服被工业污染物污染的饲料、饮水等,也会导致中毒。

(四)空气污染　鸽舍粪便如清理不及时,其发酵后会散发出高浓度的氨气、硫化氢、二氧化碳等有毒气体,加上通风不良,可导致鸽子中毒。有的鸽场在用甲醛熏蒸消毒鸽舍时,没有完全排出甲醛气体,就迁入鸽子饲养,也会导致鸽子发病。此外,冬天育雏,通过烧煤加温时,应注意育雏舍的通风换气,防止一氧化碳蓄积中毒。

(五)饲养管理不善　饲养管理水平的好坏直接影响鸽子的健康。要给予鸽子营养全面的饲料,舒适安静的环境。鸽舍建筑失当,营养缺乏,环境嘈杂,忽冷忽热,尘土飞扬,过于潮湿或干燥等均可促使鸽病的发生与发展。此外,饲养管理上应细心、耐心、小心,工作过程中不强行驱赶、捕捉,治疗、免疫时规范操作,避免人为地造成鸽体的损伤。

二、鸽病特点与防治原则

(一)鸽病特点　鸽病的发生具有一定的特点,具体如下:

其一,以群发病居多。肉鸽养殖生产基本上采取规模化或集约化方式进行,由于场舍集中、饲料统一和管理一体,如果防疫及管理措施不严格,一旦发生传染病、寄生虫病,或是饲料中毒病及营养代谢病,往往出现群体性感染或发病,造成很大损失。

其二,多数鸽病传播迅速、蔓延广和发病快。诸如鸽瘟、球虫病和污染饲料中毒、药物中毒等,都会在短期内集中发生或流行。因此,当疾病一经出现就应立即进行综合性检查(临床症状、解剖检查、流行病学调查)分析,做出初步的定性诊断,即明确是传染病、寄生虫病还是中毒性疾病。然后尽早采取相应的紧急措施,控制疫情,防止扩散蔓延,以减少损失。

其三,多数鸽传染病和寄生虫病的病原属禽鸟类共患性病原,具有广谱感染和交叉感染性。如果鸽与其他禽鸟类同场饲养或接触,包括与飞鸟、野禽的接触均可引起疾病的传播,招致感染发病乃至流行。因此,鸽场应禁止饲养其他禽鸟类,并防止飞鸟进入;同时做好引种检疫、定期检疫和驱虫工作,及时淘汰、处理阳性鸽。

其四,鸽病的暴发流行与疫源地的存在、外源病原的进入及饲料、水源的污染直接相关。诸如鸽场内残存病原微生物或寄生虫,带毒(菌)野鸟特别是候鸟进入场内,以及饲料和水源被霉菌、农药等污染,都会引起疾病。因此,鸽场自建场开始就应注意场址的选择,环境和水源的勘察;建立各种规章制度,认真贯彻防疫卫生措施;一旦发生疫病,应采取坚决的清场和彻底消毒措施,以防止病原微生物残存。

其五,特异性免疫接种是有效地防止鸽传染病发生的重要手段。频繁使用抗生素等药物防治可引起耐药性菌株的产生而失去效果,并且对公共卫生的危害极大。因此,许多国家提倡用生物制剂代替抗生素来防治疾病,以减少耐药菌株的出现。

(二)鸽病防治原则 共有五项原则:

一是树立"防治结合,预防为主"的防疫观念,并建立相应的防疫体系,防止鸽病的侵入、扩散、传播。

二是建立疫病综合性防治措施,即建立检疫、防疫、饲养、封锁、隔离、治疗、免疫、净化等措施,以求达到防止病原侵入,及时消灭病原与控制疫病,减少损失的目的。

三是采取综合性检查,对发生的疾病尽早尽快做出诊断。通常首先根据流行病学调查、临床观察和病理剖检变化做出初步诊断,并采取应急控制措施;同时,采取相应病料做进一步的实验室检查,最终确诊,并采取相应的扑灭措施。

四是实施计划免疫和驱虫是防治鸽病比较切实的措施之一,可以在一定程度上减小由于药物防治带来耐药性菌(虫)株的危害。

五是建立免疫监测与疫情预报和报告制度。通过抽样做免疫监测,在疫苗接种后 3～4 周进行,可根据抗体水平了解免疫的效果,从而决定是否需要补种。在疫病流行前进行监测,则可了解幼鸽的母源抗体水平和群体的免疫水平,从而决定相关疫苗接种时间。

第二节 鸽病诊断技术

一、流行病学调查

流行病学调查是鸽病诊断的重要方法,也是养鸽场(户)制定有效的防治对策及措施的依据,尤其在集约化养鸽场更为重要。

流行病学调查的内容和范围十分广泛,凡与疾病发生发展相关的自然条件和社会因素都在内。诸如鸽场的位置、规模及周边环境;鸽子的品种、品系、数量、性别比例;饲养习惯、饲料种类及来源、饮用水来源;日常消毒情况;免疫接种情况;发病鸽群及个体与未发病鸽群及个体的背景材料;发现病鸽的时间、鸽病发生高峰的时间、鸽病发展趋势;过去有无此类鸽病、过去此类鸽病的发病及防治情况;邻近鸽场发病情况;其他禽鸟类有无类似疾病、当时对该病防治效果等,均在调查之列。

流行病学的调查方式多种多样,一方面可组织座谈会,约请鸽场饲养人员、管理人员、当地兽医、检疫人员等座谈,了解发病鸽场的建设及饲养管理情况、鸽病发生发展情况、饲料来源及加工配制过程、引种和动物出入、当地自然环境状况、当地鸽病的发病史等;另一方面可进行现场实地调查,观察鸽群的动态、静态、饮食行为,重点进行病鸽个体临床检查,必要时对新鲜病死鸽及濒死鸽进行剖检,掌握鸽群的病情及病鸽的临床症状、病理变化,然后结合座谈了解的一般情况,可以对鸽病做出初步的判断。

流行病学调查和分析的目的是认识疾病并提出应对措施,有时需结合实验室诊断技术,才能最终确诊。一般来说,如系微生物感染,实验室诊断技术应可以查出病原体;寄生虫病,应可以查出虫体或虫卵;中毒性疾病,应可以追溯到毒物来源,断绝毒物来源后,疾病应能控制;管理不善造成的疾病,改善饲养管理条件后,疾病应能得到缓和和控制。

二、临床检查

鸽病的临床检查是及时正确诊断鸽病的重要手段,主要是对病鸽天然孔的检查,如眼睛、鼻孔、口腔和肛门。此外,对消化系统、呼吸系统和运动功能应进行重点检查。

(一)口腔检查 检查口腔和咽喉黏膜的颜色,有无黏液、溃疡、假膜及异常味道。黏膜型鸽痘、鹅口疮、毛滴虫病、口腔炎和咽喉炎等疾病,口腔和咽喉的黏膜常出现潮红、白色或黄色干酪样病灶、溃疡或白色假膜等。维生素缺乏时,这些部位常有针头大小的白色结节。

(二)眼睛检查 患皮肤型鸽痘时,眼睛周围有痘疹,严重者可导致单侧或双侧眼睛失明。眼线虫、鸟疫和维生素 A 缺乏病,可以引起鸽的眼睛发炎红肿和分泌物增加。有机磷农药和阿托品中毒时,分别引起瞳孔缩小和扩大。

(三)鼻瘤和呼吸系统检查 健康鸽的鼻瘤洁净,呈白色。若出现鼻瘤潮湿、白色减褪,鼻孔有浆液性分泌物等症状,可能是感冒、鼻炎、副伤寒和鸟疫等疾病所致。鸽子正常的呼吸次数为每分钟 30~40 次,若患鼻炎、喉气管炎、肺炎、丹毒病、曲霉菌病和鸟疫等疾病时,可能出现咳嗽、打喷嚏、气喘、气囊啰音和呼吸困难等症状。

(四)嗉囊检查 用手摸鸽子的嗉囊,可以略知其消化功能状况。正常情况下,鸽子进食 3~4 小时后,饲料向下移动而使嗉囊缩小;否则就说明鸽子消化不良或者有嗉囊病。嗉囊病有两种:一种是摸着硬,可能是被硬性食物梗塞所致,或由某些传染病引起的嗉囊积食;另一种是摸着软,倒提鸽子时,口中流出酸臭液体的软嗉病,常由长期积食和缺乏运动造成。

（五）**肛门和泄殖腔检查**　鸽新城疫、溃疡性肠炎、胃肠炎、鸟疫和副伤寒等疾病常引起鸽子腹泻,粪便沾污肛门周围的羽毛。皮肤型鸽痘常引起鸽子肛门周围出现痘疹。患鸽霍乱、胃肠炎等疾病,鸽子的泄殖腔可能充血或有点状出血。

（六）**皮肤和体温检查**　观察皮肤的颜色是否正常,有无损伤和肿瘤。鸟疫和丹毒病可导致皮肤发绀。鸽子正常体温范围是40.5℃～42.5℃,除捕捉和烈日照射可以引起体温升高外,鸽霍乱、肺炎和丹毒等都可以引起鸽子体温升高。

（七）**运动功能检查**　除骨折、骨骼损伤和关节脱臼直接引起运动障碍外,鸽新城疫、副伤寒、丹毒、关节炎、神经性疾病、有机磷农药、呋喃类药物和食盐等中毒,都可能引起双脚无力,单侧或双侧翅膀麻痹,共济失调,飞行和行走困难等症状。通过以上各项检查和综合分析后,对疾病可以做出初步诊断。仍不能确诊的疾病,必须进行实验室检查。

（八）**尿液检查**　可肉眼观察输尿管是否增粗,有无尿酸盐沉积。

（九）**粪便检查**　不同的鸽病其病理表现不同,在一定程度上可依据粪便的性状诊断疾病。病鸽的粪便表现有血性粪便、白色粪便、绿色粪便、水样下痢等区别。发现肠道的血细胞、寄生虫、虫卵等,从而确诊胃肠出血及肠道寄生虫。

三、病理解剖

许多鸽病有典型的或特殊的病理变化,在流行病学调查和临床检查的基础上,开展病理剖检,观察病鸽器官组织的变化,可以为正确诊断提供可靠的依据。同时也可为实验室检查提供病原学、免疫学、病理组织学等所需要的病理材料,是对疾病进一步诊断的重要措施。

（一）**常见病理变化**　鸽子患病的病理变化,常见的有如下几种：

1. **充血** 局部器官组织毛细血管扩张，血液含量增多，称为充血。充血部位表现为增温、轻微肿胀并发红，而且发红部位的皮肤用指压后即褪色，指放开即恢复原状。充血是动物体的一种防卫反应，主要见于炎症。

2. **淤血** 亦叫静脉充血，是静脉血液回流发生障碍所引起的。具体表现为：发绀、肿胀、温度降低；切开时，从血管内流出多量暗红色不凝固的血液。淤血往往多见于肺、肝、脾、肾等实质器官。

3. **出血** 血液流到心脏血管系统之外，称为破裂性出血；血液中的红细胞从小血管渗出，则叫渗出性出血。破裂性出血可见于盲肠球虫病的盲肠血管被寄生虫破坏，流出血液，随粪便排出。渗出性出血可见于多种疾病，多数因病原微生物在血液中繁殖，使血管壁通透性改变而造成，具体表现在局部器官组织有出血点或小的出血斑，例如鸽新城疫的肌胃角质膜下有斑状出血（或充血）。

4. **贫血** 红细胞的数量在血液中不足时称为贫血，表现为黏膜、皮肤苍白。引起贫血的原因较多，主要是失血、溶血（红细胞被致病因子破坏）、营养不良、红细胞再生障碍（多见于慢性中毒）等。

5. **萎缩** 器官组织功能减退和体积缩小称萎缩。有病理性萎缩和生理性萎缩之别，如法氏囊（亦称腔上囊）可随年龄的增大而缩小是生理性萎缩；如因病而致萎缩的则叫病理性萎缩。

6. **坏死** 机体内局部组织细胞的病理死亡称为坏死。坏死主要是由于病原微生物直接破坏细胞及其周围的血液循环所致。具体可分凝固性坏死——组织坏死后，蛋白质凝固，形成灰白色或灰黄色、较干燥、无光泽的凝固物，如鸽霍乱病肝上所出现的坏死点；液化性坏死——组织坏死后分解液化，成为脓汁；坏疽——坏死性腐败。

7. **糜烂与溃疡** 坏死组织一经脱落而留下已形成的残层缺

损叫做糜烂,较深的缺损称为溃疡。

8. 炎症　当动物机体出现一种防卫性反应即称炎症,具体表现为红、肿、热、痛和功能障碍,发炎的部位还出现变质、渗出、增生三种基本病理变化。

9. 败血症　病原微生物进入血液,在其中繁殖并产生毒素,引起严重的全身症状,称为败血症。该症常使血管壁的通透性改变,红细胞渗出,在许多器官造成出血性病变。

10. 肿瘤　机体某一部分细胞发生异常增生,且其生长失去正常控制,而形成肿块,称为肿瘤。它有良性和恶性之分,恶性肿瘤的特点是生长迅速,能向周围组织浸润扩散,能向其他部位转移,对机体危害严重。鸽的恶性肿瘤见于马立克氏病等。

(二)剖检要求

1. 剖检所需器材　经严格消毒的剪刀、镊子、搪瓷盘、灭菌容器、消毒药液、载玻片、酒精灯、白金耳等,为加强个人防护,应备操作人员所用的消毒手套、帽子、胶鞋、工作服、肥皂、毛巾等。

2. 剖检病例的选择　原则上应选择未经治疗的、临床症状明显的濒死鸽或死亡不超过 4 小时的新鲜病死鸽。剖检病例在性别、品种、品系甚至个体大小上应兼顾,使病例具有代表性。剖检数量应根据鸽群结构、初步诊断的结果以及采集病料的需要而定,以获得规律性的病变结论为准。

3. 剖检地点的要求　为了防止污染和病原扩散,原则上剖检应在实验室、兽医诊疗室、剖检室或焚尸炉、污物处理坑旁进行,将病鸽放在搪瓷盘或塑料布上进行剖检。严禁在鸽舍内或鸽舍旁剖检,不宜在难以清理和消毒的台面、地板上剖检。剖检前应用清水或消毒药液打湿鸽体,防止羽毛飞散。病死鸽应用不漏水塑料布包扎后运送,剖检完毕,要将尸体、包装物、污染的泥土消毒后深埋处理,对剖检场地严格消毒。

4. 病理剖检注意事项　在鸽临死前剖检,对于已经死亡的鸽

第一章 鸽病诊断与治疗技术

尸体,应尽早剖检;尽可能多剖检几只,以便找出规律性的病变,才能做出正确的诊断。剖检后,应做好人员、用具、器材等清洗消毒工作。如果需要将病料送到鸽场外进一步诊断,必须附上剖检结果、症状等情况记录。

(三)剖检方法 首先检查病死鸽的外部状况,如羽毛、体况、营养、眼鼻嘴等可视黏膜、爪子和肛门周围的变化并做详细记录。然后用消毒药液湿润尸体,做仰卧位保定,切开大腿和腹壁间的皮肤和筋膜,用力将两大腿向下掰压使两髋关节脱臼,两腿外展固定。随后用剪子自肛门处沿腹中线直剪至颈部,暴露腹胸腔和内脏器官,并检查颈、胸、腹部皮下变化和胸、腿肌肉病变。继而从嗉囊后端切断气管,取出腺胃、肌胃、肝、脾、肠等脏器,再摘下心脏、输卵管、卵巢或睾丸及肺、肾。再由右侧嘴角向后剪开口腔,剖开喉头、气管、食管。最后剪开头部皮肤,打开脑颅骨,露出硬脑膜、软脑膜和脑组织。

(四)剖检内容

1. 腹腔 腹腔暴露后、摘出内脏器官前,先观察腹腔的大体变化。腹腔积液呈淡黄色,并有黏稠的渗出物附在内脏表面,可能是腹水症、大肠杆菌病。腹腔中积有血液和凝血块,常见于急性肝破裂,可能为肝脾的肿瘤性疾病、包涵体肝炎等。腹腔器官表面,特别是肝、心、胸系膜等内脏器官表面有一种石灰样白色沉着物,这是痛风的特征。腹腔脏器粘连,并有破裂的卵黄和坚硬卵黄块,这是大肠杆菌、鸽沙门氏菌病等引起的卵巢腹膜炎。

2. 食管和嗉囊 食管黏膜上生成许多白色结节,可能是维生素 A 缺乏症或毛滴虫病病灶。嗉囊充满食物,说明该鸽为急性死亡,应根据具体情况进行判断,若有大批发生,可能为中毒或急性传染病。嗉囊膨胀并充满酸臭液体,可见于嗉囊卡他性炎症或鸽新城疫。嗉囊黏膜增厚,附着多量白色黏性物质,可能有线虫寄生;若有假膜和溃疡,这是鹅口疮的特征。

3. 腺胃和肌胃　肌胃的角质层应当剥离后观察。腺胃肿大或发炎,可能是马立克氏病的病变或是寄生虫引起的。腺胃乳头及黏膜出血,是鸽新城疫的特征。腺胃和肌胃的交界处有一条状出血,可能是一种免疫器官受损的急性病毒性传染病。

4. 小肠、大肠及胰腺　从十二指肠到泄殖腔都应剪开,有时也可重点剪开几段肠管检查。观察内容物及黏膜的状态,肠道中有无寄生虫,在何段肠道,数量多少。小肠黏膜急性卡他性或出血性炎症,黏膜呈深红色有出血点,表面有多量黏液性渗出物,常见于鸽新城疫、鸽霍乱、肠炎等。

小肠壁增厚,剖开肠道黏膜外翻,可能是慢性肠炎、鸽沙门氏菌病。小肠黏膜上形成大量灰白色的小斑点,同时肠道发生卡他性或出血性炎症,多见于小肠球虫病。胰腺有体积缩小、较坚实、宽度变窄、厚度变薄等病变,可能是缺硒或缺乏维生素 E。肠壁上形成大小不等的肿瘤状结节,可见于马立克氏病、淋巴细胞增生、恶性肿瘤、结核病以及严重的绦虫病。盲肠肿大,黏膜呈深红色严重炎症,肠腔内含有血色或血液凝块,这是盲肠球虫病的特征。盲肠壁肥厚,内含黄色干酪样凝固渗出物,可能是鸽传染性盲肠肝炎。泄殖腔黏膜呈条状出血,这是慢性或非典型鸽新城疫的表现。

5. 肝脏和脾脏　肝脏的体积、色泽正常,但表面和切面有数量不等的针尖大小的灰白色坏死小点,是鸽霍乱的特征,也见于鸽沙门氏菌病。肝脾色泽变淡,呈弥漫性增生,体积可超过正常数倍,见于马立克氏病。肝稍肿大,表面形成许多界限分明的大小不一的黄色类圆形坏死灶,边缘稍隆起,此为鸽传染性盲肠肝炎的特征病变。肝脏的硬度增加,呈黄色,表面粗糙不平,常有胆管增生,见于黄曲霉素中毒。肝或脾出现多量灰白色或淡黄色珍珠结节,切面呈干酪样,见于鸽结核病。肝脏淤血肿大,呈暗紫色,表面覆盖一层灰白色纤维蛋白膜,为大肠杆菌引起的肝周炎。

6. 肾脏和输卵管　肾脏显著肿大,呈灰白色,常见于马立克氏病。肾脏肿大,肾小管和输卵管充满白色的尿酸盐石灰样沉着,见于痛风。

7. 卵巢和输卵管 卵巢形态不整,皱缩,干燥和颜色改变,见于慢性沙门氏菌病、大肠杆菌病或慢性禽霍乱。卵巢体积增大,呈灰白色,见于马立克氏病或卵巢肿瘤。

8. 心脏和心包 心外膜、心内膜或心冠脂肪上有出血点,是一般急性败血症的病变,如急性禽霍乱、鸽新城疫等。心外膜上有灰白色坏死小点,见于鸽沙门氏菌病。心外膜上有石灰样白色尿酸盐结晶,为内脏型痛风。心肌肿大,心冠脂肪组织变成透明的胶冻样,是严重营养不良的表现,也见于马立克氏病。

9. 气囊、气管和肺 气囊、气管和肺充血,见于非典型鸽新城疫。胸腹部气囊混浊,含有灰白色干酪样渗出物,可见于大肠杆菌病。鸽的肺和气囊上生成灰白色或黄白色的小结节,常见于曲霉菌病。

(五)送检病鸽及病料 及时采集传染病病料,并送有关兽医检验部门检验,是快速确诊鸽病的有效措施。如果没有条件采集病料,可直接送检病鸽和死亡时间不超过 6 小时的病死鸽数只。如是病鸽,可直接装箱;如是病死鸽,可将其直接包入不透水的塑料薄膜、油布或数层油纸中,装入箱内,送至有关单位检验。如果有条件采集病料送检,需注意以下问题:

一是要严格按照无菌操作程序进行,并严防病原散播。采集病料的器械需事先消毒。如刀、剪、镊子等可煮沸 15 分钟消毒。

二是采集病料的时间,以死后不超过 6 小时为宜,最好死后立即采集。一套器械与容器只能采取或容装一种病料。

三是在打开尸体后先采取相应病料,再进行病理检查,或在剖检的同时,无菌采取病原诊断所需的病料组织块、血液、分泌物等。一般按先腹腔后胸腔的顺序采取病料。

四是应正确保存和包装病料,正确填写送检单。病料送检时间越快越好,以免材料腐败或病原微生物死亡。

四、病理组织学检查

病理组织学检查是明确鸽肉眼病变的性质和鸽病性的一种重要手段,包括病理切片技术和显微镜观察两部分。根据组织、细胞的充血、出血、炎性、坏死、溃疡崩解和包涵体等变化做出病理组织学诊断。由于病理切片制作方法较繁琐,需要较长时间,故在基层单位使用不太广泛,在此仅作简要说明。

(一)病理切片技术 一般而言,从病料的采取到制成染色标本,要经过取材、固定、冲洗(保存)、脱水、透明、透蜡、包埋、切片、染色和封固等步骤。

(二)病理切片镜检 切片制成后,在油镜下观察,可见细胞核呈蓝色,细胞质、细胞间物质和结缔组织呈浅红色,肌纤维呈深红色,红细胞与嗜酸性粒细胞呈红色。

五、病原学检查

对鸽传染病和寄生虫病进行病原学检查是确诊疫病的依据,同时也是制定正确防治措施的根据。由于细菌、病毒、寄生虫的生活特性不同,病原学检查的方法也各异。

(一)细菌学检查 通常在显微镜下检查细菌的染色形态,分离培养细菌,观察其培养特点,以及对分离的细菌进行生化试验,从而鉴定细菌。

1. **细菌形态检查** 将病料涂片、触片自然干燥或用甲醇固定后,做染色镜检观察形态。常用的细菌染色方法有革兰氏染色法、碱性美蓝染色法、抗酸染色法、姬姆萨氏染色法等,真菌病料可制成压片、螺旋体病料可制成悬滴标本直接镜检,可分别见到菌丝、孢子和运动的螺旋体。

2. **细菌分离培养** 多数病原菌可在普通琼脂培养基、血液(血清)琼脂培养基和厌气肉肝琼脂培养基上生长并呈现菌落特征;真菌可在沙氏琼脂上生长,支原体可在加有血清(马、猪)的合成琼脂上生长。通常先作划线、培养,然后挑选单个典型菌落进行分离培养与鉴定。

3. 病原菌鉴定　　通常可根据病原细菌的形态特征、培养特性、生化特点和定型血清交叉试验等进行,同时也可通过本动物致病性试验鉴定其病原性。

(二)病毒学检查

1. 病料处理　　取保存的病料置于 5～10 倍体积的灭菌生理盐水(Hank's 液、磷酸盐缓冲液)中洗去保存残液,然后置于 5～10 倍病料体积含双抗(青霉素、链霉素各 500 毫克/毫升)的生理盐水中制成匀浆悬液,低速离心后上清液即为病毒分离材料,置于 -30℃保存备用。

2. 病毒分离培养

(1)鸡胚培养　　多数病毒特别是禽病毒,可通过绒毛尿囊膜、尿囊腔、羊膜腔、卵黄囊等不同途径,接种不同日龄鸡胚而生长繁殖,多数病毒还能形成胚胎病变,如致死、水肿、出血、病斑等,然后收取胚液、胚体,即为含毒物,置于 -30℃保存备用。

(2)细胞培养　　病毒细胞培养应具备细胞系统(原代、传代细胞)、营养系统(培养液)和生长环境系统(器材、药品、温度、pH 值、无菌)三方面的条件,否则不能在体外生长繁殖。病毒在细胞上生长增殖后会产生细胞病变(圆缩、拉网、合胞体、脱落),收取后置于 -30℃备用、鉴定。

3. 病毒鉴定　　通常根据病毒的培养特性(鸡胚病变、细胞病变)、电镜检查、特性检查(理化特性、生物学特性)和免疫血清学检查做出鉴定,同时也可回归本动物作病原性鉴定。

(三)寄生虫学检查

1. 虫体检查　　可将剖检时采集的体内、体外虫体标本(蛔虫、绦虫、线虫和蜱、螨、虱等)在放大镜、显微镜下进行检查鉴定;有些小体虫如吸虫、球虫也可利用粪便检查鉴定。

2. 蠕虫病虫体检查　简单常用的检查方法有两种。一是直接涂片法,即在载玻片上滴少许5％甘油生理盐水,加上少许新鲜粪便混匀成粪液,盖上盖玻片后镜检,此法检出率不高;另一种是集卵法。利用虫卵在清水中下沉和在饱和盐水中上浮的特性收集后镜检,可提高检出率。其一是沉淀法,即取粪便3～5克加清水稀释搅匀成粪水,用铜筛网过滤除去粪渣,滤液静置30分钟,弃去上清液,沉淀渣用水反复洗数次直到上清液透明,取沉淀镜检,本法适用于检查吸虫卵。其二是漂浮法,即取粪便5克,加入饱和食盐水50毫升,搅匀后用铜筛网过滤除去粪渣,滤液静置30分钟,虫卵上浮后用白金耳勾取表层液膜置于载玻片上镜检。本法适用于线虫卵、球虫卵囊检查。

3. 原虫病检查　寄生于鸽的原虫有血液原虫、消化道原虫和组织原虫等。

(1)血液原虫检查法　采取血液涂片,干后用无水中性甲醇固定,用姬姆萨液染色后镜检。

(2)消化道原虫检查法　取少许新鲜带血粪便,置于滴有一滴生理盐水的载玻片上,混匀涂片,盖上盖玻片镜检,本法适用于检查毛滴虫、球虫等。

(3)组织原虫检查法　取组织病料作抹片、触片或制成组织切片,前者经姬姆萨氏染色或瑞氏染色后镜检,后者可用苏木精-伊红染色后镜检。

六、免疫学检查

免疫学方法不但可以确定病原,还可以检测鸽体产生的抗体。通过检查病原,可以确诊疾病,定期检测血清抗体浓度的变化,可以对鸽群免疫状态及免疫效果进行定量分析,不仅有利于调整免疫程序,而且能为防治疾病提供可靠依据。免疫学诊断方法有多种,如病毒血凝试验和病毒血凝抑制试验、试管凝集试验可以检查病毒、细菌等微生物刺激鸽体产生的抗体等。

第一章 鸽病诊断与治疗技术

(一)**病毒血凝试验和血凝抑制试验** 病毒血凝试验和血凝抑制试验是一种快速、微量、简便、准确的血清学诊断方法,病毒血凝试验可以检查有无病毒,而病毒血凝抑制试验可以检查相应抗体,用于鸽新城疫、鸽痘等流行病的诊断和免疫监测。以鸽新城疫病诊断为例,将病毒血凝试验和血凝抑制试验介绍如下。

鸽新城疫病毒有血凝特性,即与鸡、鸽等红细胞相遇时,在一定条件下能凝集这些红细胞,而且凝集现象稳定而明显。利用这一特性,将未知病毒与鸡或鸽的红细胞一起作用,如果发生红细胞凝集,就说明未知病毒可能是鸽新城疫病毒或类似病毒。这就是病毒的血凝试验。

反之,如果用一定浓度的鸽新城疫病毒作为已知病毒,与待测病鸽的血清作用,如果病鸽血清中含有抗新城疫抗体,则该抗体能与病毒结合,接着加入鸡或鸽子红细胞后,红细胞不再发生凝集,这种反应就是病毒血凝抑制试验。在病毒的血凝抑制试验中,还可以反映出血清中抗体的浓度,从而检查病鸽对病毒的反应程度,或者正常鸽注射疫苗后的免疫效果。

微量法病毒血凝试验和血凝抑制试验通常在96孔反应板上进行。

1. **病毒血凝试验** 操作步骤如下。

第一步,制备pH值7.0~7.2磷酸缓冲盐水,配方如下:氯化钠170克,磷酸二氢钾13.6克,氢氧化钠3.0克,蒸馏水1 000毫升。将以上各成分溶解后,高压灭菌,4℃保存,临用时用蒸馏水作20倍稀释。

第二步,制备0.5%鸡红细胞悬液,方法如下:从健康公鸡翅静脉采血,加入有抗凝剂(3.8%枸橼酸钠液)的试管内,用20倍量pH值7.0~7.2磷酸缓冲盐水洗涤3~4次,每次以2 000转/分离心3次,每次10~15分钟。每次离心后弃去上清液,并彻底吸去血浆及白细胞,最后用磷酸缓冲盐水按红细胞体积稀释成

0.5%悬液,0℃~4℃冰箱保存。

第三步,按表1-1逐步操作。用微量加样器向反应板上每个孔中分别加磷酸缓冲盐水50微升。更换加样器吸头,吸取50微升病毒液,加于第一孔中,用该加样器吹吸3次使病毒混合均匀,然后向第二孔移入50微升,挤压3次后再向第三孔移入50微升,依次倍比稀释到第十一孔,使第十一孔中液体混合后从中吸出50微升弃去。第十二孔不加病毒抗原,只作对照。再更换微量加样器吸头,吸取0.5%红细胞悬液依次加入12个孔中,每孔加50微升。加样完毕,将反应板置于微型振荡器上振荡1分钟,或手持血凝板摇动混匀,并放室温(18℃~20℃)下作用30~40分钟,或置37℃恒温培养箱中作用20~30分钟后取出,观察并判定结果。

表1-1 病毒血凝试验操作术式(以新城疫病毒为例)

孔号	1	2	3	4	5	6	7	8	9	10	11	12
磷酸缓冲盐水(微升)	50	50	50	50	50	50	50	50	50	50	50	50
新城疫病毒液(微升)	50											弃50
病毒稀释倍数	2^1	2^2	2^3	2^4	2^5	2^6	2^7	2^8	2^9	2^{10}	2^{11}	对照
0.5%红细胞悬液(微升)	50	50	50	50	50	50	50	50	50	50	50	50
振荡1分钟,或手持血凝板摇动混匀,室温(18℃~20℃)下作用30~40分钟,或置于37℃恒温培养箱作用15~30分钟后观察结果												
结果举例	+	+	+	+	+	+	±	±	±	−	−	−

第四步,判定及记录结果。

"+"表示红细胞完全凝集。红细胞凝集后完全沉于反应孔底层,呈颗粒状,边缘不整或呈锯齿状,而上层液体中无悬浮的红细胞。

"—"表示细胞未凝集。反应孔底部的红细胞没有凝集成一层,而是全部沉淀成小圆点,位于小孔最底端,边缘水平。

"±"表示可疑。红细胞下沉情况介于"＋"与"—"之间。

在该反应中,病毒液随着稀释倍数的增加,其凝集红细胞的作用逐渐变弱。稀释到一定倍数时,就不能使红细胞出现明显的凝集,从而出现可疑或阴性结果。能使全部红细胞发生凝集(＋)的反应孔中病毒液的最大稀释倍数为该病毒的血凝滴度,或称血凝价。

2. *病毒血凝抑制试验* 采用同样的血凝板,每排孔可检查1份血清样品。检查另一份血清时,必须更换加样器吸头。操作步骤如下。

第一步,制取4个血凝单位的病毒抗原。用磷酸缓冲盐水稀释病毒抗原,使之含4个血凝单位的病毒。稀释倍数计算公式为:病毒抗原应稀释倍数＝病毒的血凝滴度÷4

如表1-1中病毒液的凝集价为2^6(6号孔),则将原病毒液稀释2^4倍,即为4个血凝单位的病毒抗原。

第二步,制备待检血清。从鸽翼静脉或心脏采血0.8～1.0毫升,不加抗凝剂,让血液在室温下自然凝固60分钟,或在37℃温箱中凝固30分钟,转入0℃～4℃冰箱中过夜,取出后吸取血清,即可用于检查抗体。

第三步,按表1-2操作。用微量加样器向1～12号孔中分别加入50微升磷酸缓冲盐水。更换加样器吸头,吸取一份新城疫病毒抗血清(或待检病鸽的血清)50微升置于第一孔中,吹吸3次混匀。然后依次倍比稀释至第十孔后,从第十孔中弃去50微升。第十一孔为病毒血凝对照,第十二孔为生理盐水对照。

表 1-2 病毒血凝抑制试验操作术式

孔号	1	2	3	4	5	6	7	8	9	10	11	12
磷酸缓冲盐水（微升）	50	50	50	50	50	50	50	50	50	50	50	50
抗血清（微升）（待检血清）	50									弃50	—	
血清稀释倍数	2^1	2^2	2^3	2^4	2^5	2^6	2^7	2^8	2^9	2^{10}	病毒血凝对照	生理盐水对照
4个血凝单位病毒抗原（微升）	50	50	50	50	50	50	50	50	50	50	50	—
室温（18℃～20℃）作用20分钟，或置37℃恒温培养箱中作用15～20分钟												
0.5%鸡红细胞液	50	50	50	50	50	50	50	50	50	50	50	50
振荡1分钟室温静置30～40分钟，或置37℃恒温培养箱中20～30分钟后观察结果												
结果举例	—	—	—	—	—	—	±	±	+	+	+	—

更换加样器吸头，吸取稀释好的4个血凝单位的病毒抗原，分别向1～11孔中各加50微升。然后，将反应板置室温下作用20分钟，或在37℃恒温培养箱中作用15～20分钟。取出反应板，用微量加样器向每孔中各加入50微升0.5%红细胞悬液，再将反应板置于微型振荡器上振荡1分钟，混合均匀。将反应板置于37℃恒温培养箱中作用20～30分钟后取出，观察并记录结果。

第四步，判断和记录结果，依据如下：

"—"表示红细胞不凝集。高浓度的新城疫病毒抗血清能抑制新城疫病毒对鸡红细胞的凝集作用，使反应孔中的红细胞呈圆点状沉淀于反应孔底端中央，而不出现血凝现象。

"+"表示红细胞完全凝集。随着血清被稀释,它对病毒血凝作用的抑制减弱,反应孔中的病毒逐渐表现出血凝作用,而最终使红细胞完全凝集,沉于反应孔底层,边缘不整或呈锯齿状。

"±"表示可疑。红细胞下沉情况介于"-"与"+"之间。

能完全抑制红细胞凝集的血清最大稀释倍数叫该血清的血凝抑制滴度。利用病毒的血凝抑制试验,不仅可以通过已知抗体确定未知病毒,而且还能利用4个血凝单位的已知病毒和一定浓度的红细胞检查待查血清中抗体的血凝抑制滴度及其变化,从而用于免疫接种效果的检查及传染病的免疫监测。

一般认为,如果鸽群的平均血凝抑制滴度在 2^4 左右,则肉鸽免疫水平较高,新城疫流行的可能性极小。

(二)凝集试验 凝集试验所用的诊断液一般为颗粒性抗原,可以检查鸽相应的抗体,在肉鸽上可以用来诊断鸽沙门氏菌病、鸽支原体病等;也可以用已知抗体检查细菌等病原。以平板凝集试验为例,其方法和步骤如下:

第一步,取一长方形洁净玻璃板,用玻璃铅笔画成若干方格,编号。

第二步,用25微升移液器分别吸25微升被检血清、生理盐水、标准阳性血清、标准阴性血清加于不同编号的方格内,每吸一个样本需更换吸头。然后吸取抗原25微升,滴加于玻板的每一个格内,用牙签将抗原与血清充分混合均匀,每混合一个检样需更换一根牙签。于室温(15℃以上)静置4分钟观察结果,如室温过低,可适当加温。

第三步,结果判定。在对照标准阳性血清出现凝集(+)、标准阴性血清不出现凝集(-)、生理盐水不出现凝集(-)的情况下,被检血清出现凝集片或小颗粒状凝集,液体透明,则判定为阳性(+);若液体均匀浑浊,无任何凝集颗粒,则判定为阴性(-)。

本法操作简便,容易掌握和判断,适用于鸽沙门氏菌病等的诊断。

第三节 鸽病治疗技术

一、采血技术

在鸽病的免疫学、血液学及病原学检查中,常常需要从活鸽身体采取新鲜血液用于研究。鸽的采血方法主要有翅内侧腋下静脉采血和心脏采血法等。采血时,采血者要认真做好自身防护工作,采血设备需经消毒干燥。要做好采血记录。在送样过程中,血样不可剧烈摇晃,以免溶血。血样送至实验室后要立即分离血清,不能立即分离的需及时冷藏。

(一)翅内侧腋下静脉采血法 助手用左手抓住鸽的两只腿,右手固定住两翅,右手稍高于左手,暴露出翅内侧,采血者左手拨开翅内侧羽毛,在翅静脉处消毒后,右手持5号采血器与皮肤呈45°角顺血管进针,见血液回流,慢慢回抽针芯,不可操之过急,采血完毕后,局部消毒按压30秒后放走。进针时手要稳,进针不宜过深,否则刺穿血管,皮下很快水肿,导致采血失败。

(二)心脏采血法 该法容易使被采血鸽因失血过多而死亡,所以在常规免疫监测中较少使用。助手固定鸽两翅及两腿,右侧卧保定,在胸骨脊前端至背部下凹处连线1/2处或稍前方可触及心脏明显搏动,在此处消毒后,采血者手持7号采血器垂直刺入2~3厘米,回抽针芯,见有血液回流即可。

二、给药技术

肉鸽患病时,可以通过药物治疗、手术治疗等。药物治疗可分为群体给药及个体给药。给药途径不同,则药物的吸收速度、药效出现快慢及维持时间就不同,甚至能引起药物作用性质的改变。因此,应根据药物的特性和鸽的生理、病理状况选择不同的给药途径。手术治疗主要对个体治疗。

第一章 鸽病诊断与治疗技术

(一)群体给药法

1. **混水给药** 就是将药物溶于水中,让鸽群自由饮水,此法常用于预防和治疗鸽病,应用混水给药时注意药物的溶解度,易溶于水的药物用混水给药效果较佳。掌握混水给药时间的长短,在水中一定时间内易破坏的药物,要求在一定时间内饮完,以保证药效。另外应注意药物的浓度,先用少量水将药物调匀,再用多量水混合制成混悬液,并适时搅拌。

2. **混料给药** 将药物均匀地混入饲料中,让鸽采食饲料时同时食进药物,此法简单易行,是长期投药的一种给药方法,有些不溶于水而且适口性又差的药物,用此法给药更为合适。药物与饲料的混合必须均匀,尤其是易发生不良反应的药物及用量较少的药物,更要充分混合均匀。鸽一般食粒料,在拌料给药时,可先用相当于饲料重量 1/4~1/2 的水和药物混合,然后与饲料混合,并充分搅拌,1~2 小时后再喂鸽子。

3. **外用给药** 此法多用于鸽的体表,以杀灭体外寄生虫或体外微生物;也可以用于消毒鸽舍、周围环境和用具等,外用给药常用喷雾、药浴、喷洒、熏蒸等方法。外用药物一般毒性较大,应认真选择,严格掌握药液的浓度,药量太大时就会造成中毒。驱杀鸽体外寄生虫最好选用毒性较低的药品。使用喷雾法时,浓度较大的应适当稀释,尽量不要喷到鸽的头部。也可将药物按一定浓度稀释到水中让鸽淋浴、沐浴或者捉鸽洗浴。在沐浴、淋浴或喷雾之前,应让鸽饮足清水,避免鸽因口渴而误饮较多的药液,导致中毒。

(二)个体给药法

1. **注射法** 常应用于预防和治疗鸽病,在颈部、胸肌、翼窝等处肌内注射。其中,肌内注射时,药物发挥作用最快,皮下注射次之,皮内注射吸收较慢。在胸肌处注射效果最好,但应注意的是,注射时针头与胸部保持 30°角,而且用 6 号或 7 号针头,进针深度在 1~1.5 厘米为宜。注射法优点是给药剂量准确,药效可靠。

2. 口服法　将水剂、片剂、丸剂、胶囊及粉剂等药物,经口投服,药效也较可靠。可以将药片压碎成细小颗粒,将鸽嘴掰开投入,再向口腔中滴入几滴水,帮助鸽子吞咽。或者将药物研成粉末,拌入麸皮、面粉等,加水调成粒状投服。纯粹液体药剂,可以滴入或灌服,一次 0.5 毫升左右。

（三）保健砂给药法　鸽子每天都吃一定量的保健砂,将药物均匀地混于保健砂中,使鸽子在吃食保健砂的同时吃到一定量的药物,在预防鸽病中起到一定的作用。这是一种较为简便的方法,适用于药量较小、毒性较低及长期投喂的药物,特别适用于某些不溶于水且适口性较差的药物。使用此法时应注意以下问题:

1. 药物应掺混均匀　鸽子吃保健砂的数量较少,每天采食量为 3~10 克（不同时期鸽子采食量不同,每只每天平均采食 3 克左右）。应保证药物掺混均匀,尤其是易产生不良反应的呋喃类、磺胺类及某些抗寄生虫药物,用量较少的药物更应充分混匀。先取少量配制好的保健砂,将药物倒入其中反复搅拌,然后再倒入所需要量的保健砂中,反复搅拌 5~6 次。

2. 注意药物和保健砂成分的关系　保健砂中的成分较多,有常量元素、微量元素、维生素等,使用药物时,应注意避免失效或造成不良反应。例如四环素、土霉素能与钙离子结合成为一种不溶解的盐,不能被机体吸收。

3. 坚持现配现用　将适量的药物混于当天用的保健砂中供鸽采食,才能收到良好效果。避免将药物混入保健砂中连续使用几天甚至十几天。

三、中毒急救方法

对鸽中毒的急救方法,分对因疗法和对症疗法两种。

（一）对因疗法　要清除病因,首先是清除毒物,如停止饲喂可疑饲料、饮水、药物,同时应将已污染的水桶、料盘等用具、工具一一清洗,换上新鲜的饲料和饮水。设法让鸽多喝水,尤其是含盐类

第一章 鸽病诊断与治疗技术

泻剂的水溶液或糖水,以促使消化道内毒物排出。一旦诊断出结果,应尽量选用相应的解毒药,以分解、氧化、破坏、沉淀体内毒物,同时使用包埋剂或吸附剂,以减少毒物继续被吸收和保护消化道黏膜。如用鞣酸可解生物碱类、酒石酸锑钾、铅、银、硫酸铁等引起的中毒;高锰酸钾可解蛇毒、虫毒、毒鼠药、农药、生物碱及一些重金属引起的中毒;木炭末、白陶土、滑石粉是较好的吸附剂;淀粉(米粉)、鸡蛋白是常用的包埋剂。

(二)对症疗法 该法是以消除中毒时所出现的某些症状为目的。作一般解毒时,可皮下或静脉注射5%葡萄糖溶液每只20~50毫升;如出现全身衰竭,可皮下注射25%高渗葡萄糖溶液5~10毫升/只;若有出血,可在葡萄糖溶液中加入维生素C每只50~100毫克;如表现沉郁,可皮下注射樟脑磺酸钠、安息香酸钠咖啡因;如表现兴奋不安、狂躁、惊恐,可皮下注射溴化物;如有腹部疼痛,可皮下注射阿托品,每只每次0.1毫升。具体次数可根据中毒情况酌定,详细用量可参见各使用说明。

(三)手术治疗 症状剧烈时,立即切开嗉囊,排除过量药物或有毒物质,用生理盐水冲洗嗉囊及食管后,缝合切口。然后,灌服5%葡萄糖和0.1%维生素C混合液,连用2~3天。症状较轻时可不行手术,只灌服5%葡萄糖和0.1%维生素C混合液,连用3天。

第二章 鸽场防疫技术

第一节 鸽场选址与鸽舍建设

一、场址选择

（一）位置　鸽场应建在远离城市、居民区、重工业区和其他畜禽场的地方。鸽群需要有安静的生活环境，居民区比较嘈杂，不利于鸽子生活和繁殖。为防止畜禽共患的疾病传染给鸽子，鸽场不能离其他畜禽场太近。另外，鸽场应远离排放有害气体的工厂，以免吸入有毒有害气体而影响健康。

（二）地势　鸽子喜欢干燥、空气新鲜、阳光充足的环境，潮湿对鸽子生长十分不利。因此，鸽舍应建在地势高燥向阳、土质较硬、排水良好的平坦或稍有坡度的地方，以南向或东南向为宜。在山区建场，不宜建在昼夜温差太大的山顶，也不宜建在通风不良、阴暗潮湿的山谷，宜在坡度不太大的半山腰建场。

（三）土壤　土质坚实，土壤未被传染病或寄生虫病病原污染，透气性和渗水性良好，能保持干燥。为了便于种花植树，美化环境，土壤还要有一定的肥沃性。因此，鸽场的土壤应以砂壤土或壤土为宜，黏土或沙土不宜建场。

（四）水源　鸽子饮水较多，尤其在夏天。要选择水源充足、水质良好的地方。要求水质澄清，不含有病菌和有毒物质，无臭味及其他异味。

（五）电源和交通　生活区和鸽场的照明、笼养鸽进行人工光照，以及人工孵化和人工育雏都需用电，所以鸽场要选择电力供应充足的地方。饲料及设备用具的购置，种鸽和商品鸽的购销，都要求有良好的交通。但又要有利于防疫,并使鸽场保持安静(因为鸽子胆小易惊),所以鸽场最好不要建在交通道路旁边,最好离道路500~1 000米,甚至更远些。

二、鸽场布局

鸽场的整体布局,应有利于管理和卫生防疫工作。鸽场的各功能建筑物布局是否合理、联系是否紧密、操作是否便利,直接影响基建投资、生产效率、防疫效果和环境状况。

(一)鸽场规划布局的基本原则

1. 根据生产环节确定建筑物之间的最佳生产联系　场与场之间应保持一定距离,兼顾减轻劳动强度、提高劳动效率,实现各功能建筑物的最佳配置。在肉鸽生产区内,要尽可能按生产种鸽、童鸽、待售鸽划分成不同小区。

2. 根据防疫卫生要求和防火安全规定设置建筑物　饲料进场口与鸽粪污物出场口严格分开,且进口宜规划在上风向,出口设于下风向。在一个饲养区范围内严禁鸽子与其他畜禽混养,并在远离饲养区的下风向,相应建有一定数量的病鸽隔离舍。

3. 合理利用地形地势、主风和光照　鸽舍及其附属建筑物宜建在空气流通良好的高处,最好坐北朝南,使鸽舍冬暖夏凉。

(二)鸽场分区规划　一般将鸽场分为两大区,即生活管理区和生产区。

1. 生活管理区　包括各类办公室(如场长室、技术室和兽医室等)、各类库房(如饲料库房、药品库房等)、职工宿舍、食堂和活动室等。由于生活管理区与社会联系频繁,造成疫病传播的机会极大,因此要单独设区,严格管理,认真消毒防疫。该区一般位于鸽场的最上风处或者地势最高的地方。居住区和办公室不能离鸽舍太近,要有一定的距离,以利于防疫和保持鸽群的安静环境。饲料加工房和仓库要靠近鸽舍。

2. 生产区　生产区是鸽场的核心,包括鸽舍、隔离鸽舍、治疗室、贮粪池和炼尸炉等。炼尸炉和鸽粪堆放处要远离鸽舍和居住区，最好设在下风区低处。鸽舍与鸽舍之间、鸽舍与房屋之间，应留有一定的空间。

在生产区的进出口设消毒池和消毒室，用于生产区工作人员和车辆的出入消毒。另外在肉鸽场的大门口设消毒池一个，供车辆及其人员来往消毒，每幢鸽舍的进口也需有较小的消毒池。

三、鸽舍及其设计要求

（一）清洁干燥　鸽舍要求宽敞明亮、光线好，并且干燥清洁、结构合理，与鸽子的生活环境适宜，饲养管理时操作方便。能防止蛇、鼠、猫、麻雀等天敌的侵扰。

（二）便于防疫　鸽舍应便于做好防疫安全工作，并易于进行消毒、粪便和脏物的清除等工作。

（三）通风良好　既能保证新鲜空气充分供应，又要避免穿堂风，以免鸽子受凉而感冒。

（四）简单实用　鸽舍的结构尽可能简单实用。购置建筑材料时，既要考虑价格便宜，又要耐用。

（五）大小适中　按饲养量、饲养方式和场地条件来考虑，体积过大过小都不行。

第二节　鸽场饲养管理

一、分区饲养

（一）分区饲养的概念　分区饲养是鸽场饲养管理的一项重要措施，即从人鸽保健角度出发，考虑鸽场地势和主风向，一方面将鸽养殖生产区同生活管理区、辅助生产区、隔离区分隔开来，合理安排各区位置；另一方面在生产区内，根据鸽品种、日龄、用途、生产性能等的不同，将鸽分阶段饲养在不同的圈舍，如乳鸽舍、童鸽舍、青年鸽舍、种鸽舍、育肥鸽舍等，使同一圈舍的鸽群体性状基本保持一致。

(二)分区饲养的意义

1. **防止人鸽间、鸽之间交叉感染** 生活管理区与社会联系较为密切,人员流动复杂,容易造成疫病的传染和流行,将生产区和生活管理区分开,可以避免鸽和外来人员接触,减少人鸽交叉感染的机会。同时,各种鸽病疫情复杂,鸽由于年龄、性别、品系、免疫能力等的不同,对同一种疫病的易感性也有不同,不同用途、不同年龄的群体之间有复杂的相互影响,实行分区分群饲养可避免不同性状个体之间的相互影响,有利于减少鸽间交叉感染。另外,将病鸽隔离区同生产区分开,患病鸽或疑似感染鸽限定在特定区域内,阻止病原的进一步扩散,有利于控制和扑灭疫情。

2. **易于合理组织生产,提高劳动生产率** 在一个鸽舍内,饲养同样日龄、同样品种和同样生产功能的鸽,由于鸽舍内环境的一致性,会使组成鸽群的个体各项性状具有统计学上的一致性。这种一致性不仅有利于群体生产性能的提高,而且有利于标准化和工厂化生产。比如不同生长阶段的鸽所需营养、光照、温度等均有不同,分阶段分群饲养后,同一群体的生长需要基本相同,可以集中统一供给,这样不仅易于控制鸽舍环境条件,同时也可以大大提高劳动生产率。

3. **便于卫生防疫** 同一鸽群的一致性对防疫工作是极其有利的。一个结构良好的群体,无论包含多少个体,对于预防疫病的措施、疫病发生后的诊断及扑灭疫病的方法从本质上来讲是完全一样的。至于工作量上的差别,由于可采用先进的防疫工艺和设备,对大型鸽场来说这种差别已微乎其微。因此,结构良好的群体可以大大地提高防疫工效。例如,在鸽场实施经口免疫法、气雾免疫法等对鸽群体免疫时,省时、省力,但要求被免疫群体日龄一致,分群饲养为群体的集中免疫提供了条件。同时,分群饲养也是实现全进全出饲养制度的基础,为鸽舍的集中彻底消毒提供了方便。

(三)生产区、隔离区防疫要求 鸽场生产区平面布局主要应考虑有利于卫生防疫和饲养管理。

其一,生产区应独立、封闭和隔离,与生活区、生产辅助区保持一定距离(最好在 100 米以上),并用围墙或铁丝网封闭起来,围墙外最好用鱼塘、水沟或绿化带隔离。

其二,生产区最好只设一个大门,并设有车辆消毒池、人员消毒室和值班室;运出鸽处和集粪池应设置在围墙边,外来运输车、运粪车严禁进入生产区;若饲料厂不在生产区,外来饲料成品车在生产区外将成品卸到围墙边的饲料间。若饲料厂与生产区相连,则只允许饲料厂的成品仓一端与生产区相通,以便区内自用饲料车运料。

其三,生产区应把人行道、饲料运道和运鸽、运粪道分开;隔离观察鸽舍应尽量远离生产区,最好设置在下风口。

其四,充分考虑粪便处理与利用设施的布置,粪污、废水的出路等,并把雨水和污水严格分开,减少污水处理量。

其五,隔离区禁止闲杂人、畜禽出入和接近。工作人员出入应遵守消毒制度。隔离区内的用具、饲料、粪便等,未经彻底消毒处理,不得运出。没有治疗价值的病鸽,由兽医根据国家有关规定进行处理。

二、执行全进全出、自繁自养的饲养制度

(一)全进全出制度 所谓"全进全出"的饲养制度,即一栋鸽舍只养同一日龄、同一批次的鸽。因为不同日龄的鸽有不同易感或易发的疾病,如果一栋鸽舍内饲养着几种不同日龄的鸽,则日龄较大的患病鸽或是已病愈的鸽都可能携带病原体,并可能通过不同的途径传染给易感的幼雏鸽。饲养的不同日龄批次越多,则鸽群患病的机会也越多。如此反复,使疾病长期在场内传播,造成严重经济损失。如果执行"全进全出"制度,一批鸽转出或上市,鸽舍经彻底消毒后再进下一批鸽,就不会有传染源和传播途径存在,这

样就安全多了。实践证明,执行"全进全出"的饲养制度是预防疾病、提高成活率和经济效益的有效措施之一。

(二)自繁自养制度 执行自繁自养制度是防止由外场或外地引入病鸽的根本措施。有条件自行繁殖的养鸽场,如不是很必要,切勿从外地引进种鸽、种蛋。如果必须从外地或外场购入鸽时,应从非疫区引进,并经兽医人员检疫,千万不要从发病场、发病群或刚刚病愈的鸽群引入。引入后不要立即混群,而应先隔离饲养至少 20 天,经检查确认无任何传染病或寄生虫病时,方可入群。禁止来源不明的鸽进入场内。严禁将参加过展览及送往集市或屠宰场不合格的鸽运回本场混入鸽群。鸽场应及时处理病鸽和病死鸽。对病死鸽应送兽医诊断室检查,以便及早采取防疫措施。病死鸽应深埋、焚烧或煮沸处理,严禁食用,尤其要严禁饲养员或场内工作人员食用,以免扩散传染。

三、实行隔离、封锁措施

(一)隔离 隔离是指将病鸽和可疑病鸽与健康鸽分别隔离管理,目的是为了防止病原体扩散传播,从而将疫情控制在最小的范围内加以就地扑灭。根据检疫的结果,可将受检鸽群分为病鸽、可疑病鸽和假定健康鸽三类,应分别对待。

病鸽是危险性最大的传染源,应选择不易散播病原体、消毒处理方便的场所或房舍进行隔离。如病鸽数量较多,可集中隔离在原来的鸽舍里。特别注意严格消毒,加强卫生和护理工作,必须有专人看管和及时进行治疗。

可疑病鸽是指未发现任何症状,但与病鸽及其污染的环境有过明显接触,如同群、同舍、同槽、使用共同的水源、用具等的鸽均应归入此类。由于这类鸽可能处在潜伏期,并有排毒的危险,因此应在对污染环境进行带鸽消毒后另选地方隔离、看管,限制其活动,详加观察,出现症状的则按病鸽处理,有条件时应立即进行紧急免疫接种或预防性治疗。隔离观察时间的长短,应根据该种传染病的潜伏期长短而定,经一定时间不发病者,可取消限制。

假定健康鸽是指除病鸽、可疑病鸽以外的其他鸽,应与上述两类严格隔离饲养,加强防疫消毒和相应的保护措施,立即进行紧急免疫接种,必要时可根据实际情况分散喂养或转移至偏僻鸽场。

(二)封锁　封锁指当发生重要传染病(如高致病性禽流感)时,对发生疫病的场所划定一定范围进行封闭,防止疫病向安全区传播和健康动物误入疫区而被传染,以保护其他地区动物的安全和人体健康,迅速控制疫情和集中力量就地扑灭。封锁令由县级以上地方人民政府发布,当疫区内最后一只患病鸽扑杀或痊愈后,经过该病一个潜伏期以上的观察、检测,再未出现患病动物时,经彻底消毒清扫,由县级以上畜牧兽医行政管理部门检查合格后,经原发布封锁令的政府发布解除封锁令。封锁期间,疫区内一切禽类交易停止,并对易感家禽实施隔离、扑杀、销毁、消毒、紧急免疫接种等强制性控制和扑灭措施,迅速扑灭疫病,并通报毗邻地区。

四、防止鸽场蛋媒疾病

所谓蛋媒疾病就是感染母鸽通过受精蛋传给新孵出后代的疾病。有两种情况:一是病原体在蛋壳和壳膜形成前感染母鸽卵巢滤泡,在蛋的形成过程中进入鸽蛋,而由鸽蛋内部携带的,如沙门氏菌等;二是鸽蛋在产出时或产下后因环境卫生差,病原体污染蛋壳进入蛋内,如一般肠道菌,特别是沙门氏菌和大肠杆菌,时而有绿脓杆菌、葡萄球菌以及真菌。后一种情况是这样发生的:当鸽蛋从温热的鸽体产到温度较低的环境时,鸽蛋内部和大气之间便产生压力差。当鸽蛋温度下降时,蛋内的压力也随之下降,蛋壳表面污染的液体便会受压力差的作用而进入蛋内;有运动力的细菌,不需要这种压力差的帮助,也可由蛋壳的气孔进入蛋内。如此在孵化过程中可能造成死胚,但多数污染的蛋经孵化后,形成弱雏或带菌雏。在不良环境等应激因素的影响下,如育雏温度过低,则小雏可能发病或死亡。因此,预防蛋媒疾病是提高雏鸽成活率的重要措施。平时应注意种鸽舍的卫生环境,勤打扫、勤消毒产蛋场地,及时更换垫草,并保持干燥,以减少粪污蛋。蛋壳表面越干净,壳上污染的细菌就越少。此外,要增加捡蛋的次数,减少鸽蛋暴露环境中受污染的机会。孵化用蛋集中后可进行福尔马林熏蒸消毒,或用温热(43℃～50℃)的洗涤剂冲洗,也可用 20℃的 0.1%新洁尔灭冲洗,然后晾干。严禁用粪便污染的脏水洗蛋,这不但达不到卫生消毒的目的,反而会扩大污染。

五、人员和车辆管理

(一)**人员管理** 加强鸽场管理人员、饲养技术人员、后勤服务人员、司机的防疫意识教育。上述人员要增强防疫意识,定期进行健康检查,不接触野鸟,不贪食野味,如果自身患有人禽共患病,则暂时不得从事饲养及相关工作,不得接触鸽群。饲养人员家庭不宜养鸟及家禽。在生产时间,不参观其他鸽舍、鸽棚。各类人员进入生产区前,必须更换工作服,穿上胶靴,并经过消毒池、紫外线灯的消毒,有条件的应进行淋浴。在饲养管理、技术管理前、中、后,要进行个人及每个环节的消毒。上述各类人员,特别是饲养人员不要随意接触场外的鸽群。技术管理人员、兽医师在检查不同日龄鸽群的生长、健康与管理情况时,应在进入鸽舍时严格消毒,先检查年轻鸽群,后检查老龄鸽群。

原则上鸽场应谢绝参观,但对于领导参观、防疫监督等情况,必须要求来人步行入内,换穿工作服、帽、胶靴,并经消毒后进入,且不直接同鸽群接触。

(二)**车辆管理** 鸽场应为每个独立的鸽舍配备一辆专用的运料小推车,避免鸽舍之间因为共用车辆导致疫情扩散。养鸽场运输饲料、鸽粪、鸽蛋等应自备车辆,不宜借用其他居民或养殖场的车辆,本场的车辆一般不能外借,如必须外借,则进场时必须进行严格的消毒处理。外来车辆应尽可能停在场外,如果一定要进入场内的话,应当对车轮和车身喷洒消毒药。只有必经的车辆才能进入场内,且到达之处的场地容易清洁消毒。

六、饲料和饮水管理

(一)鸽场饲料管理　　俗话说"病从口入",鸽子因采食被病菌、寄生虫污染或发霉变质的饲料而发病的病例在生产上经常可以看到,因此,科学配制、严格管理饲料是鸽场防疫的重要环节。一般而言,鸽饲料应新鲜、流动性好并具有应有的色、味、形态特征,无发霉、变质、结块及异味。鸽场应根据鸽日龄大小,及时选用适宜的优质颗粒料,从正规厂家进货,因为饲料在加工过程中经热处理,达到杀菌效果,同时能保证饲料的全价营养。不使用有鱼粉的饲料,防止携带沙门氏菌。自配饲料要选用优质原料,禁用发霉变质或含有害物质的原料,配制过程中注意防污染。每次配制饲料量不宜过多,以7~10天内吃完为宜,保持饲料新鲜。存放饲料应有专用仓库,每次存料之前彻底清扫并进行熏蒸消毒。当日饲喂的料当日运,鸽舍内不要有过夜的饲料,鸽群喂后抛撒的饲料要及时打扫干净,防止饲料被老鼠粪便污染。饲料贮存期不得超过15天。

在饲料的贮藏上,玉米一般采用籽实贮藏,需配料时再粉碎。饼粕容易感染虫、病菌,保管时应特别注意防虫、防潮和防霉。麸皮吸潮性强,容易酸败、生虫和霉变,特别是夏季高温季节更容易霉变,在贮藏期应勤检查,防止结露、吸潮和生霉,一般贮藏期不宜超过3个月。米糠贮藏时应避免踩压,注意通风降温,不宜长期贮藏,要及时推陈出新。全价颗粒饲料含水少,较容易贮藏。全价粉状配合料容易吸潮发霉,一般不宜久放,贮藏时间最好不要超过2周。浓缩饲料、添加剂预混料应存放在低温、遮光、干燥的地方,贮藏期也不宜过久。

(二)鸽场饮水管理　　鸽场内要有足量供饮、用的清洁水源。鸽场的水源有河流、湖泊、地下水等。鸽场要建在水源充足、水质良好、无污染、取用方便的地方。无条件利用自来水和天然水源时,应采用地下水,但要定期检查水质,最好不用沟渠、池塘、矿坑的地表水源。

要注意喂料及饮水器具的清洁和消毒。对于罐、杯式饮水器或饮水槽,应当每天将饮剩下的水倒去,并洗刷、消毒,以杀死病原微生物,并防止真菌生长。舍饲需设置一些人工小水池。污水应经过消毒或净化处理才能排出,采取各种措施防止污水再度污染水源。

七、防鼠与灭鼠

老鼠不仅糟蹋饲料,伤害鸽体,而且携带多种病原,传播疫病。因此,预防、消灭鼠害是养鸽场不可忽视的工作。在建筑鸽舍时,要做好硬质地面和墙脚,最好用混凝土灌注,杜绝鼠洞。鸽舍门窗要严,窗洞安装铁丝网防鼠。平时,可以采用鼠笼、鼠夹、电子捕鼠器等器械捕鼠,也可利用化学药物灭鼠。但不要使用国家禁用的氟乙酰胺、气体老鼠药等急性剧毒药灭鼠,鸽场应选择对人、鸽安全,对猫、蛇等鼠类天敌无二次中毒,使用方便、成本低、效率高的灭鼠药。

毒饵由灭鼠药和食饵配制而成。食饵主要选用来源广的玉米面,也可用稻谷或畜禽饲料等。按使用说明书要求配制好毒饵后进行投放。根据老鼠多数栖息在养殖场外围隐蔽处,部分栖息在屋顶,少数在舍内打洞筑巢的生活规律,全面投放毒饵,内外夹攻。在鸽舍内,毒饵要投放在饲槽下、通道旁、墙脚下、产蛋箱上及老鼠经常活动的其他地方。在养殖场的生活区、办公室及饲料库、调料间、孵化室、贮蛋间等以及邻近养殖场 500 米范围内的农田、荒地、树林、河滩和居民点都要同时进行灭鼠,防止老鼠漏网。毒饵投放的原则是供稍大于求,切忌供不应求。投放毒饵要一次投足 3 天的食量,具体可根据养殖场鼠的密度而定。

注意事项:严格按使用说明书准确配制毒饵,以保证毒饵的浓度。配制毒饵的谷物必须是老鼠喜欢吃的,防止老鼠拒食。控好老鼠的食源,使其附近无食可吃。看管好畜禽,防止与老鼠争食,保证老鼠吃到足够的毒饵。管好灭鼠药,防止人鸽误食。投毒饵后2～3天老鼠出现死亡,3～4天大量死亡。对异常狡猾的老鼠可把未加药物的食物先放在老鼠活动之处,几天以后再把药物加进去。每天要检收鼠尸,并要集中深埋。灭鼠后要搞好环境卫生,堵塞鼠洞,使幸存者无处藏身。灭鼠成功后,要放置毒饵盒,定期投放毒饵,可保持较长时间无鼠害。

八、防虫和杀虫

有害昆虫是指能传播疾病或危害人类、动植物健康的节肢动物。对鸽危害严重的昆虫包括蚊、蝇、螨、虱、蜱等,这些昆虫携带病毒、细菌等病原,不仅通过叮咬将病原传给鸽子,而且叮咬也在很大程度上影响鸽子的生长和生产。因此,防止和消灭作为鸽霍乱、鸽痘等传染病重要传播媒介的这些有害昆虫,能够有效预防鸽场发生传染病,提高养鸽效益。杀虫的方法可分为:

(一)**物理杀虫法** 需根据具体情况选择适当的杀虫方法。如昆虫聚居的墙壁、用具或垃圾等,可用火焰焚烧;车船等运载工具、鸽舍和工作人员衣物上的昆虫,可用沸水或蒸汽浇烫;还可采用捕捉和机械拍打等方法杀灭昆虫。此外,消灭昆虫孳生繁殖的环境,如排除场内积水、污水,清理粪便垃圾,间歇灌溉农田,不使农田积水等改造环境的措施,也是有效的杀虫方法。

(二)**药物杀虫法** 主要是应用化学杀虫剂来杀虫,为了防止药物危害人及鸽子,可用高效低毒化学药物杀虫。喷洒杀虫剂时应避免喷洒到鸽体上,避免污染饲料和饮用水。常用的杀虫剂有敌百虫、敌敌畏、倍硫磷、马拉硫磷、拟除虫菊酯类杀虫剂和昆虫生长调节剂等。使用时按照药品使用说明书操作即可。昆虫生长调节剂可阻碍或干扰昆虫正常生长发育而致其死亡,由于不污染环境,对人及动物无害,很受欢迎。目前应用的有保幼激素和发育抑制剂。

九、废弃物处理

鸽场废弃物指鸽场在生产过程中产生的鸽粪(尿)、病死鸽和孵化厂废弃物(蛋壳、死胚等)、过期兽药、残余疫苗和疫苗瓶等。其须经无害化处理。传染病致死的鸽及因病扑杀的死尸,要用密闭袋包装,经焚化或发酵后深埋处理,鸽场不得出售病鸽、死鸽。鸽粪要用专车通过脏道运出鸽舍500米以外,经过高温堆肥等无害化处理后肥田,也可以经必要的消毒后喂鱼,禁止不经处理直接排入地上或地下水源中。厕所设置化粪池,避免粪水直接进入环境。有救治价值的病鸽应隔离饲养,由兽医进行诊治。鸽场产生的污水可经过物理方法、化学方法或生物方法等手段处理后直接排放或循环使用,也可作为液体肥料。蛋壳、死胚、过期兽药、残余疫苗、疫苗瓶等可同一定量生石灰混合后深埋处理。

第三节 鸽场消毒技术

利用物理、化学和生物学的方法清除并杀灭外界环境中所有病原体的措施叫消毒。消毒能有效切断疫病传播途径,阻断疫病的蔓延、扩散,是鸽场重要的综合性防疫措施之一。

一、常用消毒方法

(一)机械消毒法 是指通过机械性清扫、冲洗、通风换气等物理方法,消除环境和物品中病原微生物及其他有害微生物的方法。常用的机械消毒法有机械清扫、洗刷及通风换气。

1. 机械清扫、洗刷 该法是鸽场日常的卫生工作之一,也是一种常用的消毒方法。机械清除虽然只是通过清扫、洗刷等办法将鸽舍内用具、地面、墙壁上污染的粪便、饲料、羽毛等污物清理出去,但能够将95%的病原体清除出鸽舍。此法的缺点是不能杀死病原体,必须结合其他消毒方法才能达到彻底消毒的目的。在机械清扫、洗刷过程中,如果鸽舍较为干燥,应在清扫前用清水或化学消毒剂喷洒,防止尘土飞扬而造成病原体的散播,同时对清扫出来的污物应进行堆积发酵、深埋、焚烧,或者用其他药物进行消毒,不能随意堆放。如发生传染病,特别是烈性传染病时,须与其他消毒方法共同施行,且须先用药物消毒,然后再用机械清除。

2. **通风换气** 通风换气也是机械性消毒的一种方法。它是借通风系统经常地将鸽舍内的污秽气体和水汽排出,这些污秽的气体和水汽中常常夹杂着饲料粉尘和微粒,并含有程度不等的微生物,通过通风换气,明显降低鸽舍内空气中病原体的数量。通风换气方法分为横向通风、纵向通风、正压过滤通风及正压坑道式通风等。通风的时间常根据舍内外温差的大小灵活掌握,但一般每次不少于30分钟。冬季密封饲养时应该严格掌握通风与保温之间的协调,防止鸽群冷应激的发生。

(二)**物理消毒法** 指通过高温、干燥、照射、辐射、激光等物理方法,杀灭或清除环境和物品中病原微生物及其他有害微生物的方法。该法操作简便,作用迅速,消毒物品上不留有害物质,且较经济。常用的物理消毒法有日光(紫外线)照射、干热消毒、湿热消毒等。超声波、激光、X射线消毒等也属物理消毒法。其中热力灭菌法具有良好的杀菌效果。

1. **日光(紫外线)消毒** 就是将需要消毒的物品放在日光下暴晒,利用光谱中的紫外线、热量以及干燥等因素的作用,将物体表面的多种病原微生物直接杀灭。此法适用于物品表面、用具、土壤等的消毒。日光中的紫外线相对较弱,要在阳光下照射较长时间才能达到消毒作用。紫外线波长以253~266纳米段的杀菌力最强,而市售紫外线杀菌灯的波长一般为253.7纳米,故常在兽医室、种蛋室、生产区消毒室等采用紫外线灯进行消毒。紫外线消毒应在洁净的环境中进行,消毒时灯管与污染物体表面的距离不宜超过1米,照射时间为30分钟左右,时间越长消毒效果越好。应注意紫外线穿透力较弱,只能消毒物体的表面。

2. 干热灭菌 包括焚烧、火焰烧灼和热空气灭菌 3 种。

(1)焚烧灭菌法 是一种最为彻底的消毒方法。用于染疫的鸽尸、病料以及污染的垃圾、废弃物、金属工具等物品的消毒,可直接点燃或在炉内焚烧。地面、墙壁、金属制品也可以用火焰灼烧灭菌。酒精火焰喷灯消毒也是一种焚烧消毒法,用于不易搬动洗刷的金属笼等器具的消毒。

(2)火焰烧灼灭菌法 直接以火焰烧灼杀死全部微生物的灭菌方法。主要用于兽医室的接种针、接种环、试管口、玻片等不怕热的物品消毒。对剪刀、镊子等器械也可用烧灼灭菌。

(3)热空气灭菌法 在特制的电热干燥箱内进行,利用干热空气进行灭菌。灭菌时,将待灭菌的物品洗刷干净放入干燥箱内,使箱内温度逐渐上升至 160℃维持 2 小时,可以杀灭全部细菌及其芽胞。主要用于耐热的玻璃器皿如烧杯、烧瓶、吸管、试管、离心管、培养皿、玻璃注射器、针头、滑石粉、凡士林及液体石蜡等的灭菌。注意严格按照仪器的使用说明进行操作。

3. 湿热灭菌 有煮沸消毒、流通蒸汽灭菌和高压蒸汽灭菌等几种。

(1)煮沸消毒法 此法操作简便、经济、实用且效果可靠,是最常用的消毒方法之一。将待消毒的物品置于一定容器中煮沸(100℃)后 20 分钟左右,即可达到消灭所有病原体的目的。适用于一切器械如玻璃器皿、金属器械、工作服、帽等物品的消毒。如在水中加入 2%碳酸钠,可增强杀菌作用,同时还可减缓金属氧化,若在水中加入 2%～5%石炭酸,煮沸 5 分钟可杀死细菌的芽胞。对不耐热的物品,在水中加入 0.2%甲醛或 0.01%升汞,80℃维持 60 分钟,也可达到灭菌的目的。

煮沸消毒时,消毒时间应从水沸腾后算起;煮沸过程中不要加入新的消毒物品;消毒物品应保持清洁,消毒前可做清洗;一次消毒物品不宜过多,一般应少于消毒容器量的 3/4,被消毒物品应全部浸入水中;消毒注射器时,针筒、针芯、针头有套叠或一端开口的物品都应拆开分放;煮沸消毒棉织物时,应适当搅拌;海拔较高地区,水的沸点低于100℃,为缩短煮沸时间,可在水中加入增效剂以提高消毒效果。

(2) 流通蒸汽灭菌法　又称为常压蒸汽灭菌法,是在1个标准大气压下,利用特制的流通蒸汽灭菌器或蒸笼生成100℃左右的水蒸气进行消毒。这种消毒方法常用于不耐高温高压物品的消毒。流通蒸汽消毒时,消毒物品包装不宜过大、过紧,吸水物品不要浸湿后放入。消毒时间应从水沸腾后有蒸汽冒出时算起,维持消毒30分钟,能杀死细菌的繁殖体,但不能杀死细菌的芽胞和霉菌孢子。所以,有必要采用间歇灭菌法。即将蒸汽灭菌器或蒸笼加热约100℃维持30分钟,将消毒物品置于室温下,每天进行1次,连续3天,这样所有的芽胞将被杀灭。应用间歇灭菌法,在间歇期必须提供芽胞发芽所需条件,对不具备芽胞发芽条件的物品,则不能用此法灭菌。

(3) 高压蒸汽灭菌法　利用高压蒸汽灭菌器进行高温高压灭菌,是效果最好的湿热灭菌法。通常压力达到 1×10^5 帕时,温度为121.3℃,经过30分钟即可杀灭所有的繁殖体和芽胞。此法常用于耐高热的物品,如普通培养基、玻璃器皿、金属器械、橡胶用品、生理盐水、纱布、针具等的灭菌。注意严格按照高压蒸汽灭菌器的使用说明进行操作。

(三) 化学消毒法　就是利用化学消毒剂在鸽体表或体外抑制和杀灭病原微生物的方法。在疫病防制过程中,常常利用各种化学消毒剂对病原微生物污染的场所、物品等进行清洗、浸泡、喷洒、熏蒸,以达到杀灭病原体的目的。化学消毒法具有消毒效果好,不需要复杂的器械和设备,操作方法简便易行等特点,是目前兽医消毒工作中最常用的方法。消毒方法如下:

1. 拌和法　粪便、垃圾等消毒时可用粉剂型消毒药品与其拌

第二章 鸽场防疫技术

和均匀,堆放一定时间,即可达到消毒的目的。如用漂白粉与粪便以 1∶5 拌和均匀,可进行粪便消毒。

2. 喷洒法 一般是将药液灌入喷壶或直接泼洒,也可用扫帚蘸取后使药液均匀地喷滴在被消毒的物体表面或地面。场地和鸽舍消毒时常用此法。如可用 5% 来苏儿溶液喷洒在鸽舍地面上进行消毒。

3. 冲洗法 将消毒液装入密闭容器或高压枪里,可采用各种不同的压力喷洗,冲入的药液视不同的消毒对象而定。如对地面、墙裙及不易打扫到的鸽舍高层架梁等可用喷枪冲洗消毒。

4. 浸泡法 就是将被消毒物品浸泡于消毒药液中一定时间后取出。此法常用于医疗、剖检器械的消毒,如将金属器械浸泡在 0.5% 亚硝酸钠或 0.5%~1% 新洁尔灭溶液中消毒。

5. 洗刷法 用毛刷等蘸取消毒液在物品表面洗刷。对金属物品洗刷消毒时应禁用有腐蚀性的物品。

6. 涂搽法 用抹布蘸取消毒药液在物体表面擦拭消毒,或用脱脂棉球浸湿消毒药液在动物体表皮肤、黏膜、伤口等处进行涂搽。如 5% 碘酊、75% 酒精棉球涂搽消毒等。

7. 撒布法 将粉剂型消毒药品均匀地撒布在消毒对象表面。如用生石灰加适量水使之松散后,撒布在潮湿地面、粪池周围及污水沟进行消毒。

8. 喷雾法 将配好的消毒药装入喷雾器内,加压后使药液呈雾状喷出,均匀地滴落在鸽舍空气、地面、墙壁、用具、车辆及鸽体表进行的消毒。喷雾消毒是液体消毒剂较常用的有效消毒方法。喷雾消毒的药液应均匀洒布。

9. 熏蒸消毒法 利用某些化学消毒剂易于挥发的特性和利用药品的理化特性,将消毒药品加热或者将两种化学制剂混合发生反应产生气体,对密闭室内的空气及物体进行消毒的方法。如用甲醛或过氧乙酸等熏蒸消毒鸽内空间。使用这种消毒方法时应特别注意将消毒空间密闭,并按空间容积准确计算药物用量。

(四)生物消毒法 是应用生物氧化和生物热原理进行的消毒技术,指通过堆积发酵、沉淀池发酵、沼气池发酵等产热或产酸,以杀灭粪便、污水、垃圾等内部病原体的方法。在发酵过程中,由于粪便、污物等内部微生物产生的热量可使温度升高达 70℃ 以上,经过一段时间后,便可杀死病毒、病菌、寄生虫卵等,从而达到消毒的目的。常用的方法有地面泥封堆肥法和坑式堆肥发酵法。

二、消毒药品的配制

(一)消毒药品的选择原则 在选择消毒药品时应考虑以下几个方面:对病原体杀灭力强且广谱,易溶于水,性质比较稳定。对人、鸽及动物性产品无毒、无残留、不产生异味,不损坏被消毒物品。价格低廉,使用方便。

(二)消毒药品的配制 大多数消毒药从市场购回后,必须进行稀释配制或经其他形式处理,才能正常使用。配制时应注意以下几个问题:

第一,根据需要配制的消毒液浓度及用量,正确计算所需溶质、溶剂的用量。

第二,对固态消毒剂,要用天平称量;对液态消毒剂,要用刻度精细的量筒或吸管量取。准确称量后,先将消毒剂原粉或原液溶解在少量水中,充分溶解后再与足量的水混匀。

第三,使用洁净容器,可用煮沸法(100℃,15 分钟)或高压蒸汽灭菌法(121℃,15 分钟)对容器消毒,以防止消毒剂被病原微生物污染。配制量大、无法采取加热消毒时,应将容器洗刷干净。

第四,尽量现配现用。配制好的消毒液如存放时间过长,浓度会降低甚至完全失效。一次用不完时,应在尽可能短的时间内用完。个别需贮存待用的,要按规定用适宜的容器盛装,注明药品名称、浓度和配制日期等,并做好记录。

三、不同消毒对象的消毒

(一)空鸽舍消毒　任何规模和类型的鸽场,其场舍在下次启用之前,必须空出一定时间(15～30 天或更长时间)。经全面彻底消毒后,方可正常使用。

1. 机械清除　首先对空舍顶棚、墙壁、地面彻底打扫,将垃圾、粪便和其他各种污物全部清除,定点堆放,生物热消毒处理。料槽、水槽、笼具等设施用常水洗刷;然后冲洗地面、走道、粪槽等,待干后用化学法消毒。

2. 药物喷洒　常用 3‰～5‰来苏儿、0.2%～0.5%过氧乙酸、20%石灰乳、5%～20%漂白粉等喷洒消毒。地面每平方米用药 800～1 000 毫升,舍内其他设施每平方米用药 200～400 毫升。为了提高消毒效果,应使用两种或三种不同类型的消毒药进行 2～3 次消毒。因为不同的病原体对不同的消毒剂敏感性不同,一次消毒很难杀死所有病原体。每次消毒要等地面和物品干燥后再进行下次消毒。必要时,对耐燃物品还可使用酒精或煤油喷灯进行火焰消毒。

喷洒消毒时,应按一定的顺序进行。一般从离门远处开始,按地面、墙壁、棚顶的顺序喷洒,最后再将地面喷洒 1 次。喷洒后,应将鸽舍门窗关闭 2～3 小时,然后打开门窗通风换气,再用清水冲洗饲槽、地面等,将残余的消毒剂清除干净。另外也应将鸽舍附近以及饲养用具等同时消毒。

3. 熏蒸消毒　常用福尔马林熏蒸,用量为每立方米 28 毫升,密闭 1～2 周。或按每立方米空间 25 毫升福尔马林、12.5 毫升水、25 克高锰酸钾的比例进行熏蒸。但墙壁及顶棚易被熏黄,用等量生石灰代替高锰酸钾可消除此缺点。鸽舍熏蒸消毒完成后,应通风换气,待对鸽无刺激后方可使用。

熏蒸消毒应在喷洒消毒后进行,将已消毒的各种用具移入鸽舍,操作者更衣,戴防毒面具、手套后,进入鸽舍。先用塑料胶带封闭通风口、门窗等，之后将盛有高锰酸钾的容器放置舍内中央，再将福尔马林倒入容器中，迅速退到室外，并用塑料胶带密封门缝。消毒24～48小时，打开门窗，通风换气2～3天，并将熏蒸容器移出。福尔马林水蒸气全部排出后方可迁入鸽群。

注意熏蒸消毒时，必须把福尔马林倒入高锰酸钾中，反之，骤烈的发热反应使液体溅出，可能烫伤工作人员。熏蒸消毒时，鸽舍的空气相对湿度达到90%以上，室温25℃以上，消毒效果最好。福尔马林药液有强烈的刺激性，操作时要防止吸入。福尔马林倒入高锰酸钾容器后1～2秒就会产生大量的水蒸气并放出大量热量。

鸽舍容积较大、福尔马林用量较多时，可在舍内分几个点，由两个人负责倒入福尔马林。离门远的先倒，离门近的在先倒者退到自己身旁时倒入，两人同时退出。福尔马林水蒸气可用30%的氨水按每立方米2～5毫升喷洒中和。

（二）场舍门口消毒　场舍门口应设消毒池，以便人、车进出时进行鞋底和轮胎的消毒。消毒池的长度不小于轮胎的周长，宽度与门宽相同。消毒池内常用2%～4%氢氧化钠或1%农福，每周定时更换或添加消毒液，冬天可加8%～10%的食盐防止结冰。

（三）带鸽舍消毒　每天要清除鸽舍内排泄物和其他污物，保持料槽、水槽和用具清洁卫生，做到勤洗、勤换、勤消毒。尤其是雏鸽的水槽、料槽每天要清洗消毒1次。根据季节和温度的变化，适时调整通风，保持舍内空气新鲜。墙壁、地面和设施每周至少用0.1%～0.2%过氧乙酸或0.1%次氯酸钠喷雾消毒1次。

（四）地面、土壤消毒　病鸽停留过的鸽舍、运动场地面等被一般病原体污染的，将表土铲除并按粪便消毒处理，地面用消毒液喷洒。若为水泥地面被一般病原体污染，用常用消毒药喷洒。

（五）鸽体表的消毒　鸽体表可携带多种病原体，鸽场不应忽视鸽体表的消毒。常选用对羽毛、皮肤、黏膜无刺激性或刺激性小的药品进行喷雾消毒。主要药物有 0.015％百毒杀、0.1％新洁尔灭、0.2％～0.3％次氯酸钠以及 0.1％过氧乙酸等。

带鸽消毒要使用雾化良好的气雾发生器或小型农用喷雾器,雾粒大小控制在 80～120 微米。喷雾消毒时,不要直接对着鸽体喷,应高于鸽体,喷雾距离以距离鸽体 50 厘米左右为宜,使雾粒落下。对鸽舍内的所有物品要均匀喷洒。喷雾的动作要轻缓,防止惊吓鸽群。消毒宜在傍晚或暗光下进行。首次带鸽消毒的鸽日龄不得低于 10 天,以后根据鸽的健康状况而定,可 1～2 周 1 次,鸽场发生疫病时则每天消毒 1 次。消毒液的用量是每立方米空间用 15 毫升,消毒后要进行通风换气。鸽群在接种疫苗前后 3 天内停止喷雾消毒。

(六)用具消毒　鸽场各种用具也会带进带出病原,必须对其妥善消毒。

1. 塑料制品　常用 0.04％～0.2％过氧乙酸或 1％～2％氢氧化钠溶液浸泡消毒。操作时先用常水洗刷,除去表面污物,干燥后再放入消毒液中浸泡 10～15 分钟,取出用常水冲洗,干燥后备用。也可在专用消毒房间内用 0.05％～0.5％过氧乙酸喷雾消毒,喷雾后密封 1～2 小时。

2. 金属制品　用常水刷洗干净,干燥后用火焰喷烧消毒,或用 4％～5％的碳酸钠溶液喷洒或洗刷,对染疫制品要反复消毒 2～3 次。

3. 其他制品　如木箱、竹筐等,因耐腐蚀性差,一般不采用浸泡法。可在专用消毒间熏蒸消毒。每立方米空间用 42 毫升福尔马林熏蒸 2～4 小时或时间更长些。对染疫的此类包装物必要时焚烧销毁。

(七)运载工具消毒　包括车、船、笼具等,在装运鸽及其产品之后,都要先将污物清除,洗刷干净。清除的污物在指定地点进行生物热消毒,对染疫的污物采取焚烧法处理。然后可用 2％～5％

漂白粉澄清液、2%～4%氢氧化钠溶液、0.5%过氧乙酸溶液等喷洒消毒。消毒后用清水冲洗1次,再用清洁的抹布擦干净。对染疫的运载工具要进行2～3次反复消毒。

(八)粪便消毒　鸽的粪便中有多种病原体,染疫鸽的粪便中病原体的含量急剧增加,是土壤、水源、居住环境的主要传染源。及时妥善做好粪便的消毒,对切断疫病的传播途径有重要意义。

1. 掩埋法　用漂白粉或生石灰与粪便1:5混合,然后深埋于地下2米左右。本法适合于烈性疫病病原体污染的少量粪便的处理。

2. 焚烧法　少量的带芽胞粪便可直接与垃圾、柴草混合焚烧。如粪便太湿,可混一些干草,以便于烧毁。

3. 堆粪法　远离鸽舍及水源,在地面挖一深20～25厘米的长沟或浅圆形坑,沟的宽窄长短、坑的大小视粪便量的多少自行设定。先将非传染性粪便或麦草、稻草等堆至25厘米于底层,上面堆放待消毒的粪便,高1～1.5米,含水量应在50%～70%,如粪便过稀时应混合一些其他干粪土,过干时应泼洒适量水。在粪堆表面覆盖10～20厘米厚的健康鸽粪便,最外层抹上10厘米厚草泥密封。

4. 发酵池法　先在粪池底层放一些干粪,再将一些欲消毒的鸽粪、垃圾等倒入池内,快满时在粪堆表面再盖一层泥土封好。经1～3个月即可出粪清池。此法适用于养鸽规模较大的鸽场。

(九)人员及器械消毒　鸽场饲养管理人员和防疫人员进出场舍应洗澡更衣。工作服、靴、帽、器械等,用前先洗干净,然后浸泡于消毒液中,经消毒后干燥备用。工作人员的手及皮肤裸露部位用消毒液擦洗,浸泡一段时间后,再用清水清洗掉消毒药液。平时的消毒可采用消毒药液喷洒法,不需浸泡。直接将消毒液喷洒于工作服、帽上;工作人员的手及皮肤裸露处、器械物品可用蘸有消毒液的纱布擦拭,而后再用水清洗。

(十)病死鸽尸体的消毒 合理而安全地处理病死鸽,对于防止鸽场发生传染病和维护公共卫生都具有重大意义。病死鸽的处理方法有多种,在此介绍以下两种:

1. 深埋法 此法简便易行,但不是彻底的处理方法,对于患烈性传染病的鸽尸体不宜用此法。在掩埋病死鸽尸体时,应注意选择远离住宅、水源及道路的僻静地方,土质干燥、地下水位低,并避开水流、山洪的冲击。坑的深度一般距离尸体上表面的深度不少于1.5米。掩埋前,在坑底铺上2~5厘米的石灰,病死鸽投入后再撒上一层石灰,填土夯实。

2. 焚烧法 此法是销毁病死鸽尸体、消灭病原最彻底的方法,但要消耗大量燃料,所以一般非烈性传染病不应用。操作方法是:挖一个长2.5米、宽1.5米、深0.7米的焚尸坑,坑底放上木柴,在木柴上倒上煤油,病死鸽尸体放上后再倒煤油,放木柴,最后点火,一直到鸽尸体烧成焦炭为止,焚烧后就地埋入坑内。

(十一)种蛋及孵化器材的消毒

1. 种蛋的消毒 种蛋通过母鸽的泄殖腔排出体外后,蛋壳表面很容易被粪便中的细菌污染。被污染的种蛋如不及时收集,在鸽舍内将被继续污染。种蛋在鸽舍收集后要进行初选,初选合格的种蛋尽快送入孵化厅,并放入消毒柜或熏蒸室进行消毒,熏蒸室每立方米用甲醛14毫升、高锰酸钾7克,熏蒸时间30分钟。熏蒸后送入种蛋库存放。种蛋入孵前应进行清洗,将破壳蛋、被污染蛋全部清除。

2. 孵化器材的消毒 孵化器材的消毒方法多采用熏蒸、浸泡、冲洗、擦拭等手段进行。孵化器和出雏器经冲洗干净后,用过氧乙酸喷洒消毒。出雏盒、蛋盘、蛋架等用次氯酸钠或新洁尔灭溶液浸泡或刷拭干净后,再用福尔马林熏蒸1小时。所有使用过的器具都要取出,放入消毒液内浸泡消毒洗净,然后将孵化器和出雏器内外用高压清水冲洗干净,再用消毒液喷洒消毒,逐个进行彻底清洗、擦拭、喷洒和熏蒸消毒。

四、消毒注意事项

消毒药的作用不仅取决于药物的理论性质,也受多种环境因素的影响。

(一)**药物浓度与作用时间** 一般是配成溶液使用,药物的浓度越高,作用时间越长,效果越好,但对鸽组织的刺激也越大。如浓度过低,接触时间太短,则难以达到消毒目的。因此,必须根据各种环境消毒药的特性,掌握适当的药物浓度和作用时间。

(二)**温度和酸碱度** 温度的高低与环境消毒药的抗菌效果成正比,温度越高,杀菌效力越强。一般温度每升高10℃,消毒效果增强1~2倍。所以,对于加热后不被破坏的环境消毒药物如氢氧化钠等,可用热的水溶液等。环境中的酸碱度对环境消毒药有明显的影响。例如表面活性剂中的季铵盐类化合物,其杀菌作用随pH值升高而明显加强,苯甲酸则在碱性环境中作用减弱。

(三)**有机物** 环境消毒药的抗菌作用与环境中有机物量的多少成反比,有机物的量越多,消毒效力越差。脓、血、毒、蛋白质等有机物不但可以掩盖病原体,起着保护作用,而且其中的蛋白质可与环境消毒药结合而降低药物的效力。因此,当用于感染创面或消毒物品时,要将感染创面中或物品上的脓、血等冲洗干净。对环境进行消毒时,要把消毒场所打扫干净。

(四)**微生物的敏感性** 不同种类的微生物对不同的环境消毒药的敏感性有很大的差异。如病毒对酚类的耐受性很大,对碱却很敏感,乳酸杆菌和结核分枝杆菌对酸的抵抗力较大。生长繁殖期的细菌容易被环境消毒药杀灭,而细菌芽胞则难以杀灭。

(五)**药物的拮抗** 两种环境消毒药合用有时会降低药效,这是由于物理化学或药理性的配伍禁忌产生的拮抗现象。如阴离子表面洁净剂肥皂与阳离子清洁剂新洁尔灭合用时可发生化学反应,使消毒效果减弱乃至完全消失。

第四节 鸽场免疫技术

免疫是机体对外源性或内源性异物进行识别、清除和排斥的过程,是机体免疫系统发挥的一种保护性生理功能。保持机体内外环境平衡是动物健康成长和进行生命活动最基本的条件。动物在长期进化中形成了与外部入侵的病原微生物和内部产生的肿瘤细胞作斗争的防御系统——免疫系统。通常所说的免疫都是指后天获得性的特异性免疫。

动物免疫也称疫苗接种,是指用疫苗刺激机体免疫器官和淋巴细胞产生特异性抗体的过程。免疫接种是预防动物传染病和某些寄生虫病的有效手段。因此,《中华人民共和国动物防疫法》规定,饲养动物的单位和个人应当依法履行动物疫病强制免疫义务,按照兽医主管部门的要求做好强制免疫工作。经强制免疫的动物,应当按照国务院兽医主管部门的规定建立免疫档案,加施畜禽标识,实施可追溯管理。目前,国家明确规定对高致病性禽流感、新城疫等严重危害养殖业生产和人类健康的动物疫病实行计划免疫制度,实施强制免疫。

一、鸽常用生物制品

鸽常用生物制品大体上分为疫苗、免疫血清和诊断液3类。疫苗用于主动免疫,免疫血清和卵黄抗体则用于紧急被动免疫和特异性治疗。诊断液主要用于一些疫病的诊断与免疫监测。目前,我国对鸽的专用生物制品的研制开发较少,其专用制剂也不多,大部分都是借用禽的生物制品特别是疫苗,但在使用时应先做少量鸽试验,证明安全后再进行大群免疫。适用于鸽的主要制剂如下。

(一) **鸽瘟油乳剂疫苗** 又称鸽Ⅰ型副黏病毒油乳剂疫苗或鸽新城疫油乳剂疫苗,是鸽新城疫(鸽瘟)的一种专用的安全有效的疫苗。颈部皮下注射的免疫效果优于肌内注射和翼下接种途径。

(二)鸡新城疫疫苗　近几年的实践证明,其对鸽的免疫效果较好,合理注射对鸽的保护率较高,但有一定的副作用,使用时一定要多加注意,注射前一定要先试针,并先做好基础免疫。鸡新城疫疫苗种类、苗型很多,灭活苗和活苗,毒力强、毒力弱的或无毒的疫苗均有。其中灭活疫苗只能用于注射,弱毒活疫苗可用于饮水、滴鼻、点眼或气雾等途径。鸡新城疫Ⅰ系活疫苗是一种中等毒力苗,只适用于已经用F系或Lasota系苗免疫过的2月龄以上禽使用,不得用于雏禽,主要用于刺种、皮下或肌内注射。鸡新城疫Lasota系活疫苗是弱毒苗,有很多种,多用于14日龄以内的雏禽通过饮水、滴鼻、点眼或气雾等途径免疫。

(三)鸽痘活疫苗　对鸽有良好的免疫力,1日龄的乳鸽即可使用。方法是:将翅膀张开,拔去翼膜上的小羽毛,滴1~2滴稀释的疫苗后涂擦;或者用针头蘸取疫苗作皮下刺种3~4次即可,一般在接种后7~10天检查接种部,如出现针头大小的痘斑、结痂等反应,表明接种成功,其保护率可达90%以上,若没有痘斑等反应应及时补种。

(四)鸡痘鹌鹑化弱毒疫苗　是禽类的通用苗,一般在翼内侧无血管处刺种,1月龄内雏禽刺种一针,1月龄以上刺种两针稀释苗。刺种后4~6天检查接种部,如在刺种局部有80%以上禽出现痘肿、水泡和结痂等反应,表示接种成功;若接种部位无反应或反应率低,应考虑重新接种。

(五)免疫血清与卵黄抗体　目前在我国养禽业中应用十分广泛,多用于紧急接种,防病治病都只有短期效果,其中免疫血清的成本较高,而卵黄抗体相对价格低廉。已经投入使用的非规程制品有新城疫高免血清和卵黄抗体、新城疫与法氏囊二联高免血清和卵黄抗体等。

二、生物制品的使用

(一) 生物制品的保存和运送 各类生物制品的特性与生产工艺不同,在产品流通、存放与使用过程中,应严格按照产品说明书规范操作。

1. 生物制品的保存 疫苗一般存在低温、阴暗及干燥的场所。灭活苗和类毒素等应保存在 2℃～8℃ 的环境中,防止冻结;油乳剂灭活苗在冷冻后会出现破乳分层现象,影响其效力,应常温保存。大多数弱毒活疫苗应放在 −15℃ 以下冻结保存。对于真空冻干活苗,还应注意其真空度。

2. 生物制品的运送 弱毒活疫苗的运送一般要求"冷链"系统,即需要冷藏工具如冷藏车、冷藏箱、保温瓶等,购买时要弄清各种疫苗的保存和运输中要求的条件,运输时装入保温冷藏设备中,购入后立即按规定温度存放,严防在高温和日光下保存和运输。灭活苗在运输中也要防止冻结和暴晒。

(二) 预防接种用器材 预防接种前,兽医人员需要准备一些操作中可能用到的药品和器材,主要有 5% 碘酊、70% 酒精、新洁尔灭或来苏儿等消毒剂;金属注射器、玻璃注射器(1、2、5 毫升等规格)、兽用连续注射器、针头(人用 6～9 号)、煮沸消毒锅、镊子、剪刀、体温计、气雾免疫发生器、乳头滴管、桶、脸盆、毛巾、肥皂、纱布、脱脂棉、带盖搪瓷盘、出诊箱、工作服和帽、胶靴、免疫登记册等。

(三) 疫苗的稀释 生产厂家对各种生物制剂是否需要稀释,以及使用的稀释液、稀释倍数和稀释方法都有明确规定,必须严格地按照使用说明书操作。稀释疫苗用的器械必须是无菌的,以防疫苗受到污染。

1. 注射用疫苗的稀释 用 70% 酒精棉球擦拭消毒疫苗和稀释液的瓶盖,然后用带有针头的灭菌注射器吸取少量稀释液注入疫苗瓶中,充分振荡溶解后,吸取注入盛放疫苗液的空瓶中,反复冲洗疫苗瓶2~3次,使疫苗充分转入疫苗液瓶中,补足所需稀释液,摇匀备用。

2. 饮水用疫苗的稀释 饮水(或喷雾)免疫时,疫苗最好用蒸馏水或无离子水稀释,也可用洁净的深井水或泉水稀释,不能用自来水,因为自来水中的消毒剂会把活疫苗中的抗原失活,使疫苗失效。稀释前先用酒精棉球消毒疫苗的瓶盖,然后用灭菌注射器吸取少量的稀释液注入疫苗瓶中,充分振荡溶解后,抽取溶解的疫苗移入干净的容器中,再用稀释液把疫苗瓶冲洗几次,使全部疫苗转入容器中。然后按一定剂量补足所需稀释液。

(四)生物制品使用注意事项 具体如下:

其一,接种前应根据鸽群免疫接种计划,确定接种日期及生物制品种类,准备足够的生物制品、器材、药品、免疫登记表。适时安排接种操作人员的技能培训,包括接种规范操作,接种后的饲养管理及观察,鸽保定的注意事项等。及时了解本地、本季及本鸽场各种疫病发生和流行情况,依据鸽疫病种类和流行特点做好各种准备,免疫工作在疫病来临之前要完成。

其二,接种前要观察鸽群的营养和健康状况,凡疑似发病、体温升高、体质瘦弱、处于产蛋期等的鸽群均不宜接种疫苗,可待鸽健康后适时补充免疫,也可注射免疫血清或卵黄抗体,产蛋鸽应在产蛋前适时提前免疫。

其三,选用质量可靠的疫苗。用前要细心检查,凡没有瓶签或瓶签模糊不清、过期、瓶塞不紧、疫苗瓶有裂纹、疫苗色泽、气味或性状与说明书不符,以及未按规定方法和要求保存等的疫苗均不得使用。

其四,需经稀释后才能使用的疫苗,应按说明书的要求进行稀释。按照疫苗的使用说明书,选用规定的稀释液。吸取疫苗前,注意注射器、针头及瓶塞表面的消毒。先除去封口上的火漆或石蜡,用酒精棉球消毒瓶塞。按标明的头份充分稀释、摇匀,稀释后的疫苗,如一次不能吸完,吸液后针头不必拔出,用酒精棉球包裹,以便再次吸取,给鸽注射过的针头,不能吸液,以免污染疫苗。

其五,根据疫苗使用说明及鸽的数量选择接种方法。疫苗使用前必须充分振荡,使其混合均匀后才能使用。免疫血清则不应振荡,沉淀不应吸取,并随吸随注射。已经打开瓶塞或稀释过的疫苗,必须当天用完,未用完的处理后弃去。饮水、气雾、拌料接种疫苗的前2天、后5天不得让鸽饮用消毒药(如高锰酸钾等),也不得进行任何消毒,使用弱毒菌苗的前后各1周内不得使用抗微生物药。

其六,接种时应严格执行无菌操作。免疫接种的注射器、针头和镊子等用具,应严格采用高温高压或煮沸消毒。注射部位皮肤用5%的碘酊消毒,皮下注射及皮肤刺种用70%酒精消毒。针头要经常更换,注射时最好每注射一只更换一个针头。在针头不足时可每吸液一次更换一个针头,但每注射一只后,应用酒精棉球将针头拭净消毒后再用。也可以将换下的针头浸入酒精、新洁尔灭或其他消毒液中,浸泡20分钟后,用灭菌蒸馏水冲洗后重新使用。接种过程也应注意消毒,接种后的用具、空疫苗瓶也应进行消毒处理。针筒排气溢出的药液,应吸集于酒精棉球上,并存放于专用的瓶内。用过的酒精棉球、碘酊棉球和未用完的药液都放入专用瓶内,集中销毁。接种工作完成后,所有用具应清洗、消毒处理。

其七,做好接种记录,包括疫苗的种类、批号、生产日期、厂家、剂量、稀释液、接种方法和途径、鸽的数量、接种时间、参加人员、接种反应等,并对接种的检测效果进行记录。还应注明对漏免者补免的时间。给鸽接种后,应注意观察7~10天,加强护理,如有不良反应,可根据情况及时处理,不良反应要记载到免疫登记册或免疫卡上。

其八,为了保证免疫接种的安全和效果,接种前对部分幼鸽的母源抗体进行监测,选择最佳时机进行接种。同时,注意接种后的临床观察。

其九，工作人员应加强个人防护，操作时应穿工作服、胶靴、戴工作帽，必要时戴口罩。工作前后应洗手消毒，工作中要认真细致、规范操作，抓取或保定鸽时不应动作粗暴，不在工作时间吸烟或吃东西。

(五) 免疫接种途径　鸽的免疫方法可分为个体免疫法和群体免疫法。前者免疫途径包括注射、点眼、滴鼻、刺种、静脉注射等，后者包括饮水、拌料、气雾免疫等。选择合理的免疫接种途径可以大大提高鸽机体的免疫应答能力。

1. 注射免疫　适用于各种灭活苗和弱毒苗的免疫接种。根据疫苗注入的组织不同，又可分为皮下注射、肌内注射。注射接种剂量准确、免疫密度高、效果确实可靠，在实践中应用广泛。但费时费力，消毒不严格时容易造成病原体人为传播和局部感染，而且捕捉鸽时易出现应激反应。

(1) 皮下注射　多用于灭活苗及免疫血清、高免卵黄抗体接种。接种部位选择皮薄、被毛少、皮肤松弛、皮下血管少的部位，最好在胸部或翼下，也可在头顶后的皮下。注射部位消毒后，注射者右手持注射器，左手食指与拇指将皮肤提起呈伞状，沿基部刺入皮下约注射针头的 2/3，将左手放开后，再推动注射器活塞将疫苗徐徐注入。注射完毕，用酒精棉球按住注射部位，将针头拔出。立即以药棉揉擦，使药液散开。

(2) 肌内注射　多用于弱毒疫苗的接种。肌内注射操作简便，应用广泛，副作用较小，药液吸收快，免疫效果较好。注射部位应选择肌肉丰满、血管少、远离神经干的部位，宜在胸部肌肉或翅膀基部。使用的针头号数及长度，应由鸽的个体大小及肥度决定。注意控制针头刺入深度，防止过深刺伤内脏。针头管径越大，对鸽的刺激与损伤越大；管径太小，则注射油乳剂疫苗时阻力较大，不容易操作，故应选择合适的针头使用。

2. 点眼与滴鼻　禽类眼部具有哈德氏腺,鼻腔黏膜下有丰富的淋巴样组织,对抗原的刺激都能产生很强的免疫应答反应,操作时用乳头滴管吸取疫苗滴于眼内或鼻孔内。这种方法多用于雏鸽的首免。利用点眼或滴鼻法接种时应注意:接种时均使用弱毒苗,如果有母源抗体存在,会影响病毒的定居和刺激机体产生抗体,此时可考虑适当增大疫苗接种量。点眼时,要等待疫苗扩散后才能放开鸽。滴鼻时,可用固定鸽的手的食指堵住非滴鼻侧的鼻孔,加速疫苗的吸入。

3. 皮肤刺种　常用于鸽痘等疫病的弱毒疫苗接种。在鸽翅膀内侧无毛处,避开血管,用刺种针或钢笔尖蘸取疫苗刺入皮下。刺种后7~10天检查免疫的效果。一般来说,正确接种后在接种部位会出现红肿、结痂反应;如无局部反应,则应检查鸽群是否处于免疫阶段,疫苗质量有无问题或接种方法是否有差错,及时进行补充免疫。

4. 静脉注射　主要用于注射免疫血清,进行紧急预防和治疗。注射部位在翅下静脉。疫苗因残余毒力等原因,一般不通过静脉注射接种。

5. 经口免疫接种　分为拌料、饮水两种方法,即将疫苗均匀地混于饲料或饮水中经口服后而获得免疫。经口免疫效率高、省时省力、操作方便,能使全群鸽在同一时间内被接种,对群体的应激反应小,但鸽群抗体滴度往往不均匀,免疫持续期短,免疫效果往往受到其他多种因素的影响。口服免疫时,应按鸽的数量和鸽的平均饮水量及摄食量,准确计算疫苗剂量。免疫前应停饮或停喂一段时间,一般夏季停水4小时,冬季停水6小时。疫苗混入饮水或饲料后,必须迅速口服,保证在最短的时间内摄入足量疫苗,进入鸽体内的时间越短效果越好。稀释疫苗的水应用纯净的冷水,不能含有消毒药,盛放疫苗液的器皿应清洁无污染。在饮水中最好能加入0.1%的脱脂奶粉。混有疫苗的饮水及饲料的温度,以不超过室温为宜,应注意避免疫苗暴露在阳光下。用于口服的疫苗必须是高效价的活苗,可增加疫苗用量,一般为注射剂量的2~5倍。免疫时应多设一些供料、供水点,保证有 2/3 以上的鸽能同时饮水或吃食,避免鸽群因争抢饮食而导致摄入疫苗量过多或过少。本法具有省时、省力的特点,适用于大群免疫。

6. **气雾免疫法** 将稀释的疫苗在气雾发生器的作用下喷射出去,使疫苗形成 5~10 微米的雾化粒子,均匀地浮游于空气中,鸽随着呼吸运动,将疫苗吸入而达到免疫。气雾免疫分为气溶胶免疫和喷雾免疫两种形式,其中气溶胶免疫最为常见。气雾免疫法不但省力,而且对少数疫苗特别有效,适用于大群鸽的免疫。进行气雾免疫时,将鸽引入鸽舍,关闭门窗,尽量减少空气流动,喷雾完毕后,鸽在舍内停留 20~30 分钟即可放出。操作人员要注意防护,戴上大而厚的口罩。

(六)免疫接种的反应及处理 对鸽机体来说,疫苗是外源性物质,接种后会出现一些不良反应,按照反应的强度和性质可将其分为 3 种类型。

1. **正常反应** 指由于疫苗本身的特性引起的反应。少数疫苗接种后,鸽常常出现一过性的精神沉郁、食欲下降、注射部位的短时轻度炎症等局部性或全身性异常表现。如果出现这种反应的鸽数量少、反应程度轻、维持时间短,则被认为是正常反应,一般不用处理。

2. **异常反应** 一次免疫注射后发生反应的鸽较多,表现为震颤、流涎、瘙痒等。原因通常是由于疫苗质量低劣或毒(菌)株的毒力偏强、使用剂量过大、操作不正确、接种途径错误或使用对象不正确等因素引起,要注意分析和及时对症治疗与抢救。

3. **严重反应** 多属于过敏反应,轻则体温升高、黏膜发绀、皮肤出现丘疹等,重则全身淤血,呼吸困难,口吐白沫或血沫,骨骼肌痉挛、抽搐,最后循环衰竭导致猝死,多在 0.5~1 小时内死亡。主要与生物制品的性质和动物本身体质有关,仅发生于个别鸽,需用抗过敏药物和激素疗法及时救治,如有全身感染,可配合抗生素治疗。

(七)鸽免疫失败的原因 生产实践中造成免疫失败的原因是多方面的,各种因素可通过不同的机制干扰动物免疫力的产生。归纳起来,造成免疫失败的因素主要有以下几个方面:

1. 疫苗因素

(1)疫苗本身的质量问题 疫苗中免疫原成分的含量多少是疫苗能否达到良好免疫效果的决定因素。正规厂家生产的疫苗质量较为可靠,购买使用前应查看生产厂家、产品批号、生产日期等,了解厂家有无产销资质。

(2)疫苗的保存不当 对那些瓶签说明不清、有裂缝破损,色泽性状不正常(如灭活苗的破乳分层现象)或瓶内发现杂质异物等的疫苗,应停止使用。

(3)疫苗使用不当

①疫苗稀释不当 各种疫苗所用的稀释剂、稀释倍数及稀释的方法都有一定的规定,必须严格按照使用说明书操作。

②疫苗选择不当 一些疫苗,如鸡新城疫弱毒苗等,本身容易引起免疫损伤,造成免疫水平低下。

③首免时间选择不当 雏鸽刚出壳的几天内,体内往往存在大量母源抗体,若此时进行免疫(尤其是进行活疫苗的免疫),则体内母源抗体与免疫原结合,一方面会中和免疫原,干扰病毒的复制,另一方面会造成免疫损伤,影响免疫效果。

④疫苗间干扰作用 将两种或两种以上无交叉反应的抗原同时接种或接种的时间间隔很短,机体对其中一种抗原的抗体应答显著降低。

⑤免疫方法不当 滴鼻、点眼免疫时,疫苗未能进入眼内或鼻腔;肌内注射时,注入的疫苗又从注射孔流出等。

2. 鸽群机体因素

(1)遗传因素　不同品种,免疫应答各有差异,即使同一品种的不同个体,因日龄、性别等不同,对同一疫苗的免疫反应强弱也不一致。

(2)母源抗体的干扰　主要是干扰疫苗病毒在体内的复制,影响免疫效果。同时母源抗体本身也被中和。

(3)营养因素　维生素及许多其他营养成分都对鸽机体免疫力有显著影响。特别是缺乏维生素 A、维生素 D、维生素 B、维生素 E 和多种微量元素时,能影响机体对抗原的免疫应答,免疫反应明显受到抑制。

(4)健康原因　患病鸽接种疫苗不仅不会产生免疫效果,严重的可导致死亡。此外,鸽发生免疫抑制性疾病也是免疫失败的常见原因。

3. 病原体的血清型和变异性　许多病原微生物有多个血清型,容易出现抗原变异,如果感染的病原微生物与使用的疫苗毒(菌)株在抗原上存在较大差异或不属于一个血清型,则可导致免疫失败。如大肠杆菌病、禽流感等。另外,如果病原出现超强毒力变异株,也会造成免疫失败,如高致病性禽流感等。

4. 免疫程序不合理　疫苗的种类、接种时机、接种途径和剂量、接种次数及间隔时间等不适当,容易出现免疫效果差或免疫失败的现象。此外,疫病分布发生变化时,疫苗的接种时机、接种次数及间隔时间等应相应调整。

5. 其他因素　饲养管理不当,饲喂霉变饲料,饲料中蛋白质不均衡,动物误食铅、镉、砷等重金属或如卤素、农药等化学物质,均可抑制免疫应答,引起免疫失败。此外,接种期间或接种前后给予动物消毒、治疗药物,也会影响免疫效果。

(八)鸽场的计划免疫

1. 计划免疫的概念　指根据鸽传染病疫情监测、鸽群免疫状况及鸽免疫特点的分析,按照免疫学原理和养鸽场制定的免疫程序,有计划地使用生物制品进行鸽群预防接种,以提高鸽群的免疫水平,达到控制以至最终消灭相应鸽传染病的目的。

2. 计划免疫的意义　计划免疫是养鸽场科学实施鸽群免疫的前提,是避免盲目、随意进行鸽群免疫,减少免疫失败的重要措施。要想有效地预防鸽传染病,必须在疾病流行季节来临之前及时接种疫苗,待鸽体受某抗原刺激后产生了抗体,才能起到预防疾病的作用。而不同的传染病又都有不同的发病季节性、地区性和不同的易感日龄、性别等,而且接种后,其作用有一定的时效性,不是接种一次就终身保护。因此,养鸽单位应根据鸽传染病发病特点科学地安排,有计划地、适时地进行免疫接种,以达到预防传染病的目的。

3. 计划免疫的内容

(1)组织领导　鸽场计划免疫工作的计划、检查、总结,鸽场免疫工作人员的配备与培训,鸽免疫接种器材的管理,定期开展查漏补种工作;开展免疫宣传等。

(2)基础资料　鸽存栏情况及背景资料,养鸽场历年使用生物制品情况的资料,本地本鸽场传染病流行情况资料,鸽群免疫状况监测资料等。

(3)制度建设　安全接种制度,异常接种反应处理制度,查漏补种制度,疫苗和冷链管理制度等。

(4)免疫实施　疫苗检查,器械消毒,接种前鸽的临床检查,按程序正确接种,接种后鸽群观察等。

(5)免疫监测　定期监测鸽群抗体水平,掌握鸽群体免疫状态,确定免疫时机,适时补充免疫。

(九)**鸽场免疫程序**　指根据一定地区或养鸽场内不同传染病的流行状况及疫苗特性,为特定鸽群制定的免疫接种方案。主要包括所用各种类疫苗的名称、类型、接种顺序、用法、用量、次数、途径及间隔时间。免疫程序不是统一的或一成不变的,目前并没有一个能够适合所有地区或养鸽场的标准免疫程序。免疫程序的制定,应根据不同鸽群或不同传染病的流行特点和生产实际情况,充分考虑本地区常发多见或威胁大的传染病分布特点、疫苗类型及其免疫效能和母源抗体水平等因素。具体制定免疫程序时,应考虑以下几点:

1. 传染病的分布特征　由于鸽传染病在地区、时间和鸽群中的分布特点和流行规律不同,需要根据具体情况随时调整。有些传染病流行持续时间长、危害程度大,应制定长期的免疫防制对策。

2. 疫苗的免疫学特性　疫苗的种类、品系、性质、免疫途径、产生免疫力需要的时间、免疫期等差异以及疫苗间的相互干扰是影响免疫效果的重要因素,在制定免疫程序时应予充分考虑。

3. 鸽的种类、日龄及用途　使用何种疫苗应根据鸽的种类、日龄而定,鸽的用途不同,生长期或生长周期会有差异,也会影响疫苗的使用。同时,要考虑减少捕捉鸽的次数等。

4. 鸽体免疫状况　严格来讲,应根据鸽体内的抗体水平来决定鸽是否应该免疫。因此,应考虑鸽体内抗体滴度的高低、母源抗体的有无,有条件时进行抗体监测。

5. 配套防疫措施及饲养管理条件　规模化养鸽场的配套防疫措施及饲养管理条件较好,免疫程序应用效果良时,一般较为固定。散养场户由于管理粗放,配套防疫措施跟不上,制定程序时应灵活并适时调整。

(十) 补充免疫和紧急免疫

1. 补充免疫　补充免疫是按照免疫计划,在对大群鸽按免疫程序免疫后,而对未免疫的小群鸽实施的免疫。凡属以下情况的鸽应实施补充免疫:由于个体暂不适于免疫,在群体免疫时未予免疫的鸽;因各种原因免疫失败的鸽群;散养鸽在每年春、秋两季集中免疫后,每月应对未免疫的鸽群或个体进行定期补充免疫。

2. 紧急免疫　紧急免疫是指在发生疫病后,为迅速控制和扑灭疫病的流行,而对疫区和受威胁区尚未发病的鸽进行的应急性免疫接种。其目的在于建立环状免疫隔离带或免疫屏障以包围疫区,防止疫情扩散。实践证明,在疫区和受威胁区内使用疫苗紧急接种,不但可以防止疫病向周围地区蔓延,而且还可以减少未发病动物的感染死亡。

3. 紧急免疫注意事项　具体如下:

其一,只能对临床健康鸽进行免疫接种,对于患病鸽和处于潜伏期的鸽不能接种,只能扑杀或隔离治疗。使用高免血清、卵黄抗体等生物制品时,具有安全、产生免疫快的特点,但免疫期短、用量大、成本高。

其二,对疫区、受威胁区域的所有易感鸽,不论是否免疫过或免疫到期,发生地都要重新进行一次免疫,建立免疫隔离带。紧急免疫顺序应是由外到里,即从受威胁区到疫区。

其三,紧急免疫必须使免疫密度达到100%,即易感鸽要全部免疫,才能一致地获得免疫力。同时,操作人员必须做到一只鸽用一个针头,避免人为导致交叉感染。

其四,为了保证接种效果,有时疫苗剂量可加倍使用。但必须注意,不是所有疫苗均可用于紧急接种,只有证明紧急接种有效的疫苗才能使用。

其五,紧急免疫必须与疫区的隔离、封锁、消毒及病死鸽的生物安全处理等防疫措施相结合,才能收到好的效果。

第五节　鸽病的检疫与监测

一、鸽病的检疫

动物检疫是指为了预防和控制动物疫病的传播、扩散和流行,保护动物生产和人体健康,遵照国家法律,运用强制性手段,由法定的机构、法定的人员,依照法定的检疫项目、标准和方法,对动物及其产品进行检查、定性和处理的技术行政措施。

鸽场在生产过程中应重视产地检疫,每年要根据当地的疫情进行定期和不定期的检疫,以了解鸽的感染情况和免疫状态,以便于采取相应的措施。鸽场为了防止引入疫病,应开展引进隔离检疫,即应从无鸽疫病区引进雏鸽或种鸽、种蛋,而且引进的雏鸽或种鸽、种蛋必须经当地动物检疫部门检疫合格,并具有检疫合格证明。特别要重视加强种蛋的检疫,杜绝沙门氏菌病等垂直传播性疫病的发生。鸽的出售和运输也应经过检疫合格后才能进行,以防止本场疫情的传播和蔓延。

凡在检疫中检出的有临床症状和剖检病变的病死鸽应扑杀、焚烧;血清抗体阳性的可隔离治疗或扑杀处理;对尚无临床表现、血清学检查阳性的假定健康群,则进行紧急免疫接种或药物治疗;对污染或感染的种群,不论其污染或感染程度如何,一律全群淘汰处理。

凡经检疫发现疫病的场、群、户、舍都应隔离和封锁,并对全部场、群、户、舍进行一次全面彻底的消毒。

二、鸽病监测

为了切实预防鸽疫病的发生,提高免疫接种工作的针对性,鸽场特别是种鸽场应根据《动物防疫法》及其配套法规的要求,结合当地实际情况,制定本场的疫病监测方案,常规监测的疫病至少包括高致病性禽流感、鸽新城疫等,并将监测检查的结果报告当地兽医行政管理部门。种鸽不得检出高致病性禽流感、鸽新城疫等病原体,经检验不合格的种鸽应淘汰或扑杀、焚烧处理。销售的种鸽不得检出大肠杆菌、李氏杆菌、结核分枝杆菌、支原体、伤寒沙门氏菌等病原体,经检验带菌的应立即治疗或淘汰,不得销售。

通过抗体监测可了解鸽群的免疫状态,测定疫苗的免疫效果,从而完善免疫程序,提高鸽群的抗病能力,更有效地防制鸽的各类传染病。如用 HI 试验(血凝抑制试验)测定鸽群血清抗体,监测鸽群的免疫状态,发现鸽群和个体血清中的 HI 抗体(血凝抑制抗体)水平与弱毒疫苗应用效果和对强毒侵袭的抵抗都有密切关系,当 HI 抗体在 7 以上时进行免疫,由于病毒被中和而未能在体内复制,故不能产生免疫力,HI 抗体在 4~6 之间时,免疫效果也不佳,当 HI 抗体降至 3 或 3 以下时,则免疫效果良好。而鸽在受到自然强毒感染时候,HI 抗体水平越高,抵抗力越强,当 HI 抗体在 4 以上时,保护率在 90% 以上;在 3 时,只有 50% 的鸽得到保护;在 2 以下时,则大部分得不到保护。因此对鸽群 HI 抗体水平进行免疫监测,借以选择最佳的初次免疫和再次免疫时间,是制定免疫程序和保证鸽群免于鸽新城疫病毒感染的有效方法。

第三章 鸽常用药物

第一节 药物使用的基本知识

一、药物的分类

鸽病防治中应用药物种类较广,一般采用两种分类法。如根据其来源可分为天然药物(如一些抗微生物药)和人工合成药物(如磺胺类、氟喹诺酮等);而根据药物作用的性质和应用范围,则可分为以下几类:外用药与环境消毒药;抗菌药与抗病毒药;抗寄生虫药;营养类药物与饲料添加剂。

二、药物的剂型

药物原料来自植物、动物、矿物、微生物和化学合成等,为了使用安全、有效,便于保存、运输,原料药在使用前一定要加工成一定形态和规格的药品,称为制剂。经加工后药物的各种物理形态,即称为剂型。剂型可分为下列几种:

(一)液体剂型 如溶液剂、合剂、注射剂、流浸膏剂、煎剂及浸剂、泼淋剂和喷滴剂等。

(二)半固体剂型 如浸膏剂、糊剂、软膏剂、舔剂、硬膏剂等。

(三)固体剂型 如粉剂、预混剂、片剂、胶囊剂、微型胶囊剂、栓剂等。

(四)气体剂型 气体剂型是指液体或固体药物用雾化器喷出的微粒状制剂。

三、药物的作用

(一)药物作用的类型

1. 局部作用和吸收作用 根据药物作用部位的不同,在给药部位所产生的作用称为局部作用,如普鲁卡因的局部麻醉作用。给药后进入血液循环所发挥的作用则称为吸收作用或全身作用,即药物的全身性反应。

2. 直接作用和间接作用　从药物作用的顺序来看,药物进入机体后,首先发生的原发性作用称为直接作用。由于鸽体内环境是相对稳定和相互联系的,在药物的直接作用下对某一器官的影响,必然产生对其他器官的相应反应,而呈现药物的间接作用。

3. 选择性作用　药物进入鸽体后对各组织器官的作用并不完全一样,在适当剂量时对某一组织器官起最主要最明显的作用,而对其他组织或器官作用弱或无作用,这就是药物的选择作用。如青霉素可选择作用于革兰氏阳性菌、革兰氏阴性球菌,于细菌繁殖期起杀菌或抑菌作用。

选择性高的药物,往往不良反应较少,疗效良好,可以针对性地选择治疗某些疾病。如化学治疗药物可选择性地抑制或杀灭入侵鸽体内的病原体,而对鸽体无明显的作用,故可用来治疗相应的感染性疾病。反之,选择性低的药物,往往不良反应多,毒性也较大。如环境消毒药选择性很低,可直接影响一切活组织中的原生质,所以只能用于鸽体表或周围环境、用具和机械的消毒,一般体内不应用,即使应用,也必须按规定稀释成较低的浓度。

(二)药物作用的两重性　药物作用于鸽体后,既可产生对疾病有效预防和治疗效果的作用,即防治作用,也可产生与治疗无关,甚至对机体不利或有害的作用,即不良反应,这就是药物作用的两重性。临床用药时,应注意充分发挥药物的防治作用,尽可能减少或避免药物的不良反应。

1. 防治作用　预防疾病的发生称为预防作用。必须贯彻"预防为主,防重于治"的方针,如禽流感疫苗预防鸽禽流感等。用药后取得了预期疗效者称治疗作用。治疗作用又可分为对因治疗和对症治疗,对因和对症治疗是相辅相成的,临床工作者应按照祖国医药学"急则治其标,缓则治其本,标本兼施"的治疗原则进行。

2. 不良反应　大多数药物都或多或少地有一些不良反应,包括副作用、毒性反应。

(1)副作用　是指药物在治疗剂量时出现的与治疗目的无关的作用,它是药物固有的,一般反应较轻,常可预知并可设法消除纠正。一种药物的作用往往有多种,当用其某一种作为治疗目的时,其他作用就成为副作用;若改变用途,副作用也可变为治疗作用。

(2)毒性反应　是指药物对机体的损害作用,通常是由于用药量过大,或用药时间过长引起,故应特别注意避免。

(三)重复用药与联合用药　鸽场兽医临床用药,既要做到有效地预防鸽的各种疾病,又要尽可能避免对鸽机体造成毒性损害或降低鸽的生产性能,故必须全面考虑鸽的品种、年龄、性别等对药物作用的影响,选择适宜的药物和剂型,并注意给药途径、剂量和疗程等,科学合理地使用。

1. 重复用药　在一定时间内,反复使用同一药物,以维持在鸽体内的有效浓度,使药物保持不断地发挥作用,称为重复用药。重复给药的间隔时间和剂量,取决于药物的半衰期和鸽的病情。一般情况下,重复给药必须至鸽病症状消失后方可停药。但重复给药时间已经较长而病情没有明显好转时,一定要尽快考虑改换他药,以免产生耐药性和蓄积中毒。

2. 联合用药　两种或两种以上的药物联合应用,称为联合用药或配伍用药。其目的在于增强疗效或减少药物的不良反应,以及治疗不同的症状或合并症。

(1)协同作用　两种药物合用后,能使药物效果增加,称协同作用。如磺胺类药物与抗菌增效剂甲氧苄氨嘧啶合用,其抗菌作用大大增强。

(2)拮抗作用　两种药物合用后药效减弱,称为拮抗作用。如用大剂量盐酸环丙沙星配伍氨茶碱或碳酸氢钠混饮时,会析出环丙沙星而降低其吸收及抗菌疗效等。

(3)配伍禁忌 有些药物使用后,由于配合不当,可能出现减弱疗效甚至增加毒性的变化,这种配伍属于配伍禁忌,应尽量避免。

第二节 常用药物种类

一、消毒药物

环境消毒药是指在短时间内能迅速杀灭周围环境中病原微生物的药物。在鸽场的实际工作中,应用环境消毒药,杀灭生长环境中(鸽舍、饲料设备、孵化房、运输车辆及周围环境)的病原体,切断各种传播病原体的重要途径,预防各种传染病的发生,对保证鸽的成活率及正常生长与繁殖具有重要的作用和实际意义。环境消毒药种类较多,有酸类、碱类、酚类、卤素、氧化剂及表面活性剂,现介绍鸽生产中常用的一些消毒药。

(一)酚类 包括苯酚、甲酚、克辽林等化合物。它们可使微生物原浆蛋白质发生变化,沉淀而起杀菌或抑菌作用。酚类对一般的细菌有杀灭作用,但对细菌芽胞、病毒与真菌无效。

1. 苯酚(石炭酸)

【性 状】 本品为无色或淡红色结晶或白色晶块,有特殊的臭味。遇光、接触空气或储存过久,色渐变红,水溶液呈弱酸性反应,易溶于醇、甘油及油。

【作用与应用】 苯酚为原浆毒,能使菌体蛋白质变性、凝固而呈现杀菌作用。0.1%～1%溶液有抑菌作用;1%～2%溶液有杀菌和杀真菌作用;3%溶液能杀死葡萄球菌和链球菌。但细菌芽胞和病毒对本品耐受性很强,所以一般无效。苯酚的杀菌效果与温度呈正相关。碱性环境、脂类、皂类等能减弱其杀菌作用。本品多用于运输车辆、墙壁、运动场地、鸽舍以及病鸽的分泌物和排泄物的消毒。也可用于皮肤止痒和生物制品防腐。由于本品杀菌作用不强,且毒性较大,已逐渐被苯酚的衍生物替代。

【剂量与用法】 配成2%～5%水溶液用于处理污物、消毒用具和器械,并可用作环境消毒。涂搽1%水溶液可使皮肤止痒,加入0.5%苯酚可用作生物制品的防腐剂。

【注意事项】 本品忌与碘、溴、高锰酸钾、过氧化氢配伍应用。因腐蚀性很大,毒性较强,不宜用于创伤、皮肤的消毒。

2.煤酚(甲酚)

【性　状】 本品新制得时为无色液体,遇日光则色泽逐渐变深。商品多为浅棕黄色或暗红色的澄明液体,能溶于乙醇和乙醚,难溶于水,与水混合则为浑浊的乳状液,有类似苯酚的臭味。

【作用与应用】 本品比苯酚毒性小,但其抗菌作用比苯酚强约3倍。对大多数繁殖型细菌有强烈的杀菌作用,同时也可以杀灭寄生虫,对真菌也有一定的杀灭作用,但对细菌芽胞和病毒作用不可靠。由于本品在水中溶解度低,故常以50%肥皂溶液(即煤酚皂溶液、来苏儿)用于器械消毒和排泄物处理。稀溶液可用于皮肤的消毒。

【注意事项】 密封保存。

3.煤酚皂溶液(来苏儿)

【性　状】 为黄棕色至红棕色的浓稠液体,有甲酚的臭味,能溶于水和乙醇。

【作用与应用】 1%～2%煤酚皂溶液用于体表、手术器械的消毒;3%～5%溶液用于鸽舍进、出门消毒;5%～10%溶液用于鸽舍或污物及病鸽排泄物的消毒。

【注意事项】 由于本药有特殊臭味,因此不宜用于种蛋、蛋库的消毒。本品对皮肤有一定的刺激作用。还应注意避光密封保存。

4. 克辽林(臭药水)

【性　状】　本品是煤酚的粗制剂,即在煤酚中加入松香、肥皂和氢氧化钠等制成。呈暗褐色液体,用水稀释时即成乳白色。

【作用与应用】　本品杀菌作用同煤酚皂溶液,可用于鸽舍、用具和排泄物、污染物的消毒。

【剂量与用法】　本品因毒性较低,常用其3%～5%溶液消毒鸽舍、用具及排泄物。

5. 复合酚(菌毒敌、农乐)

【性　状】　本品为深红色或褐色黏稠液体,有特殊臭味,易溶于水。

【作用与应用】　本品为国内生产的新型、广谱、高效消毒剂,可杀灭多种细菌、真菌、病毒及寄生虫卵,还可抑制蚊、蝇等昆虫和鼠害的孳生。主要用于鸽舍、用具、饲养场地、运动场、运输车辆、病鸽排泄物及污物的消毒。对严重污染的环境,可适当增高浓度和增加喷洒的次数。一般用药1次,药效可维持1周。

【剂量与用法】　常用0.35%溶液用于常规消毒,也可用于被细菌污染的鸽舍、用具消毒。1%的溶液用于病毒性疾病污染的鸽舍、环境场地及用具的消毒。

【注意事项】　当环境温度低于8℃时,应用温水稀释。禁与其他消毒药(特别是碱性消毒药)配伍使用,以免降低效果。由于高浓度对皮肤、黏膜有刺激,应注意防护。国外产品农福亦为复合酚类消毒剂,作用与应用同复合酚。

(二)醛类　醛类能使蛋白质变性,杀菌作用较强,其中以甲醛的杀菌作用最强。

1. 甲醛溶液(福尔马林、蚁醛)

【性　状】　本品为无色或几乎无色的透明液体,与水或醇能任意混合,有刺激性臭味。通常把40%甲醛溶液称为福尔马林。兽药典规定甲醛溶液不得少于36%,并规定其内含有10%～20%

甲醇,以防聚合生成多聚甲醛白色沉淀。

【作用与应用】 具有广谱杀菌作用,对细菌、真菌、病毒和芽胞等均有强大的杀灭作用。主要用于鸽舍、衣物、用具、排泄物及室内空气的消毒以及器械的熏蒸消毒和标本、尸体的消毒防腐,还可用于种蛋的消毒。

【剂量与用法】 含甲醛37%～40%溶液,以2%福尔马林(0.8%甲醛)用于器械消毒;0.25%～0.5%甲醛溶液常用于鸽舍、孵化室等污染场地的消毒;10%福尔马林(4%甲醛)用于固定保存标本,还可用于生物制品的防腐。

熏蒸消毒:消毒前,为提高消毒质量,应先将鸽舍清洗干净,使用时要求室温不能低于15℃(最好在25℃以上),空气相对湿度在60%～80%,如湿度不够,可在地面洒水及向墙壁喷水,同时关好门窗,计算好鸽舍空间大小,每立方米用14毫升福尔马林,并倒入等量水后加热,使福尔马林溶液蒸发;或加入7克高锰酸钾,方法是先将高锰酸钾倒入大的搪瓷容器内,再加入所需的福尔马林溶液,迅速从室内退出,关好门,30分钟后再打开门窗。用于种蛋熏蒸消毒时要在密闭的容器内,每立方米用福尔马林21毫升,高锰酸钾10.5克,20分钟后通风换气。孵化器内种蛋的消毒是在孵化后的12小时之内进行,关闭机内通风口,福尔马林用量每立方米14毫升,高锰酸钾7克,20分钟后打开通风口换气。

【注意事项】 本品刺激性较大,消毒熏蒸时应注意人与鸽的防护。熏蒸消毒时室温不能低于15℃,空气相对湿度为60%～80%;当福尔马林和高锰酸钾合用时要特别注意,千万不要把高锰酸钾倒入福尔马林溶液中去。

2. 戊乙醛

【性　状】 本品为无色油状液体,味苦,有微弱的甲醛臭,能溶于水和乙醇,溶液呈弱酸性。

【作用与应用】 本品具有广谱抗菌活性,对繁殖期革兰氏阳性菌和阴性菌作用迅速,对耐酸菌、芽胞、某些真菌和病毒也有效,消毒作用快而强。其碱性水溶液的杀菌作用较好,当 pH 值为 7.5~8.5 时作用最强,较甲醛强 2~10 倍。主要用于鸽舍及器具消毒。

【剂量与用法】 20％或 25％戊二醛溶液,配成 2％溶液喷洒、浸泡消毒。

【注意事项】 由于本品刺激性较强,应避免接触皮肤和黏膜,如接触后应及时用水冲洗干净。禁止使用铅制品并遮光、密封、凉暗处保存。

(三) 碱 类

1. 氢氧化钠(烧碱,苛性钠)

【性 状】 本品为白色干燥块状,棒状或片状结晶,易溶于水及乙醇,极易潮解,故需密闭保存,水溶液呈碱性反应。在空气中易吸收二氧化碳,形成碳酸盐。

【作用与应用】 本品是强消毒剂,能杀灭所有微生物(细菌、芽胞和病毒)和寄生虫卵(球虫病等)。杀菌作用与温度呈正相关,常用于预防细菌性或病毒性传染病的环境消毒或鸽场、器具和运输车船等的清理消毒。

【剂量与用法】 2％溶液用于细菌、病毒污染的鸽舍、饲槽、运输车辆等的消毒。5％溶液用于细菌芽胞的消毒。

【注意事项】 由于本药有很强的腐蚀性,消毒时应十分小心。先将鸽驱出鸽舍,消毒后间隔 12 小时后用水冲洗地面、用具后方可让其进入。高浓度对金属制品、铝制品、纺织品、漆面等有损坏和腐蚀作用。使用时应注意个人的安全防护。

2. 草木灰(氢氧化钾)

【性 状】 柴草燃烧后所剩的新鲜粉末,主要含碳酸钾和氢氧化钾。

【作用与应用】 作用与氢氧化钠相似。也有很强的消毒力,能杀死非芽胞菌和病毒。可替代氢氧化钠用于消毒鸽舍、饲槽、用具及地面和出入口消毒池等的消毒。

【剂量与用法】 通常用5千克新鲜草木灰加水10升,煮沸20~30分钟后去渣,再加水10升,可配制成含1%氢氧化钾的草木灰水。

【注意事项】 干燥的草木灰制成的溶液具有消毒作用,吸湿后则失去消毒作用,故必须保存在干燥处。加热至50℃~70℃时作用更强。

3. 生石灰(氧化钙)

【性　状】 本品为白色或灰白色的硬块,无臭,吸潮性很强,在空气中能吸收二氧化碳,逐渐变成碳酸钙而失效。生石灰加水即成氢氧化钙,俗称熟石灰。

【作用与应用】 本品价廉易得,消毒效果良好,对大多数繁殖型细菌均有较强的杀菌作用,但对芽胞及结核杆菌无效。常用于鸽舍墙壁、地面、运动场地、粪池及污水沟等的消毒。

【剂量与用法】 一般加水配成10%~20%的石灰乳液涂刷鸽舍墙壁,寒冷地区常撒在地面、粪池及污水沟或鸽舍出入口作消毒用。

【注意事项】 熟石灰可从空气中吸收二氧化碳,变成碳酸钙而失效,故应现用现配。本品有一定的腐蚀性,消毒后的物品待干后才能使用。

(四) 酸　类

1. 过氧乙酸(过醋酸)

【性　状】 本品为无色透明液体,易溶于水和有机溶剂。呈弱酸性,且易挥发,有刺激性气味,并带有醋酸味。

【作用与应用】 本品属强氧化剂,是强效、速效消毒剂。具有杀菌作用快而强,抗菌谱广的特点,对细菌、病毒、真菌和芽胞均有效。本品可用于耐酸塑料、玻璃、搪瓷用具的浸泡消毒,也可用于鸽舍地面、墙壁、食槽的喷雾消毒和室内空气消毒。

【剂量与用法】 过氧乙酸溶液浓度为20%，0.04%～0.2%溶液用于饲养用具和人员的手臂浸泡消毒；0.05%～0.5%溶液用于鸽舍、食槽、墙壁通道和运输工具及周围环境的喷雾消毒；也可配成3%～5%的溶液，10～15毫升/米³进行熏蒸消毒，熏蒸时空气相对湿度以60%～80%为宜。

【注意事项】 本品对组织有刺激性和腐蚀性，对金属和橡胶制品也有腐蚀性，应注意人和鸽的防护。由于在45%以上高浓度时遇热易爆炸，所以应在避光密封处贮存。经稀释后药液只能保持3～7天，因此要现用现配。

2. 硼　酸

【性　状】 本品为无色微带珍珠状光泽鳞片或疏松的白色粉末，无臭，水溶液呈弱酸性。

【作用与应用】 本品只有抑菌作用，无杀菌作用。因刺激性较小，不损害组织，常用于冲洗较敏感的组织。

【剂量与用法】 2%～4%溶液用于冲洗眼部及口腔黏膜等；3%～5%溶液冲洗新鲜创伤，硼酸磺胺粉(1∶1)用于治疗创伤；硼酸甘油(31∶100)用于治疗口腔及鼻黏膜炎症；硼酸软膏(50%)可治疗溃疡、褥疮等。

(五)乙醇(酒精)

【性　状】 本品为无色透明液体，易挥发，易燃烧。无水乙醇含量99%以上，凡处方上未指明浓度的乙醇均指95%乙醇。

【作用与应用】 乙醇是目前临床上使用最广泛的一种皮肤消毒药。能杀死一般繁殖型的病原菌，但对细菌芽胞无效。可用于皮肤涂搽消毒，也可用于治疗关节炎、腱鞘炎、肌炎等。

【剂量与用法】 70%～75%乙醇可用于手指、皮肤、注射针头及小件医疗器械等消毒，不仅能迅速杀灭细菌，还具有溶解皮肤、清洁皮肤等作用。

【注意事项】 本品易挥发,应密封保存。使用时浓度不能超过75%,否则菌体表层蛋白将迅速凝固,妨碍乙醇向菌体渗透,杀菌效果反而降低。

(六)卤素类 卤素类中能作环境消毒药的主要是氯、碘及能释放出氯、碘的化合物。

1. 碘

【性 状】 本品为灰黑色带金属光泽的片状结晶或颗粒,有挥发性,难溶于水,溶于乙醇及甘油,在碘化钾的水溶液中易溶解。

【作用与应用】 碘通过氧化和卤代作用而呈现强大的杀菌作用,能杀死细菌芽胞、真菌和病毒,对某些原虫和蠕虫也有效。碘酊是最有效也是最常用的一种皮肤消毒药。也可作饮水消毒用。

【剂量与用法】 用于鸽皮肤消毒一般为2%浓度;用于饮水消毒,可在1升水中加入2%碘酊5~6滴,一般能杀死致病菌及原虫,15分钟后可供饮用。1%碘甘油制剂,用于黏膜炎症的涂搽。

【注意事项】 由于碘对组织有较强的刺激性,故碘酊涂搽皮肤稍干后宜用75%乙醇擦去,以免引起发泡、脱皮和皮炎。应密封在冷暗处保存。

2. 漂白粉(含氯石灰)

【性 状】 本品为灰白色粉末,微溶于水和醇,有氯臭味。受潮易分解失效,新制的漂白粉含有效氯25%~36%。

【作用与应用】 具有较强的消毒杀菌能力,能杀死细菌、芽胞和病毒,在酸性环境中作用强,碱性环境中则作用减弱。主要用于鸽舍、用具、运输车辆及排泄物的消毒。本品也是一种除臭剂,可用于污染物品及场地的消毒。

【剂量与用法】 鸽舍及场地消毒通常用5%~20%混悬液喷洒,也可用干燥粉末撒布;1%~3%溶液用于饲槽、饮水槽及其他金属用具的消毒;0.03%~0.15%浓度用于饮水消毒;10%~20%

混悬液用于排泄物及污染物的消毒。

【注意事项】 本品应现配现用,久放易失效。因对金属及衣物有轻度腐蚀性,对皮肤和黏膜有一定刺激性,故消毒时应注意人员的防护。本品应放于阴凉干燥处保存,不可与易燃易爆物品放在一起。

3. 二氯异氰尿酸钠(优氯净、消毒灵)

【性　状】 为白色结晶粉末,有强烈的氯臭味。

【作用与应用】 本品为新型广谱高效消毒药,可杀灭多种细菌、真菌孢子、芽胞及病毒,并有净水、除臭、去污等作用。常用于饮水、器具、鸽舍、地面、运动场、排泄物、孵化室、种蛋、运输工具以及带鸽消毒等。

【剂量与用法】 含有效氯60%～64%。0.5%～1%溶液可用于杀灭细菌与病毒,消毒用具可用喷洒、浸泡、擦拭等方法(15～30分钟);地面消毒可用5%～10%溶液杀灭细菌芽胞(1～3小时);粉剂可用于粪便消毒,用量为粪便的1/5;场地消毒为每平方米用本品10～20毫升,作用2～4小时,冬季气温在0℃以下时,50毫升/平方米,作用16～24小时;消毒饮水时,每升水用4毫克作用30分钟。

【注意事项】 现配现用。密闭,阴凉干燥处保存。

4. 三氯异氰尿酸

【性　状】 本品为白色结晶状粉末或粒状固体,具有强烈的氯气味,水中的溶解度约为1.2%,遇酸或碱易分解。

【作用与应用】 为新型、广谱、高效、安全的消毒剂,对细菌、病毒、真菌和芽胞有强大的杀灭作用。可用于环境、饮水、饲养用具及带鸽消毒等。

【剂量与用法】 本品含有效氯85%以上。粉剂可用于饮水消毒,每升水用4～6毫克;环境及用具用0.02%～0.04%溶液喷洒消毒。

【注意事项】 本品在溶解后应立即使用。禁止与其他碱性或酸性消毒药混用。于阴凉通风干燥处密封保存。

（七）**氧化剂类** 氧化剂是一些含不稳定的结合态氧的化合物，一旦遇有机物或酶立即放出初生态氧，破坏菌体蛋白质或酶而呈现杀菌作用，同时对组织细胞也有不同程度的损伤与腐蚀作用。氧化剂对厌氧菌作用最强，对革兰氏阳性菌和某些螺旋体也有效。

1. 新洁尔灭（溴苄烷胺，苯扎溴铵）

【性　状】 本品为无色或淡黄色澄明液体，易溶于水，水溶液稳定、耐热，可长期保存而不影响效力，对橡胶、塑料和金属制品无腐蚀作用。

【作用与应用】 本品属季铵盐类阳离子表面活性剂，有杀菌和清洁去污两种作用。本品抗菌谱较广，对多种革兰氏阳性和阴性细菌均有杀灭作用，但对阳性菌的效果优于阴性菌，对多种真菌也有一定作用，而对芽胞作用很弱。由于本品毒性低，对组织刺激性小，比较广泛地用于皮肤、黏膜的消毒，也可用于鸽用具及种蛋孵化前的消毒。

【剂量与用法】 本品市售有1％、5％、10％3种溶液。临用前用水稀释。0.1％水溶液用于手部（浸泡5分钟）以及蛋壳、手术器械和玻璃、搪瓷器具（浸泡30分钟以上）等的消毒。0.01％～0.05％水溶液用于创伤黏膜（泄殖腔和输卵管脱出）和感染伤口的冲洗消毒。0.15％～0.2％水溶液可用于鸽舍内空间的喷雾消毒。

【注意事项】 不宜与阴离子表面活性剂如肥皂、洗衣粉及过氧化物、碘、碘化钾等配伍，以防对抗或减弱其抗菌效力。操作者用肥皂洗净手后，必须用水冲净后再用本品。浸泡消毒时，药液一旦浑浊要立即更换，防止人体产生药物过敏。避免使用铝制器皿，以免降低本品的抗菌活性。

2. 高锰酸钾（灰锰氧，PP粉）

【性　状】 为紫黑色结晶，有金属光泽，易溶于水。溶液呈粉红色或暗紫红色。

【作用与应用】 本品为强氧化剂,其水溶液能与有机物迅速氧化而起杀菌作用,低浓度时还有收敛作用,高浓度时有刺激和腐蚀作用。在酸性溶液中杀菌作用增强,常用其氧化性能以加速福尔马林蒸发而起空气消毒作用。本品可用于饮水消毒,也可作为创伤、黏膜的洗涤消毒,还可用来洗刷污染的食槽、饮水器及器具等。

【剂量与用法】 0.05%～0.1%溶液(每升水加0.5～1克)用于鸽群皮肤、黏膜创面的冲洗及饮水消毒,2%～5%水溶液用于洗刷污染食槽、饮水器及其他器具的消毒等。

【注意事项】 本品水溶液遇甘油、酒精等有机物而失效,遇氨及其制剂产生沉淀,故禁与还原剂如碘、糖、甘油等混合。还应现配现用,久贮易失效。

二、抗生素类药物

抗生素原称抗菌素,是指由各种微生物(如细菌、真菌、放线菌等)在生长繁殖过程中所产生的代谢产物,能选择性地抑制或杀灭病原微生物。抗生素不仅对细菌、真菌、放线菌、螺旋体、霉形体、某些衣原体和立克次氏体等有作用,而且某些抗生素还有抗寄生虫、抗病毒、杀灭肿瘤细胞和促进动物生长等功效。

(一) 青霉素类

1. 青霉素(苄青霉素,青霉素G)

【性　　状】 本品是一种不稳定的有机酸,难溶于水,纯品呈白色结晶性粉末或微黄色的结晶。而制成供临床使用的钾盐或钠盐,则易溶于水,稳定性高,为白色结晶性粉末,粉针剂可保证3年不失效。水溶液不稳定,故稀释后的青霉素应及时用完。

【作用与应用】 青霉素对大多数革兰氏阳性菌和部分革兰氏阴性菌(少数阴性球菌)有抑制和杀灭作用,常用于治疗鸽的葡萄球菌病、螺旋体病、霉形体病、坏死性肠炎等,对禽霍乱和鸽球虫病亦有一定的疗效。

【制剂与用法】

注射用青霉素钾（钠） 每瓶（支）40万单位、80万单位和160万单位。肌内注射，雏鸽每只每次1 000～2 000单位，成年鸽1万单位/千克体重·次，1日2次，一般连用3～5天。也可按每只鸽2万单位溶于少量饮水或混于精饲料中，在1～2小时内服完，一般连用3～5天。

【注意事项】 本品水溶液不稳定，宜现配现用。不宜与四环素、土霉素、卡那霉素、庆大霉素、磺胺药等混合应用，否则会降低或丧失青霉素的抗菌作用。本品不耐酸，一般不宜口服。

2. 氨苄青霉素（氨苄西林，安比西林）

【性　状】 本品属于半合成青霉素，为白色结晶性粉末，微溶于水，其钠盐易溶于水，水溶液呈碱性（pH值8～10），极不稳定，在碱性环境中能迅速分解失效，内服片剂为氨苄青霉素的水合物，注射剂为钠盐。

【作用与应用】 本品为广谱抗生素，对革兰氏阳性菌和革兰氏阴性菌如链球菌、葡萄球菌、巴氏杆菌、大肠杆菌和沙门氏菌等均有抑制作用，但对革兰氏阳性菌的作用不及青霉素，对耐青霉素的金黄色葡萄球菌和绿脓杆菌无效，对革兰氏阴性菌的作用优于四环素。本品与其他未合成青霉素和氨基糖苷类抗生素配伍有协同作用。主要用于治疗大肠杆菌引起的败血症、腹膜炎、输卵管炎、气囊炎以及禽副伤寒、禽霍乱等。

【制剂与用法】

55％氨苄西林钠可溶性粉　混饮，600毫克/升。

片剂、胶囊剂　0.25克/片（粒），有效期2年。内服，10～20毫克/千克体重，每日1～2次，连用2～3天。

粉针剂　每支0.5克、1.0克、2.0克，有效期3年。肌注或静注，5～20毫克/千克体重·次，1日2～3次。

【注意事项】 本品对耐青霉素的革兰氏阳性菌所引起的疾病无效,严重感染病例,可与其他抗生素如庆大霉素等联用;其他注意事项与青霉素相似。

(二)头孢菌素类(先锋霉素类)

【性　状】 头孢菌素类抗生素是由头孢菌产生的头孢菌素C催化水解制成,再用化学合成方法在母核上加上不同侧链即得先锋霉素Ⅰ、Ⅱ、Ⅵ等多种半合成产品。先锋霉素Ⅰ、Ⅱ为白色结晶性粉末,先锋霉素Ⅵ为白色或淡黄色结晶性粉末,均能溶于水。

【作用与应用】 本品是广谱抗生素,其结构和作用原理与青霉素相似。本类药物对葡萄球菌、链球菌、肺炎球菌等革兰氏阳性菌(包括对青霉素耐药的菌株)有较强的抗菌作用。对革兰氏阴性菌如大肠杆菌、沙门氏菌、多杀性巴氏杆菌等也有抗菌作用。临床上主要用于鸽的葡萄球菌病、链球菌病、大肠杆菌病及呼吸道感染、腹膜炎、输卵管炎、关节炎、皮肤感染等疾病的防治,对禽霍乱、禽副伤寒也有一定的疗效。

【制剂与用法】

头孢氨苄胶囊(先锋霉素Ⅳ)　每粒 0.125 克、0.25 克。内服,10~25 毫克/千克体重,1 日 2 次。

注射用先锋霉素Ⅰ　0.5 克/支。肌注,10~20 毫克/千克体重,1 日 1~2 次。

【注意事项】 本品与青霉素之间偶尔有交叉过敏反应,不宜与庆大霉素联用。

(三)氨基糖苷类

1. 链霉素

【性　状】 本品是从链球菌的培养液中提取的有机碱,常用其硫酸盐即硫酸链霉素。本品为白色或类白色粉末,性质较稳定,也易溶于水。其效价单位以质量计算,即 1 克链霉素等于 100 万单位。

【作用与应用】 本品抗菌谱广,主要对革兰氏阴性菌和结核杆菌有效,对大多数革兰氏阳性菌的作用不及青霉素。本品在低浓度时抑菌,较高浓度时杀菌。可用于治疗禽霍乱、传染性鼻炎、大肠杆菌病、禽副伤寒、禽结核病等。

【制剂与用法】

硫酸链霉素片剂 每片0.1克(10万单位),有效期2年。混饮,30～120毫克/升;混饲,13～55毫克/千克饲料。

粉针剂 每支1克(100万单位)、2克(200万单位),有效期3年。肌注,幼鸽每只每次5毫克(5 000单位),成年鸽3万～5万单位/千克体重,每日2次,连用3～4天。临床常将青、链霉素联用,效果更好。

【注意事项】 本品使用时剂量不能过大,用药时间也不能过长,以防出现严重的毒性反应。

2. 卡那霉素

【性 状】 本品是从链霉菌的培养液中提取而得,性质稳定,其硫酸盐为白色或类白色粉末,易溶于水。

【作用与应用】 本品对大多数革兰氏阴性菌如大肠杆菌、变形杆菌、沙门氏菌、多杀性巴氏杆菌等均有强大的抗菌作用,对金黄色葡萄球菌和结核杆菌也有效,但对革兰氏阳性菌则作用很弱。临床用来治疗禽霍乱、大肠杆菌病、禽副伤寒、葡萄球菌病、禽结核病等。

【制剂与用法】

可溶性粉 每50克含2克(4%)。混饮,30～120毫克/升;混饲,60～250毫克/千克饲料,连用3～5天。

片剂 每片0.25克。内服,30毫克/千克体重·次,1日2次。

粉针剂 每支2毫升:0.5克(50万单位),10毫升:1克(100万单位),10毫升:2克(200万单位),有效期4年。肌注,

30～40毫克/千克体重,1日2次。

【注意事项】 本品的毒性与血药浓度有关,血药浓度突然升高时有呼吸抑制作用,故规定只能肌注,剂量不宜过大,时间不宜过长,不宜静注,也不宜与其他抗生素配伍使用。

3. 庆大霉素(正泰霉素,艮他霉素)

【性　状】 本品由放线菌属小单孢菌所产生,常用其硫酸盐,呈白色粉末,有吸湿性,易溶于水,水溶液对温度、酸、碱稳定。

【作用与应用】 本品对许多革兰氏阳性菌、阴性菌都有抑制和杀灭作用,是最常用的氨基糖苷类抗生素,抗菌活性最强。本品与青霉素合用抗菌谱扩大。临床上常用于各种敏感菌所引起的呼吸道、肠道感染及败血症等。如禽霍乱、禽葡萄球菌病、禽副伤寒、大肠杆菌病、传染性窦炎等。

【制剂与用法】

可溶性粉　100克∶4克。混饮,20～40毫克/升(肠道感染),治疗输卵管炎、腹膜炎时增大到50～100毫克/升;混饲,50～200毫克/千克饲料。

片剂　每片20毫克∶2万单位,40毫克∶4万单位。按0.01%～0.02%饮水。

注射液　每支1毫升∶4万单位(40毫克),2毫升∶8万单位(80毫克),5毫升∶20万单位(200毫克),10毫升∶40万单位(400毫克)。肌注,雏鸽每只每次3～5毫克,成年鸽10～15毫克/千克体重,1日2次。

【注意事项】 细菌对本品易产生耐药性,耐药发生后,停药一段时间又可恢复敏感性,故临床用药剂量要充足,疗程不宜过长。其不良反应与链霉素相似。

4. 小诺米星(小诺霉素,沙加霉素)

【性　状】 本品是由生产小诺霉素的副产物研制而成,含小诺霉素及庆大霉素等成分,其硫酸盐易溶于水,几乎不溶于甲醇等有机溶剂,稳定性良好。

【作用与应用】 本品对多种革兰氏阳性菌和革兰氏阴性菌(大肠杆菌、沙门氏菌、绿脓杆菌等)均有抗菌作用,尤其是对革兰氏阴性菌作用较强,抗菌活性略高于庆大霉素,而毒、副作用较同剂量的庆大霉素低。临床应用与庆大霉素相似,尤其是用于庆大霉素、卡那霉素等耐药的病原菌所引起的各种感染。对沙门氏菌等革兰氏阴性杆菌高度敏感,临床上常用于禽霍乱、禽副伤寒、大肠杆菌病、链球菌等疾病的治疗,也可用于呼吸道感染及腹膜炎、输卵管炎、泄殖腔炎、关节炎等,对霉形体病也有效。

【制剂与用法】

注射液 每支2毫升:80毫克,5毫升:200毫克,10毫升:400毫克。雏鸽3～5毫克/次,青年、成年鸽4～6毫克/千克·次,1日2次。

【注意事项】 一般供肌内注射,禁止静注。

(四)四环素类

1. 土霉素(氧四环素,地霉素)

【性　状】 本品从龟裂链霉菌的培养液中提取,为淡黄色或暗红色的结晶性粉末。其盐酸盐为黄色晶粉,易溶于水。盐酸土霉素在弱酸性溶液中较稳定,在碱性溶液中易被破坏而失效。

【作用与应用】 本品为广谱抗生素。主要抑制细菌的生长繁殖,对革兰氏阳性和阴性菌均有抗菌作用,对衣原体、霉形体、立克次氏体、螺旋体等也有一定的抑制作用。临床主要用于防治禽霍乱、禽副伤寒、大肠杆菌病、禽链球菌病、霉形体病等。这不仅用于疾病的治疗,还用作饲料添加剂,能促进鸽的生长发育。

【制剂与用法】

土霉素碱(原粉) 有效期4年。

片剂 每片0.05克(5万单位)、0.125克(12.5万单位),0.25克(25万单位)。内服,雏鸽每只每天25～30毫克;青年、成年鸽按50～100毫克/千克体重,1日2次,连用3～5天。混饲,按0.1%～0.2%的含量添加。

盐酸土霉素水溶性粉　混饮,150～250毫克/升。

注射用土霉素　每支0.125克(12.5万单位),0.25克(25万单位),0.5克(50万单位),1克(100万单位)。肌内注射,每次25毫克/千克体重,连用3～5天。

【注意事项】　本品忌与碱性溶液和含氯量多的自来水混合,内服后在肠内吸收不完全,不宜同时服用钙、铝离子较多的药物。长期或大剂量应用,可引起二重感染。

2. 四环素

【性　状】　本品从黑白链霉菌的培养液中提取,也可用金霉素除去氯元素而获得。常用其盐酸盐,为黄色结晶性粉末,有吸湿性,在碱性溶液中易破坏失效,且溶于水,在乙醇中微溶,水溶液不稳定。

【作用与应用】　本品的抗菌范围、临床应用和不良反应与土霉素基本类似,但对革兰氏阴性菌的作用比土霉素强,对革兰氏阳性菌如葡萄球菌则不如金霉素,内服吸收优于土霉素。

【制剂与用法】

盐酸四环素片剂　每片0.05克、0.125克、0.5克。混饮,0.02%～0.05%;混饲,0.05%～0.1%。

胶囊剂　每粒0.25克。有效期3年,内服剂量同土霉素。

粉针剂　每支0.125克、0.25克、0.5克。

【注意事项】　盐酸四环素水溶液为强酸性,由于刺激性强,故不宜肌注。

3. 金霉素(氯四环素)

【性　状】　本品从金色链霉菌的培养液中提取。其盐酸盐为金黄色或黄色结晶,遇光颜色渐变深,微溶于水,水溶液不稳定。

【作用与应用】　本品的抗菌作用与四环素相似,但对革兰氏阳性球菌特别是葡萄球菌效果较明显。多作饲料添加剂,以防治疾病、促进生长及提高饲料转化率,临床主要用于预防治疗禽副伤寒、禽霍乱、霉形体病、大肠杆菌病等,对球虫也有一定的抑制作用。

【制剂与用法】

预混剂　20克/千克,100克/千克,200克/千克。混饲,促生长:10~50毫克/千克饲料;防病:50~100毫克/千克饲料;治病:200毫克/千克饲料(沙门氏菌病),500毫克/千克饲料(禽霍乱),800毫克/千克饲料(慢性呼吸道病)。

片剂、胶囊剂　每片(粒)0.125克,0.25克。内服剂量同土霉素。

【注意事项】　休药期1周,其余同四环素。

4. 盐酸多西环素(强力霉素)

【性　状】　本品是由土霉素脱氧制成的半合成四环素。其盐酸盐为淡黄色或黄色晶粉,易溶于水,水溶液为强酸性,较四环素、土霉素稳定。

【作用与应用】　本品为高效、广谱、低毒的半合成四环素类抗生素,抗菌范围与土霉素、四环素相似,但抗菌作用要强2~10倍,对溶血性链球菌、葡萄球菌等革兰氏阳性菌,以及多杀性巴氏杆菌、沙门氏菌、大肠杆菌等革兰氏阴性菌均有较强的抑制作用。对耐土霉素、四环素的金黄色葡萄球菌有效。临床主要用于禽霍乱、禽副伤寒、大肠杆菌病、霉形体病等疾病的防治。另外,本品对呼吸道感染不仅有一定的防治作用,还有一定的镇咳、平喘与祛痰(对症治疗)作用。

【制剂与用法】

预混剂　含量1.25%(威霸先)。混饲,100~200克/千克饲料。

可溶性粉(禽喘宁)　含量5%。混饮,50~100毫克/升。

片剂、胶囊剂　每片0.05克、0.1克,每粒0.1克。内服,雏鸽每次3～5毫克/只,1日2次,青年、成年鸽每次8～10毫克/千克体重,1日2次。

粉针剂　每支0.1克、0.2克。肌注,10毫克/千克体重,每日1次。

【注意事项】　参见土霉素。

(五)氯霉素类

1.甲砜霉素(甲砜氯霉素,硫霉素)

【性　状】　本品是氯霉素的同类物,已人工合成,为白色结晶性粉末,微溶于水,溶于甲醇,几乎不溶于乙醚和氯仿。

【作用与应用】　本品为广谱抗生素,对多数革兰氏阳性菌和阴性菌都有抗菌作用,但对革兰氏阴性菌的作用比革兰氏阳性菌作用强。主要用于防治大肠杆菌病、沙门氏菌病、禽霍乱,也可用于敏感细菌引起的各种呼吸道及肠道感染。

【制剂与用法】

散剂　5%。内服,5～10毫克/千克体重·次(以甲砜霉素计),1日2次,拌料饲喂。

片剂　每片25毫克、100毫克、125毫克、250毫克。内服,20～30毫克/千克体重·次,1日2次,连用3～5天。

【注意事项】　本品可抑制免疫球蛋白及抗体的生成,与喹诺酮类药物联用可产生拮抗作用。

2.氟苯尼考(氟甲砜霉素)

【性　状】　本品为人工合成的甲砜霉素单氟衍生物,为白色或灰白色结晶性粉末,极微溶于水,能溶于甲醇、乙醇。

【作用与应用】　本品抗菌范围与抗菌活性稍优于甲砜霉素,对多种革兰氏阳性菌和革兰氏阴性菌及霉形体均有作用。临床常用于禽沙门氏菌病、大肠杆菌感染、传染性鼻炎、慢性呼吸道病及葡萄球菌病的防治。

【制剂与用法】

散剂 10%。混饲,50～100毫克/千克饲料,3～5天。

注射液 每支2毫升：0.6克。肌注,20～30毫克/千克体重·次,1日2次,连用3～5天。

【注意事项】 本品不宜与喹诺酮类抗菌药联用,以防降低氟苯尼考的疗效。

(六)大环内酯类

1. 红霉素

【性　状】 本品是从红链霉菌的培养液中提取,为白色、类白色结晶或粉末,难溶于水,与乳酸或硫氰酸结合生成的盐易溶于水。

【作用与应用】 本品的抗菌范围与青霉素相似,对大多数革兰氏阳性菌如金黄色葡萄球抗菌作用较强。对革兰氏阴性菌如巴氏杆菌和霉形体也有一定的作用,但对大肠杆菌、沙门氏菌等均无效。临床主要用于防治霉形体病、葡萄球菌病、链球菌病、坏死性肠炎、衣原体病等。也可预防环境引起的应激。

【制剂与用法】

片剂、硫氰酸红霉素(高力米先)可溶性粉 每片0.125克、0.25克,5%、5.5%、55%。预防:红霉素 0.0005%～0.002%或高力米先0.02%拌料,治疗:红霉素 0.02%～0.05%或高力米先0.5%～0.1%拌料,连用5～7天。混饮,红霉素0.01%,连用3～5天。

粉针剂 每支0.25克、0.3克。肌注,20～50毫克/千克体重,连用3天。

【注意事项】 本品在干燥状态或碱性溶液中较稳定,忌与碱性物质配伍,在pH值4以下易失效。长期内服易产生耐药性,可引起消化功能紊乱,也可使产蛋率下降。

2. 泰乐菌素(泰农)

【性　状】　本品从弗氏链霉菌的培养液中提取,呈白色结晶,弱碱性,微溶于水,其盐类易溶于水。临床多用酒石酸泰乐菌素、盐酸泰乐菌素和磷酸泰乐菌素。

【作用与应用】　本品系动物专用抗生素,对霉形体作用强大,对革兰氏阳性菌如金黄色葡萄球菌、化脓链球菌及一些革兰氏阴性菌、螺旋体等均有抑制作用。但对革兰氏阳性菌的作用不及红霉素。

【制剂与用法】

酒石酸泰乐菌素(泰农)可溶性粉、片剂　每片0.2克。混饮,0.5克/升(以泰乐菌素计),治疗连用3～5天。内服,成年鸽25毫克/千克体重,每天1次,连用3～5天。

预混剂(泰农)　20克：1 000克,40克：1 000克,100克：1 000克。混饲,促生长20～50毫克/千克饲料。

【注意事项】　本品的水溶液不能与铁、铜、铝等离子配伍,容易形成络化物而失效。

(七)抗真菌抗生素

1. 制霉菌素

【性　状】　本品从链霉菌的培养滤液中提取,为淡黄色粉末,有吸湿性,不溶于水,在干燥状态下性质稳定。

【作用与应用】　本品属多烯类抗生素,具有广谱抗真菌作用,即对各种真菌如曲霉菌、念珠菌、球孢子菌等都有效。临床上主要用于治疗幼鸽曲霉菌病、鸽口疮等真菌疾病。也用于长期服用广谱抗生素所引起的真菌性二重感染。

【制剂与用法】

片剂　每片10万单位、25万单位、50万单位。内服,雏鸽每只每次0.5万～1万单位,1日2次,连用3～5天;成年鸽1万～2万单位/千克体重,1日2次。

【注意事项】 本品内服不易吸收,混饲对全身抗真菌感染无明显疗效;本药应密闭保存于15℃～30℃环境中。

2. 克霉唑(三苯甲咪唑,抗真菌1号)

【性　状】 本品属咪唑类人工合成的广谱内服抗真菌药物。为白色晶粉,呈弱碱性,难溶于水。

【作用与应用】 本品为广谱抗真菌药,对表皮癣菌、毛癣菌、曲霉菌、念珠菌等均有良好的作用。本品应用基本同制霉菌素,临床上主要用于防治鸽曲霉菌病、鸽口疮等真菌疾病。

【制剂与用法】

片剂　每片0.25克、0.5克。内服,雏鸽每只每次5～10毫克,1日2次;成年鸽10～20毫克/千克体重,1日2次。

软膏剂　1%、3%、5%。

癣药水　8毫升∶0.12克。局部外用。

【注意事项】 本品与两性霉素B合用,可引起抗菌作用降低。对肝脏有较强毒性,不宜大剂量长期用药。内服对胃肠道有刺激性。

三、合成抗菌药物

(一)喹诺酮类　喹诺酮类药物为广谱杀菌性抗菌药。对革兰氏阳性菌、阴性菌、霉形体及某些厌氧菌有效。

1. 诺氟沙星(氟哌酸)

【性　状】 本品为类白色或淡黄色结晶性粉末,几乎不溶于水,其乳酸盐、盐酸盐可溶于水。

【作用与应用】 本品为广谱抗菌药,对霉形体和多数革兰氏阴性菌(如大肠杆菌、沙门氏菌、巴氏杆菌及绿脓杆菌等)有较强杀灭作用,对革兰氏阳性球菌(如金黄色葡萄球菌)亦有作用。主要用于禽副伤寒、大肠杆菌病、禽霍乱、鸭疫里默氏杆菌病、禽链球菌病及支原体病等疾病的防治。

【制剂与用法】

盐酸诺氟沙星可溶性粉　100克∶2.5克,100克∶5克。混饮,50～100毫克/升;混饲,100～150毫克/千克饲料。

乳酸诺氟沙星可溶性粉　100克∶2克。混饮,50～100毫克/升;混饲,2克/千克饲料,连用3～5天。

2. 环丙沙星(环丙氟哌酸)

【性　状】　本品为类白色或微黄色结晶性粉末,难溶于水。临床常用其盐酸盐或乳酸盐,均为白色或微黄色晶粉,易溶于水。

【作用与应用】　本品抗菌范围与诺氟沙星相似,但抗菌活性比诺氟沙星强2～10倍,是喹诺酮类抗菌活性最强的药物之一。对大多数革兰氏阳性菌和阴性菌均有较强的抗菌作用。对绿脓杆菌、霉形体也有一定的作用。临床上主要用于防治大肠杆菌病、禽副伤寒、禽霍乱、链球菌病、葡萄球菌病、支原体病等,还可用于治疗绿脓杆菌病等。

【制剂与用法】

盐酸环丙沙星可溶性粉　100克∶2克,100克∶2.5克,100克∶5克。混饮,50毫克/升,连用3～5天。

盐酸环丙沙星注射液　每支2毫升∶40毫克,100毫升∶2克,100毫升∶2.5克。肌注,2.5～5毫克/千克体重·次,1日2次。

乳酸环丙沙星注射液　每支2毫升∶50毫克,100毫升∶2克。用法同盐酸环丙沙星注射液。

3. 恩诺沙星(乙基环丙沙星)

【性　状】　本品为微黄色或淡橙黄色结晶性粉末。

【作用与应用】　本品为动物专用的第三代喹诺酮类广谱杀菌剂。其抗菌谱与环丙沙星相似,但抗支原体的能力较强,霉形体对泰乐菌素、硫黏菌素易耐药,但对本品敏感。临床上用于治疗禽大肠杆菌、沙门氏菌、巴氏杆菌、链球菌、葡萄球菌和支原体等所引起的呼吸道、消化道感染。

【制剂与用法】

盐酸恩诺沙星可溶性粉　100克∶2.5克。混饮,25～75毫克/升水;混饲,100毫克/千克饲料,连用3～5天。

恩诺沙星注射液　每支10毫升∶50毫克,10毫升∶250毫克,100毫升∶0.5克,100毫升∶1克,100毫升∶2.5克,100毫升∶5克。肌内注射,2.5～5毫克/千克体重·次,1日2次,连用3天。

【注意事项】　防剂量过量中毒,尤其是雏鸽。注意休药期(8日)。

4. 氧氟沙星(氟嗪酸,粤复欣)

【性　状】　本品为黄色或灰黄色结晶性粉末。

【作用与应用】　本品抗菌范围广,对多数革兰氏阴性菌、阳性菌、某些厌氧菌和支原体有较强的杀灭作用。体外抗菌作用优于诺氟沙星。主要用于大肠杆菌病、沙门氏菌病、传染性鼻窦炎、禽霍乱及慢性呼吸道病等。

【制剂与用法】

可溶性粉(恶菌净)　50克∶1克。混饮,50～100毫克/升。

片剂　每片0.1克。内服,5～10毫克/千克体重·次,1日2次。

注射液　每支100毫升∶2.5克,100毫升∶4克。肌内注射,2.5～5毫克/千克体重·次,1日2次,连用3～5天。

5. 马波沙星(麻波沙星)

【作用与应用】　本品为动物专用新型广谱抗菌药物,抗菌谱与抗菌作用和恩诺沙星相似,对各种支原体、多种革兰氏阴性菌(如大肠杆菌、巴氏杆菌、变形杆菌、绿脓杆菌)及葡萄球菌等都较敏感。临床主要用于大肠杆菌病、支原体病及支原体与大肠杆菌的混合感染。

【制剂与用法】

注射液 1毫升：100毫克,2毫升：0.2克,100毫升：10克。肌注或皮注,2.5毫克/千克体重,每日1次。

6. 达诺沙星(丹乐星、单诺沙星)

【性　状】 本品为白色至淡黄色结晶性粉末。

【作用与应用】 本品是新型动物专用的优秀高效广谱杀菌药物。抗菌范围与恩诺沙星相似,但抗菌作用比恩诺沙星强2倍。其特点是内服、肌内或皮下注射,吸收迅速而完全,生物利用度高;体内分布广泛,尤其是在肺部中的浓度是血浆浓度的5～8倍,故对支原体或细菌所引起的呼吸道感染疗效更佳。主要适用于治疗慢性呼吸道病、传染性鼻炎、细菌性呼吸道病、禽沙门氏菌病、大肠杆菌病、禽霍乱、绿脓杆菌病、葡萄球菌病及支原体与细菌混合感染。

【制剂与用法】

甲磺酸达诺沙星可溶性粉(丹乐东星,超能) 100克：2克,100克：2.5克。内服,2.5～5毫克/千克体重·次,每日1次。混饮,25～50毫克/升,连用3～5日。

甲磺酸达诺沙星注射液 每支2毫升：50毫克,5毫升：50毫克,5毫升：125毫克,10毫升：100毫克,10毫升：250毫克。肌注,1.25～2.5毫克/千克体重·次,1日2次,连用3天。

(二)磺胺类

1. 磺胺嘧啶(大安,SD)

【性　状】 本品为白色或类白色结晶或粉末,遇光颜色渐变暗,应避光、密封保存。

【作用与应用】 本品为中效磺胺药,对各种感染的疗效较高,副作用小。常用于治疗链球菌、葡萄球菌、大肠杆菌感染及禽霍乱、禽伤寒等疾病。

【制剂与用法】

片剂、粉剂 每片0.5克。内服,成年鸽每只0.2～0.5克,1日2次,连用3天,首次量加倍。大群防治:混饲,0.4%～0.5%;混饮,0.1%～0.2%。

磺胺嘧啶钠注射液 每支2毫升:0.4克,5毫升:1克,10毫升:1克,50毫升:5克,100毫升:10克。肌注,0.1克/千克体重,首次加倍,每日2次,连用5～7天。即使症状消失后,仍要给予1/2的维持量。

【注意事项】 服药期间禁用普鲁卡因等含对氨基苯甲酸的制剂。本品针剂为钠盐,忌与酸性药物配伍。服药时应配合等量的碳酸氢钠。鸽产蛋期一般应禁用。

2. 磺胺二甲基嘧啶(SM_2)

【性　状】 本品为白色或微黄色结晶或粉末,遇光颜色渐变深,应避光、密封保存。

【作用与应用】 本品抗菌效力与磺胺嘧啶相似,可用于各种敏感菌所引起的全身及局部感染。常用于治疗禽霍乱、禽巴氏杆菌感染、大肠杆菌病、球虫病等。

【制剂与用法】

片剂 每片0.5克。混饲,0.1%～0.2%;内服,成年鸽0.07～0.10克/千克体重·次,1日2次。

注射液 2毫升:0.4克,5毫升:1克,10毫升:2克,50毫升:5克。肌注,剂量同磺胺嘧啶。

【注意事项】 首次使用时必须加倍。连续饲喂时间不能超过4天,有肾脏疾病时慎用。

3. 磺胺异噁唑(磺胺二甲异噁唑)

【性　状】 白色或微黄色结晶性粉末,不溶于水。

【作用与应用】 本品抗菌作用比磺胺嘧啶强。对大肠杆菌、痢疾杆菌、李氏杆菌、葡萄球菌作用较强。临床主治禽霍乱、禽副伤寒、葡萄球菌病及消化道、呼吸道感染等疾病。本品与甲氧苄氨嘧啶联合应用,抗菌作用增强数倍至数十倍。

【制剂与用法】

粉剂　混饲,0.1%～0.2%,连用3天。

片剂　每片0.5克。内服,30～50毫克/千克体重,1日2次,首次量加倍,连用3天。

注射液　每支5毫升：2克。深部肌注或静注,0.07克/千克体重,1日2次。

【注意事项】　本品不宜与酸性药物配伍,内服时应加等量的碳酸氢钠。雏鸽应谨慎使用,鸽产蛋期间一般禁用,可使产蛋量下降。应遮光、密封保存。

4. 磺胺间甲氧嘧啶(磺胺-6-甲氧嘧啶)

【性　状】　白色或微黄色结晶性粉末,不溶于水,其钠盐易溶于水。

【作用与应用】　本品是体外抗菌作用最强的磺胺药,除对大多数革兰氏阳性菌和阴性菌有抑制作用外,对球虫、住白细胞虫亦有较强作用。主要用于防治传染性鼻炎、球虫病和住白细胞原虫病。

【制剂与用法】

粉剂　混饮,0.025%～0.1%,预防量减半,每日2次。

片剂　每片0.5克。混饲,0.05%～0.2%;内服,0.05～0.1克/千克体重·次,1日1～2次。

注射液　每支10毫升：1克,20毫升：2克。肌注,0.05～0.1克/千克体重·次,1日2次。

【注意事项】　本品应遮光、密封保存。

5. 磺胺甲氧嗪(磺胺甲氧达嗪,SMP)

【性　状】　本品为白色晶粉,略溶于水。

【作用与应用】　适用于轻度的全身性细菌感染及鸽的大肠杆

菌性败血症、伤寒及禽霍乱等。

【制剂与用法】

粉剂　混饲，0.2％。

片剂　内服，0.1克/千克体重·次，1日1次。

(三) 抗菌增效剂

1. 甲氧苄啶（三甲氧苄氨嘧啶，TMP）

【性　状】　本品呈白色或类白色结晶性粉末，几乎不溶于水。

【作用与应用】　本品为抗菌增效剂，也是广谱抗菌药。其抗菌谱和磺胺嘧啶相似，但作用较磺胺类药强。对多数革兰氏阳性菌和阴性菌均有抑制作用。与磺胺类药、抗生素配合应用，抗菌作用可增强数倍至数十倍，并可降低磺胺类药及抗生素的用量，减少其副作用。临床上常用本药与磺胺类药或抗生素并用，一般按1∶5比例配方，用于治疗禽霍乱、禽伤寒、鸽大肠杆菌性败血症、球虫病及呼吸道疾病的继发性感染。

【制剂与用法】

片剂　每片0.1克。内服，10毫克/千克体重·次，1日1次。

复方磺胺嘧啶片（双嘧啶片）　每片含本品0.08克、磺胺嘧啶0.4克。内服，30～50毫克/千克体重·次，1日2次。

复方磺胺甲基异噁唑片（复方新诺明片）　每片含本品0.08克、磺胺甲基异噁唑0.4克。混饲，0.1％～0.2％。

复方磺胺对甲氧嘧啶片（复嘧啶片）　每片含本品0.08克、磺胺对甲氧嘧啶0.4克。内服，50～80毫克/千克体重，1日1次。

复方磺胺甲氧嗪注射液　每支10毫升，含本品0.2克、磺胺甲氧嗪1克。肌注，20～30毫克/千克体重·次，1日2次。混饮，120～200毫克/升。

【注意事项】　大剂量长期使用，可引起贫血、血小板和颗粒细胞减少。在鸽产蛋期间及宰杀前10天禁用。本品也不易单独使用，防止产生耐药性。

2. 二甲氧苄啶(敌菌净,DVD)

【性　状】　本品为白色结晶性粉末,微溶于水。

【作用与应用】　本品的抗菌作用及抗菌范围与甲氧苄啶相似,比甲氧嘧啶稍弱,为畜禽专用药。对磺胺类药和抗生素有明显的增效作用,与抗球虫的磺胺类药合用对球虫的抑制作用比甲氧苄啶强。肉眼吸收较少,临床主要用于肠道细菌感染(如禽霍乱)和球虫病,单独使用也具有防治球虫的作用。

【制剂与用法】

复方磺胺预混剂　由本品与磺胺对甲氧嘧啶(SMD)或其他磺胺药按 1∶5 组成。混饲,240 毫克/千克饲料。

复方敌菌净片(DVD-SMD)　由本品与 SMD 或磺胺脒(SG)、SM_2 按 1∶5 组成。内服,30 毫克/千克体重·次,1 日 2 次。

【注意事项】　屠宰前 10 天停药,蛋鸡禁用本品。

四、抗寄生虫药物

1. 哌　嗪

【性状】　本品为白色结晶粉末或透明结晶颗粒,易溶于水。

【作用与应用】　本品为高效低毒驱虫药,对家禽有很好的驱虫效果。

【制剂与用法】

枸橼酸哌嗪片　每片 0.5 克。内服,0.25 克/千克体重·次。

磷酸哌嗪片　每片 0.25 克、0.5 克。内服,0.2 克/千克体重·次。

【注意事项】　将本品混饲或饮水给药时,务必在 8~12 小时内用完。

2. 左旋咪唑(左咪唑,左噻咪唑)

【性　状】　本品为噻咪唑的左旋异构体,为白色晶粉,易溶于水。

【作用与应用】 本品为广谱、高效、低毒驱虫药之一。对禽类多种线虫有效,如鸽裂口线虫、支气管杯口线虫等有良好的驱虫效果。还具有调节免疫的作用,临床上可作为免疫增强剂应用。

【制剂与用法】

片剂 每片25毫克、50毫克。内服,25毫克/千克体重(间隔24~48小时);治疗鸽裂口线虫病,70毫克/千克体重·次,间隔2~3天重复1次。

注射液 皮下注射,25毫克/千克体重·次。

【注意事项】 本品的毒性虽低,但注射给药时易发生中毒甚至死亡,故一般内服给药,中毒时可用阿托品解毒。

3. 阿苯达唑(丙硫咪唑,抗蠕敏)

【性　状】 本品为白色或类白色结晶粉末,不溶于水。

【作用与应用】 本品为广谱、高效、低毒驱虫药。对禽线虫、棘口线虫等有高效,驱杀效果可达100%。

【制剂与用法】

片剂 每片25毫克、50毫克、200毫克、500毫克。内服,25~50毫克/千克体重。

【注意事项】 鸽用药后,5小时后开始排虫,通常48小时内排完。产蛋期间尽可能不用,否则会使产蛋率下降。

4. 吡喹酮

【性　状】 本品为白色或类白色结晶性粉末,不溶于水。

【作用与应用】 本品为疗效高、抗虫谱广、毒性小、使用安全的驱虫药。主要用于禽绦虫,如鸽剑带绦虫、膜壳绦虫及其他膜壳科绦虫,驱杀效果可达100%,对棘口线虫、前殖吸虫、身形嗜气管吸虫均有良效。

【制剂与用法】

片剂 每片0.1克、0.2克、0.5克。内服,10~20毫克/千克体重·次(治疗绦虫病);50~60毫克/千克体重(治疗吸虫病)。

【注意事项】 本品一般无不良反应,若有不良反应,静注高渗葡萄糖溶液、碳酸氢钠注射液,可减轻反应。

5. 硫双二氯酚(别丁)

【性　状】 本品为白色或类白色粉末,不溶于水。

【作用与应用】 本品是我国广泛使用的广谱驱吸虫、绦虫药。本品可驱除禽类的各种吸虫,对前殖吸虫、棘口吸虫及鸽的剑带绦虫、膜壳绦虫等都具有良效。

【制剂与用法】

片剂　每片0.25克、0.5克。内服,200毫克/千克体重。

【注意事项】 禁用乙醇或稀碱溶解本品后混饮。用量不能太大,以减轻腹泻、产蛋下降等副作用,停药后几日内可逐渐自行恢复。

6. 氢溴酸槟榔碱

【性　状】 本品为白色微细、味苦的结晶性粉末。

【作用与应用】 本品虽然是一种传统的驱绦虫药,但由于槟榔碱对绦虫肌肉有较强的麻痹作用,使其丧失吸附于肠壁的能力,故临床上可用于驱除绦虫,如鸽剑带绦虫、膜壳绦虫,驱虫率可达100%;对吸虫也有作用,驱虫率可达91%~100%。

【制剂与用法】

片剂　每片5毫克、10毫克。内服,1~2毫克/千克体重·次。

【注意事项】 本品用量不宜过大,瘦弱鸽用量应适当减少,幼鸽慎用。发生药物中毒时可用阿托品对症解救。

7. 盐酸氨丙啉(氨保宁,氨保乐)

【性　状】 本品为白色或类白色粉末,易溶于水。

【作用与应用】 本品具有高效、安全、不易产生耐药性等优点,虽是20世纪60年代上市的抗球虫药,但至今仍在广泛应用。本品的结构与硫胺相似,因此能抑制球虫体内的硫胺代谢而发挥抗球虫作用。临床上常用于鸽和其他家禽球虫病的防治。

【制剂与用法】

粉剂　30克∶6克。混饲,预防量100～125毫克/千克体重;治疗量250毫克/千克体重。混饮,预防量60～100毫克/升;治疗量250毫克/升,连用1周。

【注意事项】　禁与维生素B_1同时应用,以免降低药效。长期大量使用可引起鸽的维生素B_1缺乏症。产蛋鸽禁用,肉鸽休药期1周。

8. 盐霉素(沙利霉素,优素精)

【性　状】　本品为白色或淡黄色结晶粉末,难溶于水。

【作用与应用】　本品为聚醚类广谱抗球虫药,对某些细菌及真菌也有效,为抗球虫病抗生素。

【制剂与用法】

预混剂　100克∶5克,100克∶10克,100克∶50克。混饲,每千克饲料添加60毫克(盐霉素实际含量)。

【注意事项】　本药使用时间不能过长,用量不能过大,若每千克饲料超过100毫克时,能抑制机体对球虫产生免疫力,并出现毒性作用。产蛋鸽禁用,肉鸽休药期5天。

9. 磺胺喹噁啉(SQ)

【性　状】　本品为磺胺类药中专用于抗球虫病的药物,至今仍广泛应用。若与盐酸氨丙啉或抗菌增效剂合用,则抗球虫作用更强。临床上用于防治鸽和其他家禽的球虫病。

【制剂与用法】

可溶性粉　100克∶10克。混饮,3～5克/升;混饲,125毫克/千克饲料。

【注意事项】　本品对雏鸽毒性较低,但药物浓度不能过高(0.1%以上)、饲喂时间不能过长(5天以上),否则会引起与维生素K缺乏有关的出血和组织坏死现象,所以连用不能超过7～10

天。肉鸽上市前应停药10天。

10. 地克珠利

【性　状】　本品为微黄色粉末,不溶于水。

【作用与应用】　本品为新型、广谱、高效、低毒的抗球虫药,有效用药浓度低,能有效地防治畜禽球虫病。临床应用本品防治雏鸽球虫病疗效显著。

【制剂与用法】

预混剂　100克：0.5克。混饲,1毫克/千克饲料。

口服液　10毫升：0.05克,20毫升：0.1克,50毫升：0.25克,100毫升：0.5克。混饮,0.5毫克/升。

【注意事项】　由于本品的药物作用时间短,一般作用仅为1日,因此必需连续用药,以防球虫病再度暴发。为防止球虫耐药性的产生,宜采用穿梭或轮换用药的方法。因用药量极低,混饲必须均匀。

11. 盐酸氯苯胍(罗本尼丁)

【性　状】　本品为白色或微黄色结晶性粉末,难溶于水。

【作用与应用】　对家禽的多种球虫有较强的活性,且广谱、高效、低毒,其作用峰期在感染后第三天。

【制剂与用法】

预混剂　100克：10克,500克：50克。混饲,40～60毫克/千克饲料。

片剂　每片10毫克。内服,10～15毫克/千克体重·次。

【注意事项】　本品长期使用可产生耐药性,应合理应用。停药过早可导致复发。混饲时浓度过高,可导致蛋、肉、内脏有异臭味。肉鸽休药期5天。

12. 伊维菌素(艾佛菌素,灭虫丁)

【性　状】　本品为白色或淡黄色结晶性粉末,难溶于水。

【作用与应用】　本品为新型广谱、高效、低毒的大环内酯类抗生素驱虫药。对畜禽体内多种线虫有良效,也对畜禽体外寄生虫如皮蝇、鼻蝇各期的幼虫,以及疥螨、毛虱和血虱等有良效,但对绦虫和吸虫无驱杀作用。

【制剂与用法】

预混剂　100克：0.6克。混饲,0.1毫克/千克体重。

注射液　50毫升：0.5毫克,100毫升：1克。皮下注射,0.2毫克/千克体重。

【注意事项】　通常用药一次即可,必要时间隔7～9天,再用药2～3次。用药后5周内不得屠宰食用。本药仅限于皮注,肌注和静注易引起中毒反应。

13. 溴氰菊酯(敌杀死,信特)

【性　状】　本品为白色粉末,不溶于水。

【作用与应用】　本品为接触毒的杀虫剂,是使用最广泛的拟菊酯类杀虫药。对动物体外多种寄生虫,如螨、虱、蜱、蚊等都有杀虫作用。杀虫力强、抗虫谱广、残留少、安全价廉、使用方便。

【制剂与用法】

乳油　5％。药浴或喷淋,每毫升本品加水1 000升,稀释后喷洒,可间隔8～10天,再重复用药1次,可用于灭蜱、虱、蚤；按每平方米1～10毫克喷洒鸽舍、墙壁等,可有效杀灭蚊、蠓等双翅昆虫。

【注意事项】　本品对皮肤和呼吸道有刺激性,用时必须注意人、鸽安全。本药急性中毒时无特效解毒药,但阿托品可阻止流涎症状。对鱼剧毒,切勿倒入鱼塘内。

五、维生素类药物

维生素是鸽正常生理活动和生长、发育、繁殖、生产以及维持机体健康所必需的营养物质,在鸽体内起着调节和控制新陈代谢的作用。绝大多数维生素在体内不能合成,有的虽能合成但不能满足需要,必须从饲料中获取。在放牧饲养条件下,鸽能采食大量青绿饲料,一般情况下不会缺乏维生素,但在舍饲条件下,则应注意维生素的补充。维生素缺乏时会导致各种维生素缺乏症,使鸽的生产性能下降,生长发育受阻。因此,在给鸽补充青绿饲料的同时,应该给予一些相应的维生素类药物,使鸽体摄入的维生素含量平衡。

(一)维生素 A

【性　状】　本品为淡黄色的油溶液,在空气中易氧化,遇光易变质,在乙醇中微溶,在水中不溶。

【作用与应用】　本品具有促进上皮细胞的形成,维持视网膜的感光功能,参与合成视紫红质,保护上皮组织的完整性,提高鸽繁殖能力和免疫功能,促进鸽的生长发育。维生素 A 主要用于防治维生素 A 缺乏症,还常用于增强畜禽对感染的抵抗力,减轻疫苗接种的应激反应。

【制剂与用法】

维生素 A-D_3 粉　每袋 500 克,含维生素 A 250 万单位、维生素 D_3 50 万单位。混饲,按每 1~2 千克饲料 1 克的比例添加。

维生素 A-D 油　1 克含维生素 A 5 000 单位、维生素 D 500 单位。内服,1~2 毫升/次。

鱼肝油　1 克含维生素 A 850 单位、维生素 D 85 单位。内服,1~2 毫升/次。

维生素 A-D 注射液　5 毫升含维生素 A 25 万单位、维生素 D 2.5 万单位。肌内注射,0.25~0.5 毫升/次。

【注意事项】　大剂量长期摄入可产生毒性,表现为食欲不振、体重减轻、皮肤瘙痒、关节肿胀等。应遮光密封保存于阴凉处。拌入饲料后注意保管,防止发热、发霉和氧化。使用时不能剂量过大,以免中毒。

(二)维生素 D

【性　状】　维生素 D_2 和维生素 D_3 均为无色针状结晶性粉

末,无臭、无味,遇光或空气均易变质,在乙醇中易溶,在植物油中略溶,在水中不溶。

【作用与应用】 维生素D是体内钙、磷代谢,骨化,蛋壳形成不可缺少的营养物质。缺乏时,雏鸽生长发育不良,喙爪变软、弯曲,腿部畸形、胸骨弯曲;母鸽产蛋量减少,蛋壳变薄,孵化率下降。维生素D主要来自于鱼肝油、维生素D制剂。

【制剂与用法】 维生素D的生物效价用国际单位(IU)表示。1个单位相当于0.025微克结晶维生素D_3。维生素D_3鸽需要量为500单位/千克饲料。

鱼肝油、维生素A-D油、维生素A-D注射液 规格、剂量见维生素A。

维生素D_2胶性钙注射液 肌内注射,1.5万单位/次。

【注意事项】 不论是平时饲料中添加还是治疗时,维生素D过量都有可能引起鸽体中毒,当每千克饲料中维生素D的含量超过正常需要量的4~6倍时,可使鸽肾脏受到损害。

(三)维生素E(生育酚)

【性　状】 本品为微黄色或黄色透明的黏稠液体,几乎无臭,遇光颜色渐变深。在乙醇中易溶,在水中不溶,不易被酸、碱、热破坏,遇氧迅速被氧化。

【作用与应用】 临床上主要用于防治动物的白肌病(可配合应用亚硒酸钠)、不育症、流产和少精以及生长不良、营养不足等综合性缺乏症。在应用时可配合应用维生素A、维生素D、B族维生素等。维生素E可提高鸽的生殖功能。

【制剂与用法】

片剂 每片50毫克、100毫克。内服,5~10毫克/次。在饲料中添加时用量为0.005%~0.01%。

注射液 1毫升:50毫克。肌内注射,10~20毫克/次。

亚硒酸钠-维生素E粉 含0.04%亚硒酸钠、0.5%维生素E。

内服,50～100 克/只。

【注意事项】 应避光密闭保存。将维生素 E 添加在饲料中时,一次不能处理过多,而且添加后应尽快使用。

(四)维生素 K

【性　状】 本品为黄色至橙色透明的黏稠液体,无臭或几乎无臭,遇光易分解,在乙醇中略溶,在水中不溶。

【作用与应用】 维生素 K 可增强血液的凝固能力,又称凝血维生素,是动物体内合成凝血酶原所必需的物质。若血液中凝血酶原的浓度降低,则凝血时间显著延长,甚至出血不止。维生素 K 主要用于治疗维生素 K 缺乏所引起的出血性疾病。

【制剂与用法】 鸽对维生素 K 的需要量为每千克饲料 0.5 毫克左右。

维生素 K_1 注射液　每毫升含 10 毫克,可根据说明使用,一般用量 1～4 毫克/千克体重。

【注意事项】 应避光密闭保存。如果饲料经过了日晒,应适当补充维生素 K。另外,在暴发球虫病时,也应补充维生素 K。

(五)维生素 B_1(硫胺素)

【性　状】 本品为白色结晶或结晶性粉末,有微弱的特异臭,味苦,在水中易溶,在乙醇中微溶。

【作用与应用】 主要功能是控制鸽体内水分的代谢,维持神经组织及心脏的正常功能,维持肠蠕动和促进消化道内脂肪吸收。缺乏时会导致雏鸽食欲减退,生长发育受阻,痉挛,严重时头向后背极度弯曲,瘫痪,卧地不起,引起多发性神经炎、生殖器官萎缩。维生素 B_1 主要来源于禾谷类加工副产品、谷类、青绿饲料、优质干草及维生素 B_1 制剂。

【制剂与用法】

片剂　每片 10 毫克。内服,2.5～8 毫克/千克体重·次。混饲,30 克/吨饲料。

注射液 每支 2 毫升：50 毫克,2 毫升：100 毫克。肌注,1～3 毫克/千克体重,1 日 2 次,连用 3～5 天。

【注意事项】 维生素 B_1 应保存于干燥环境中。较长时间使用抗球虫药如氨丙啉时,要加大维生素 B_1 的用量,或间断使用此类药品。

(六) 维 生 素 B_2 (核 黄 素)

【性　状】 本品为橙黄色结晶性粉末,微臭,味微苦,溶液易变质,在碱性溶液中或遇光变质更快,在水、乙醇中几乎不溶。

【作用与应用】 主要用于维生素 B_2 缺乏症的防治,如口炎、皮炎、角膜炎等。维生素 B_2 起辅酶作用,影响蛋白质、脂肪和核酸的代谢功能。如果鸽体内缺乏维生素 B_2,会引起雏鸽生长迟缓,足趾蜷曲麻痹,母鸽产蛋量减少,受精蛋孵化率降低,死胚增加。维生素主要来源于干酵母、苜蓿粉、动物性蛋白质、核黄素制剂等。

【制剂与用法】

片剂 每片 5 毫克、10 毫克。按 10 毫克/千克体重·次,连用 3～5 天。如果混于饲料中,按 2～5 克/吨料添加。

注射液 每支 2 毫升：1 毫克,2 毫升：5 毫克,5 毫升：10 毫克。肌注,雏鸽 0.5～1 毫克/次,每日 1 次,连用 3～4 天;成年鸽可参照内服剂量。

【注意事项】 保存于干燥环境中。

(七) 维 生 素 B_6

【性　状】 本品为白色或类白色的结晶或结晶性粉末,无臭,味微苦,见光渐变质,在水中易溶,在乙醇中微溶。

【作用与应用】 维生素 B_6 是吡哆醇、吡哆醛、吡哆胺的合称。常与维生素 B_1、维生素 B_2 和烟酸等合用,综合防治 B 族维生素缺乏症。维生素 B_6 也用于治疗氰乙酰肼、异烟肼、青霉胺、环丝氨酸等中毒引起的胃肠道反应和痉挛等兴奋症状。

【制剂与用法】

片剂 每片 10 毫克。内服,2.5~8 毫克/千克体重,每日 2 次,连用 5~7 天。混饲,预防量 3.0 毫克/千克体重,治疗量 6.0 毫克/千克体重。

注射液 每支 1 毫升:25 毫克,1 毫升:50 毫克,2 毫升:100 毫克。皮下或肌内注射,2.5~8 毫克/千克体重·次。

【注意事项】 防潮保存。

(八)维生素 B_{12}

【性　状】 本品为深红色结晶性粉末,无臭,无味,吸湿性强,在水或乙醇中略溶。

【作用与应用】 维生素 B_{12} 是促红细胞生成因子,又叫钴胺素。是含有金属元素的维生素,主要功能是维持正常的造血功能,有助于提高造血功能和日粮中蛋白质的利用率。缺乏时,会引起雏鸽生长速度减慢,母鸽产蛋量下降,孵化率降低,脂肪沉积并有出血症状。维生素 B_{12} 主要来源于动物性蛋白质饲料和维生素 B_{12} 制剂。

【制剂与用法】

注射液 每支 1 毫升:50 微克,1 毫升:100 微克。肌内注射,0.001~0.004 毫克/只注射。如在日粮中添加,可按 3~10 微克/千克饲料量拌料。

【注意事项】 干燥密闭环境中保存。

(九)维生素 C(抗坏血酸)

【性　状】 本品为白色结晶或结晶性,无臭,味酸,久置颜色渐变微黄,水溶液呈酸性,在水中易溶,在乙醇中略溶。

【作用与应用】 主要用于防治维生素缺乏症,铅、汞、砷、苯等慢性中毒,以及风湿性疾病、药疹、荨麻疹和高铁血红蛋白血症,可用作辅助治疗用药。维生素 C 可在鸽体内合成。

【制剂与用法】

片剂 每片25毫克、50毫克、100毫克。内服,25～50毫克/次。

注射液 每支2毫升:0.1克,2毫升:0.25克,5毫升:0.5克,10毫升:1克。肌内注射,25毫克/千克体重·次。

【注意事项】 避免高温存放,注意防潮。不可与碱性较强的注射液混合应用。

六、灭鼠药物

众所周知,鼠类对畜禽养殖生产的危害较大,不但是畜禽疫病的传染源,还偷吃饲料、惊吓畜禽,容易造成畜禽创伤和内脏出血,可引起急性死亡。

鸽场常用一些灭鼠药物来防止老鼠对鸽的侵袭和骚扰。目前敌鼠钠是生产上使用比较广泛的灭鼠药,还有其他一些药物也用于灭鼠防鼠,如磷化锌、灭鼠安、氯敌鼠、杀鼠灵、杀鼠迷等。

(一)敌鼠钠(双苯杀鼠酮钠盐)

【性　状】 本品为黄色粉末,无臭、无味,可溶于乙醇、丙酮等有机溶剂,稍溶于热水,性质稳定。

【原　理】 本药属于茚满二酮类抗凝血性灭鼠药,即慢性灭鼠药。其特点是作用缓慢,鼠类要连续数次食入毒物,在体内蓄积后方可中毒致死,也就是一次投药的毒力远小于多次投药产生的毒力。采食吸收后,一则可破坏老鼠血液中的凝血酶原,使凝血时间延长;二则损伤毛细血管,提高血管壁的通透性,引起内脏器官与皮下出血。

本药对人和畜禽毒性较低,对猫、犬、猪等可引起二次中毒。

【用　法】

毒饵 称取敌鼠钠盐5克,加沸水2千克,搅拌均匀,再加入10千克杂粮,浸泡至毒水全部吸收后,加入适量植物油拌匀,晾干备用。可将毒饵放于老鼠经常出没的洞口或路线上。

混合毒饵　将敌鼠钠盐用面粉或滑石粉配成含量 1% 的毒粉,再取毒粉 1 份,倒入 19 份切碎的鲜菜或瓜丝中,搅拌均匀即可。本品应现配现用。

毒水　取 1% 敌鼠钠盐 1 份,加水 20 份即可。

【注意事项】　使用时应连续添药,以保证鼠吃入足够的剂量。投药后 1~2 天如出现死鼠,5~8 天可达到死鼠高峰。死鼠可延续 10 天以上,效果比较理想。

在用药时,应防止其他畜禽误食和发生二次中毒,一旦发生二次中毒,可用维生素 K 注射液解毒,效果比较可靠,严重者可掺入维生素 C 或氢化可的松至 5% 葡萄糖中静脉注射。

(二)磷　化　锌

【性　状】　磷化锌属于速效灭鼠药,又称单剂量灭鼠药。本品为灰黑色有光泽粉末,具有强烈的大蒜气味,不溶于水和乙醇,稍溶于油类。在干燥状态下毒性稳定,受潮或加水即可分解,会使毒饵效力逐渐降低。因此,常用油做成黏着剂使用,可较长时间维持药效。

【原　理】　主要是作用于鼠的神经系统,破坏鼠的新陈代谢功能。可杀灭多种鼠类,是广谱性灭鼠药。本药可做成 3%~8% 的毒饵、毒粉使用。

【用　法】

毒饵　用粮食 5 千克,煮成半熟晾至七成干,加食油 100 克、磷化锌 125 克,搅拌均匀即可。将毒饵投入到鼠洞内或老鼠经常出入的僻静处,每处放 5~10 克。

毒粉　取磷化锌 5~10 克,加干面粉 90~95 克,混合均匀,撒在鼠洞内,如粘在鼠的皮毛和趾爪上,鼠舔毛时即可中毒致死。

【注意事项】　使用时需现配现用,遇潮易分解失效。在使用时要防止鸽食入毒料,中毒后可用解磷定解毒。

(三) 灭鼠安

【性　状】　本品为黄色粉末,无臭、无味,性质稳定,不溶于水和油类,能溶于乙醇、丙酮等有机溶剂,与强酸作用后可生成溶于水的盐类。

【原　理】　灭鼠安对鼠类能选择性地显示毒力,呈较强的毒杀作用。对鸽的毒性较低。鼠食入后能抑制体内酰胺代谢,中毒鼠出现严重的维生素B缺乏症,后肢瘫痪,常死于呼吸肌麻痹。

【用　法】　用药时配成0.5%～2%的毒饵,每堆投放1～2克。使用时应避免鸽误食。

(四) 氯敌鼠(氯鼠酮)

【性　状】　本品为黄色结晶性粉末,不溶于水,可溶于乙醇、丙酮、乙酸、乙酯,无臭无味,性质稳定。对鼠类适口性较好,为广谱性杀鼠剂。

【原　理】　与敌鼠钠盐属于同一种类杀鼠剂,对鼠的毒性作用比敌鼠钠盐强,且对人、畜禽的毒性较低,使用安全可靠。

【用　法】　本品有含量90%的原药粉、0.25%的母粉、0.5%油剂等3种剂型,使用时常配成如下毒饵:

0.005%水质毒饵　取90%的原药粉3克,溶于适当热水中,待凉后,拌入50千克饵料中,晾干后备用。

0.005%油质毒饵　取90%的原药粉3克,溶于1千克热食油中,晾冷至常温,混于50千克饵料中,搅拌均匀即可使用。

0.005%粉剂毒饵　取0.25%母粉1千克,加入50千克饵料及少许植物油,充分搅拌混合均匀即可使用。

以上3种毒饵使用时,投放到鼠洞或鼠经常活动场所即可。

(五) 杀鼠灵(华法令)

【性　质】　杀鼠灵为香豆素类抗凝血灭鼠剂,纯品为白色粉末,无味,难溶于水,但其钠盐可溶于水,性质稳定。鼠类对本药接受性好,甚至出现中毒症状后仍采食。对人和畜禽毒性小,解毒可

用维生素 K_1。

【用　法】　目前市售为含杀鼠灵 2.5％的母粉。应用此母粉配制毒饵的方法如下：

0.025％毒米　取 2.5％母粉 1 份、植物油 2 份、米渣 97 份，混合均匀即可。

0.025％面丸　取 2.5％母粉 1 份、面粉 99 份，搅拌均匀，再加适量水，制成每粒 1 克重的面丸，加少许植物油即成。

一次投药灭鼠效果较差，少量多次投放灭鼠效果好。在鼠活动的场所，每堆投放 3 克，连续 3～4 天，可达到理想效果。

(六)杀鼠迷(立克命)

【性　质】　杀鼠迷属于香豆素类抗凝血灭鼠剂，纯品为黄褐色结晶粉末，无臭无味，不溶于水，适口性好，毒杀力强，很少发生二次中毒，是目前比较理想的杀鼠药。

【用　法】　目前市售的杀鼠迷的商品母粉浓度为 0.75％，可做成固体毒饵和水剂毒饵使用。

固体毒饵　取 10 千克饵料煮至半熟，加适量植物油，取 0.75％杀鼠迷母粉 0.5 千克混入饵料中，搅拌均匀即成。二次投放，每堆 10～20 克即可。

水剂毒饵　目前市场有售，有效成分含量为 3.75％。

七、解毒药

(一)阿托品

【性　状】　本品是从茄科植物颠茄、莨菪或曼陀罗等中提取的生物碱。其硫酸盐为白色结晶粉末，无臭、味苦，易溶于水、醇，遇碱性物质可分解，遇光易氧化变色，故须遮光、密封保存。

【作用与应用】　阿托品为抗胆碱药，主要作用能阻断 M-胆碱受体，松弛内脏平滑肌，解除支气管平滑肌痉挛，抑制腺体分泌，散大瞳孔，缓解胃肠道症状和对抗心脏抑制的作用，对呼吸中枢也有轻度的兴奋作用。

阿托品用于有机磷中毒的解毒,只能解除轻度中毒的毒性。由于本品不能恢复胆碱酯酶的活性,也不能解除乙酰胆碱对横纹肌的作用,因此在鸽发生严重中毒时,应与解磷定反复应用,才能奏效。

本品还可用于有机氮类农用杀虫剂呋喃丹中毒的解毒。此外,也可对抗各种毒物中毒后出现类似副交感神经兴奋的症状。

【制剂与用法】

硫酸阿托品注射液　每支1毫升：0.5毫克,1毫升：1毫克,1毫升：5毫克。皮下注射,0.5毫克/次。

硫酸阿托品片　每片0.3毫克。内服,每次0.1～0.25毫克。

(二)解磷定(碘磷定,派姆)

【性　状】　本品为黄色结晶性粉末,无臭,味苦,略溶于水,在碱性溶液中极不稳定,易水解成氰化物,因此,忌与碱性药物配伍,同时应遮光,密闭保存。

【作用与应用】　①本品为胆碱酯酶复活剂,能使进入体内的有机磷化合物失去毒性,对胆碱酯酶的复活作用迅速。本品对于中毒不久的病鸽显效较快;若中毒时间过长,磷酰化胆碱酯酶发生"老化",则不能恢复酶的活性,因此中毒早期应用效果较好。②本品作用时间维持在1.5小时,连续用药无蓄积作用。③由于解磷定不能透过血脑屏障,对中枢神经症状几乎无效,故与阿托品合并应用效果更好。④本品常用于对硫磷、内吸磷、乙硫磷、特普等急性中毒的解救,而对敌敌畏、乐果、敌百虫、马拉硫磷则疗效较差。

【制剂与用法】

注射液　每支10毫升：0.4克。肌内注射,1.2毫升(每毫升含40毫克)/只·次。

(三)氯磷定

【性　状】　本品为微黄色结晶粉,易溶于水,微溶于乙醇,但在氯仿、乙醚中几乎不溶,无吸湿性。

【作用与应用】 本品的作用大致与解磷定相同,但对胆碱酯酶的复活能力较解磷定强,且作用迅速,毒性较低。对内吸磷、对硫磷的疗效显著,对敌百虫、敌敌畏疗效较差,而对乐果、马拉硫磷的疗效则无效或可疑。由于本品同样不能透过血脑屏障,所以也必须与阿托品配合应用。

【制剂与用法】

注射液 每支2毫升:0.5克,10毫升:2.5克。肌内注射,40～50毫克/只·次。

(四)双复磷

【性 状】 本品为微黄色晶粉,溶于水,脂溶性高。

【作用与应用】 本品对胆碱酯酶的复活能力较解磷定强,且作用持久,并能透过血脑屏障,使中枢神经系统的胆碱酯酶复活,同时还具有阿托品样作用,能消除 M-胆碱、N-胆碱受体兴奋症状和中枢神经系统中毒症状。本品对内吸磷、对硫磷、甲拌磷(3911)等有机磷农药中毒的解救效果较好。

【制剂与用法】

注射液 每支2毫升:0.25克。肌内注射,40～60毫克/千克体重·次。

(五)解氟灵(乙酰胺)

【性 状】 本品为白色晶粉,无臭,易溶于水。

【作用与应用】 本品为有机氟农药和毒鼠药氟乙酰胺、氟乙酰钠的解毒剂,具有延长中毒潜伏期、减轻发病症状或制止发病的作用。其化学结构与氟乙酰胺相似,中毒家禽使用本品后能在其体内争夺酰胺酶,使氟乙酰胺不能产生对机体三羧循环有毒性作用的氟乙酸,从而解除有机氟中毒。解毒时宜早期应用本品,并给足剂量;严重中毒病例必须配合应用氯丙嗪或苯巴比妥钠等镇静药。

【制剂与用法】

注射液 每支2毫升:2.5克。肌内注射,参考用量0.1克/千克体重·次。

(六)二巯基丙醇

【性　状】 本品为无色或几乎无色易流动的澄明液体,有类似蒜的臭味,溶于水,但水溶液不稳定,极易溶于乙醇、甲醇或苯甲酸苄酯中。

【作用与应用】 本品是一种竞争性解毒剂。在体内与金属、类金属离子结合,并能夺取已与酶系统结合的金属离子,形成无毒、难以解离的络合物,从尿中排出而起解毒作用。临床上常用于砷、汞、铜、锌、铋等金属中毒的解毒。此外,本品有减轻锑剂的毒性及镉对机体的损害作用,因此亦可用于锑剂和镉中毒的解毒剂,但本品对铅中毒疗效较差。由于本品与金属结合的络合物仍有一定程度的解离,解离出来的二巯基丙醇很快被氧化而不能再起解毒作用,故需多次给药才能达到预期的解毒效果。

【制剂与用法】

注射液 每支1毫升:0.1克,1毫升:0.5克。肌内注射,2.5~5毫克/千克体重·次。

第四章 鸽传染性疾病

第一节 病毒性传染病

一、鸽瘟(鸽新城疫)

鸽瘟又称鸽Ⅰ型副黏病毒病,俗称鸽新城疫。鸽瘟是一种高度接触性、败血性传染病,在鸽群中有时来势凶猛,有时则零星发生。特征是下痢、震颤、单侧或双侧性腿麻痹,慢性及流行后期的病例有扭头歪颈症状,死亡率在20%~80%,但多为30%~60%。20世纪下半叶,西欧和美国等地相继报道了此病。1985~1986年,我国口岸动物检疫所已检出该病。1987年深圳地区某鸽场由于发生本病,损失2 500多对鸽,占当时存栏数的25%。1997年10月下旬浙江某鸽场养的3万对鸽子,其中500对种鸽先发生本病,经干扰治疗后仅隔了2个月时间,又在两幢青年鸽舍发病,从采取综合性措施至控制该病,先后时间达4个月,先后共病死亲鸽3 000多对,青年鸽4 500对,乳鸽5 000多对。由此可见本病对养鸽业危害之大。

【病　原】　病原是鸽Ⅰ型副黏病毒,属副黏病毒科、风疹病毒属。此病毒具有与鸡新城疫病毒相类似的特性:可使鸡胚发生全身性充血、出血变化及死亡,可凝集多种动物的红细胞,有时可使受感染鸡发病。但这些特性往往有赖于多次的鸡胚传代才能表现出来,初次的传代一般见不到。一般认为超强毒新城疫病毒属速发型病毒,而鸽Ⅰ型副黏病毒则近于中发型病毒。

本病毒与鸡新城疫病毒在生物学特性上有许多相似之处,故在血清学上具有高度的交叉反应,而在保护试验中与某些新城疫疫苗株存在完全的交叉保护作用,其中对鸽抗超强毒新城疫病毒(VVNDV)感染的免疫保护作用以新城疫Ⅰ系苗最好,Lasota疫苗次之,Ⅱ系苗最差。然而在生产实践中,鸡新城疫病毒也能感染敏感鸽,并引起发病和死亡,也可从病鸽群中分离到鸽Ⅰ型副黏病毒和新城疫病毒。但两者在潜伏期、体温反应、死亡时间、死亡率、毒株致病力和病理表现上存在一些差异。

鸽Ⅰ型副黏病毒对理化因素抵抗力不强,经紫外线照射或在100℃条件下1分钟,55℃时180分钟可全部被灭活。但较耐低温,在-20℃中最少可存活10年。鸽Ⅰ型副黏病毒能凝集多种动物的红细胞,对鸡、鸽、鸭的凝集性最佳。

【流行特点】 鸡对鸽Ⅰ型副黏病毒的敏感性仍未有定论,多数学者认为鸡能感染,在新城疫的发生和流行上起着一定的作用,但实验证明其对鸡的致病性差异极大。虽然鸽Ⅰ型副黏病毒和鸡新城疫病毒均能感染与鸽混养的鸡,但不能令其发病死亡。乳鸽对鸽新城疫最敏感。

各品种和不同年龄鸽都易感发病,且传播非常迅速,发病率高达80%~90%,死亡率因年龄和鸽群的免疫状况、饲养管理和卫生管理不同而有差异,在20%~80%,多数为30%~50%,乳鸽可高达60%~80%。

本病的发生没有明显的季节性,其传播途径有消化道、呼吸道、泌尿生殖道、眼结膜及创伤。鸽外出训练和飞行比赛,把不同鸽群的鸽集中安置在同一车辆或同一室内,很容易传播本病。

【症　状】 本病的潜伏期为1~10天,通常是1~5天。鸽在发病前外观完全正常,混群时,病毒就能传染给来自不同鸽群的鸽子,引起本病的暴发。开始时病鸽表现精神沉郁,食欲不振,饮欲增加,全身震颤,羽毛松乱,水样腹泻,呆立,但尚能逃离捕捉。随着病情的发展,病鸽出现头缩、眼闭、食欲废绝,不愿走动,全身震颤更明显,常常吞咽唾液,稀粪由水样渐变为黄绿色或黄白色,尤其是泄殖腔附近及后腹部的羽毛被粪便沾污,个别可表现扭头歪颈症状。随着病情的发展,病鸽出现腿麻痹,不能站立,常蹲伏或侧卧,驱赶时,只能以其卧侧贴地,上侧的脚划地移动身躯。如有阵发性痉挛发生时,鸽体肌肉震颤、歪颈或颈僵直,见食物想吃但总啄不准而吃不到嘴里,欲向前行但走不开,只能原地打圈,有的头向后仰,有些可见单侧性腿或翅麻痹,有的行走时摔跟斗,常表现摇头、歪颈、软脚、转圈、共济失调为主的神经症状。最后排黑绿色稀薄或糊状粪,衰竭而死。病程 3~7 天,但也有的长达 10 多天。病程长的病鸽体重极轻,全身羽毛没有光泽,且往往被粪便严重沾污,尤其是肛门附近及后腹部的羽毛。鸽体呈现极度衰竭。此时有神经症状的病例增多,但也有的鸽场病例增多并不明显。

本病有时呈突然暴发性流行,造成鸽群大批、迅速死亡,有时则缓慢发生,使鸽不断地出现零星死亡。如有其他疾病合并发生,则死亡率增加。

【病　变】　本病与鸡新城疫的病变大致相似。外观多见鸽的眼睛下陷,30%左右的病鸽结膜发炎、充血、出血,并有浆液性或黏液性分泌物。胫脚干皱,羽毛尤其是肛门周围及后腹区羽毛有粪污,常呈黄绿色或污绿色,嗉囊充满食物或空虚。剖检时,皮肤较难剥离,剥离皮肤后可见肌肉干燥,稍潮红。胸肌有较丰满的但也有菲薄的。皮下广泛淤斑性出血,颈部尤其明显,有红、紫红、黑红等色,这是其固有的特征性病变。心冠沟、脑膜及脑实质水肿,并有小点状出血。肺多有不同程度的灰色肝变。脾有淤血斑。胰腺有充血斑及色泽不均的大理石状纹。肌胃角质膜下有斑状充血或出血,偶见腺胃黏膜呈暗红色充血。小肠至肛门的黏膜常充血。颅骨多有出血斑。有些病例喉头、气管黏膜充血或出血,其中有的内充黏液或干酪样物。有的病例脑膜充血,脑实质有针尖大的出血点。

【诊　断】　据流行特点、临诊症状和剖检病变,可做出初步诊断。确诊应以病原的分离与鉴定为依据。如在鸽中用分离的病毒人工发病成功,即可确诊。

1. **病毒的分离鉴定** 在无菌操作下采取病鸽的肝、脾、肺、脑等病料,加入灭菌生理盐水制成 1:10 匀浆悬液,离心,取上清液接种 9~12 日龄非免疫或 SPF 鸡胚尿囊膜或尿囊腔,出现鸡胚病变和死亡。若初代鸡胚不死亡或尿囊液无血凝性,可盲传 3~4 代,如接种胚出现病变和尿囊液检出血凝性(HA),则表明存在鸽Ⅰ型副黏病毒和鸡新城疫病毒,较为简单的方法是用分离病毒与鸡新城疫病毒同时测定标准新城疫病毒阳性血清的血凝抑制效价(HI),如分离病毒测出的 HI 效价低于用鸡新城疫病毒测出的 HI 效价,则说明分离病毒是鸽Ⅰ型副黏病毒的可能性大;如两者的 HI 效价无差异,则说明分离病毒很可能是鸡新城疫病毒。

2. **血凝与血凝抑制试验** 取病料匀浆悬液的离心上清液或感染鸡胚的尿囊液进行血凝性检测,可检出病毒抗原。

用鸽血清进行红细胞凝集抑制试验已成为本病检查和抗体监测的一种手段,但这种试验最好能连续进行 2 次,间隔时间 5~7 天,若后一次比前一次的抗体滴度有明显的升高,而事前又未曾有免疫接种的,可怀疑鸽群处于感染状态。然而,在免疫动态监测时,应注意的是鸽血清的 HI 效价与免疫保护作用之间并无显著的相关性,有些 HI 效价很低的鸽却仍能抵抗强毒的攻击。

此外,凡适用于鸡新城疫的免疫血清学方法都可用于鸽Ⅰ型副黏病毒抗体的检测,如琼脂扩散法、酶联免疫吸附试验(ELISA)、病毒中和试验和单向辐射扩散法等。

【鉴别诊断】 诊断鸽瘟时需注意与鸽副伤寒和禽脑脊髓炎相区别。

鸽瘟与鸽副伤寒都有水样或黄绿色下痢及肢体麻痹,但鸽副伤寒缺乏颈部皮下广泛淤斑性出血,颅骨、肌胃角质膜下斑状出血和胰腺大理石状病变。

第四章　鸽传染性疾病

禽脑脊髓炎有明显的震颤(尤其是头部),这与本病震颤类似,但禽脑脊髓炎剖检时可见腹部皮下和脑有蓝绿色区,少数幼龄禽的单侧或双侧眼睛有同样的变色区。

【预防与控制】　加强鸽群的饲养管理,喂以营养充足的饲料,保证营养物质、维生素的需要量,搞好鸽舍卫生,减少应激因素,以提高鸽的体质,增强抗病能力。同时要建立健全鸽场的兽医防疫等制度,并认真贯彻执行。制订切实可行的免疫程序,定期进行疫情监测和免疫接种。

最有效的疫苗是鸽Ⅰ型副黏病毒油乳剂灭活疫苗。此疫苗于颈部皮下注射,不出现强反应,接种一次即具有良好的免疫力,非常安全。于注射后7天便可使鸽体抗体由0升到微量法的2^5水平。若此时再做同样的接种,7天后抗体可再升2个滴度,即达2^7的水平。以后每6个月左右接种1次。

在正常情况下,留作种用的仔鸽1月龄左右接种一次,开产前约4月龄再接种一次加强免疫;老鸽可6~12个月重复接种一次,0.5毫升/只。

在有疫情流行时,除对未注射或已注射了半年时间的种鸽迅速紧急接种外(紧急预防注射时要求注射一只调换一个针头),还要注意仔鸽的免疫工作。可对5日龄以上的乳鸽接种新城疫疫苗,如考虑留作种用或疫情严重威胁时,可同时皮下注射0.2~0.5毫升/只。对已发生疫情的鸽场,应尽快进行紧急接种,每只鸽注射鸽Ⅰ型副黏病毒油乳剂灭活苗1.0~1.5毫升,可迅速控制疫情,减少经济损失。对暴发本病的鸽场,可采取患鸽的肾、脾、脑、肝等脏器通过一定的程序研制成灭活组织(脏器)苗,肌内注射进行紧急免疫接种,是迅速控制本病的最佳方法,对可疑鸽群的紧急预防接种和早期病鸽的紧急接种均有较好的效果。

用鸡新城疫疫苗预防鸽瘟也有较好的效果,但没有使用这种疫苗的场一定要多加小心,不能随便使用,并在使用前先做好基础免疫。

鸡新城疫Ⅰ系苗用于接种 12 月龄以上的鸽,接种前用灭菌蒸馏水稀释 1 000 倍,每只鸽肌内注射 1.0 毫升,3～5 天后即可获得免疫力,免疫期可达 18 个月左右。接种后少数鸽可能会出现轻重不一的反应,如精神不好、翅膀下垂、不爱飞等,所以体弱或 12 月龄以内的鸽不能接种。接种鸡新城疫Ⅰ系苗最好能使用当地有资质生物药厂生产的毒株,并在全面接种前的 10 天用 100～200 对产鸽试针,观察试验鸽的反应情况,确认没有不良反应才能全面使用。

鸡新城疫Ⅱ系苗适用于各种年龄的鸽,通常用于 12 月龄以内的鸽子,但免疫期较短。疫苗临用前 10～20 倍稀释,用玻璃吸管吸取疫苗,每只幼鸽鼻孔滴入 1 滴,接种后 7～9 天产生免疫力,免疫期 3～4 个月。留种鸽最好在 1～2 周龄时第一次免疫,3 月龄左右再用Ⅱ系苗强化免疫一次。

鸡新城疫Ⅲ系苗和Ⅳ系苗主要用于幼鸽及集体养鸽的饮水免疫,疫苗 1 000 倍稀释,于留种鸽 30 日龄时饮水免疫 1 次,每只鸽饮水 5.0 毫升。1～2 月后再用同样稀释的疫苗饮水免疫 1 次,饮水量 10～15 毫升。以后每隔 4～5 个月饮水免疫 1 次,即可获得较强的免疫力。

接种抗体适用于疫情初期或受威胁的鸽群,有迅速控制疫情的作用。但有效持续期仅 7～14 天,故不宜作平时的预防接种。

二、禽流感

禽流行性感冒简称禽流感,是由 A 型禽流感病毒(AIV)引起的多种家禽的一种传染性综合征,可表现为亚临诊症状,轻度呼吸系统疾病,产蛋量下降或急性全身致死性疾病。以禽的头、颈、胸部水肿和眼结膜炎为特征的高度接触性传染病,所有的家禽、珍禽和野禽均可发生。本病对养鸽业有很大的危害。

【病　原】　禽流感病毒在分类上属于正黏病毒科的 A 型流

感病毒。病毒颗粒呈短杆状或球状,直径80~120纳米,表面有囊膜,其上有纤突,分别是棒状的血凝素(HA)和神经氨酸酶(NA)。病毒能凝集鸡和某些哺乳动物(马、骡、绵羊、豚鼠、小鼠)的红细胞,并且可被特异性抗体所抑制。根据禽流感病毒和鸡新城疫病毒凝集红细胞种类的不同,可以区别这2种病毒。

禽流感病毒能在发育鸡胚中生长,接种鸡胚尿囊腔,引起鸡胚死亡,鸡胚的皮肤、肌肉充血和出血。病毒也能在鸡胚肾细胞和鸡胚成纤维细胞上生长,并引起细胞病变。该病毒存在于寒冷和潮湿环境中可存活很长时间,如在-70℃冻干可长期保存。存在于鼻腔分泌物和粪便中的病毒,由于受到有机物的保护,具有较高的抵抗力,如美国在发生禽流感后105天,仍能从湿粪便中分离到具有传染性的病毒。

流感病毒以其核衣壳和包膜基质蛋白为基础,可以分为A、B和C 3个抗原型,其中B和C型仅对人致病,A型可感染人、猪、马和禽,从鸟类(包括禽类)分离到的流感病毒均属A型。在同一型内,随着流感病毒囊膜纤突上的血凝素(HA)和神经氨酸酶(NA)两种糖蛋白的变异性,又可分为许多亚型。到目前为止,从人和各种动物分离到的流感病毒有15种不同的HA亚型,分别用H_1~H_{15}表示;9种不同的NA亚型,分别用N_1~N_9表示。由于HA和NA的抗原性变异是相互独立的,两者的不同组合又构成更多的病毒抗原亚型。由于流感病毒基因组的易变性,即使是HA和NA亚型相同的毒株,也可能在抗原性、致病性及其他生物学特性上有着程度不同的差异。禽流感病毒虽然亚型众多,但多数毒株是低致病性(LPAIV),只有H_5和H_7亚型的少数毒株被认为是高致病性禽流感病毒(HPAIV)。

禽流感病毒的致病力差异很大,在自然情况下有的毒株发病率和死亡率都可高达100%,有的毒株仅引起轻度的产蛋下降,有的毒株则引起呼吸道症状,死亡率很低。

本病是由正黏病毒1型流感病毒感染引起。此病毒对外界环境的抵抗力不强,在紫外线照射下很快被灭活,在55℃时30~50分钟,60℃时5分钟或更短的时间均可使之失去感染性。但在干燥的血块中100天或粪中82~90天仍可存活,在感染的机体组织中具有长时间的生活力。在鸡胚中容易生长,也具有凝集鸡及某些哺乳动物红细胞的特性。

【流行特点】 病毒分离鉴定结果证明,H_5亚型流感毒株对各种日龄和各种品种的鸽群均具有高发病率和死亡率。雏鸽的发病率可高达100%,死亡率也可达95%以上,其他日龄的鸽群发病率一般为80%~100%,死亡率一般为60%~80%。

本病一年四季均可发生,但以冬春季为主要流行季节。本病的传播一般认为要通过密切接触,也可经蛋传染。病鸽及其他带毒鸟类的羽毛、肉尸、排泄物、分泌物以及污染的水源、饲料、用具均为重要的传染来源。本病的人工感染可以通过鼻内、窦内、静脉、腹腔、皮下、皮内以及滴眼等多种途径,都能引起感染发病,但主要通过消化道、呼吸道途径感染。

【症 状】 潜伏期一般为3~5天,常无先兆症状而突然暴发死亡。病程稍长的会出现体温升高(44℃以上),精神沉郁,毛松呆立,食欲废绝,有鼻液、泪液和结膜炎,头、颈和胸部水肿,呼吸困难,严重的可窒息死亡。有的出现灰绿色或红色下痢和神经症状。通常发病后几小时至5天死亡,死亡率50%~100%。慢性经过的以咳嗽、打喷嚏、呼吸困难等呼吸道刺激症状为特征。

【病 变】 病程短的,剖检可见胸骨内侧及胸肌、心包膜有出血点,有时腹膜、嗉囊、肠系膜、腹脂与呼吸道黏膜有少量出血点。病程较长的,颈部和胸部皮下水肿,有的蔓延至咽喉部周围的组织。心包腔和腹腔有大量淡黄色、稍混浊的液体,暴露于空气中易凝结,胸腔还常有纤维蛋白性渗出物。眼结膜肿胀。肾肿大,灰棕色或黑棕色。口、鼻内积有黏液。腺胃和肌胃交界处的黏膜有点状出血。肺充血或小点状出血,肝、脾、肾和肺有小的黄色坏死灶。

【诊　断】　可根据本病的发生、症状与病变做出初步诊断。红细胞凝集试验与凝集抑制试验、琼脂扩散试验都是诊断手段之一。但只有分离到病原才能确诊。

1. 病毒分离与培养

(1)病料采集与处理　应用无菌方法,采取病死鸽脑、肝、脾组织器官,将病料磨细,加入灭菌生理盐水,制成1∶5～10的悬液,经3 000转/分离心30分钟后静置片刻,吸取上清液,按每毫升加入青霉素、链霉素各1 000单位,混匀后置于4℃～8℃冰箱中作用2～4小时,或37℃温箱中作用30分钟。取少许液体,分别接种于鲜血琼脂培养基和厌氧肉汤培养基,于37℃培养观察48小时,应无菌生长,作为病毒分离材料。

(2)鸡胚接种　用4～6枚11日龄SPF鸡胚,或4～6枚11日龄未经禽流感免疫鸡群的鸡胚,每胚绒尿腔接种上述病毒分离材料0.2毫升。接种18小时后每天照蛋4次,连续4天。通常于接种后24～48小时死亡,18小时内死亡鸡胚废弃,18小时后死亡鸡胚放置于4℃冰箱,气室向上,冷却4～12小时。用无菌手续收获绒尿液,并做无菌检查。将清朗、无菌生长和鸡胚病变典型的绒尿液放置低温冰箱冻结保存供进一步鉴定。

2. 病毒鉴定

(1)血凝试验　在微量凝集板上,从第一孔起,在若干孔内,用定量针头每孔加入0.025毫升生理盐水。用定量针头吸取0.025毫升等量被检的鸡胚绒尿液加入第一孔,依次做倍量稀释,至最后一个量孔弃去余液。再用定量针头每孔加入0.025毫升1%鸡红细胞悬液,并用生理盐水代替被检鸡胚绒尿液的红细胞对照孔,立即在微量振荡器上混匀,置室温下30分钟左右判定结果。凡能使鸡红细胞完全凝集的被检病毒液最高稀释倍数,称为1个血凝单位。

(2)血凝抑制试验 在微量凝集板上,根据标准 HA 亚型抗血清的种类和效价数排,均从第一孔起,用定量针头在每孔加入 0.025 毫升生理盐水。在第一孔中分别加入已知抗血清 0.025 毫升,并依次做倍量稀释至最后一孔弃去余液。每孔加入含有 4 个凝集单位 0.025 毫升被检病毒液。微量板在微量振荡器上混匀,置 37℃温箱中作用 30 分钟后,用定量针头每孔加入 0.025 毫升 1‰鸡红细胞悬液,并设被检病毒液和鸡红细胞对照孔,在微量振荡器上混匀,置室温中 30 分钟左右判定结果。如被某个 HA 亚型抗血清所抑制,即可将被检病毒液定为该亚型。

(3)致病性检查 取 1:10 稀释的尿囊液 0.2 毫升,静脉接种于 8 只 4~8 周龄的易感鸡。隔离饲养,10 天内死亡 6 只或 6 只以上,可确定为高致病力毒株。如死亡在 5 只或 5 只以下,则需根据亚型测定结果,有无形成 CPE 或蚀斑能力,甚至分析其 HA 多肽氨基酸序列后,方可确定是高致病性、低致病性或非致病性毒株。

3. 血清学诊断

(1)琼脂扩散试验 用于对禽流感病毒的检查。所有 AIV 亚型均具有型特异性共同抗原,该种抗原的保守性很强,基本不产生变异。

(2)血凝和血凝抑制试验 该方法可证实流感病毒的血凝活性及排除新城疫病毒。因此试验可以分别确定 HA、NA 亚型。

(3)中和试验 以中和试验来鉴定或滴定流感病毒时,常用鸡胚或组织培养细胞。

(4)免疫荧光技术 最早用于鉴定和定位流感病毒感染细胞中特异性抗原,主要是 NP 或 MP 抗原。用 NP 抗原的荧光抗体染色主要出现核内荧光;用 MP 抗原的荧光抗体染色主要出现胞质荧光。

(5)ELISA 技术 ELISA 具有较高的敏感性,既可以检测抗体,也可以检测抗原,尤其适合于大批样品的血清学调查,可以标准化,而且结果易于分析。用于流感的控制、扑灭、检疫。

【鉴别诊断】 本病虽与败血霉形体病、霉菌性肺炎、念珠菌病、鸽痘、毛滴虫病、气管比翼线虫病及维生素A缺乏症等都有呼吸道刺激症状,但本病在头、颈、胸部有水肿,胸肌、胸骨内侧、两胃交界处的黏膜有出血病变,而上述诸病没有,故不难鉴别。

【防　制】 目前对本病既无药物可治,也无确实有效的疫苗。故若发生疫情时,应将病鸽全部淘汰,立即严密封锁场地,并进行彻底的消毒。预防中最重要的一点,是不从有本病疫情的场甚至地区引进新鸽。附近的禽场如有本病发生,应立即做好本场的严密封锁、消毒工作,以免此病累及本场。

目前,全国各地均使用家禽用禽流感疫苗预防鸽的禽流感,重组禽流感灭活疫苗(H5N1亚型)是预防禽流感使用最广泛的一种疫苗,H5-H9二价灭活疫苗和禽流感-新城疫重组二联活疫苗在有些地方也推荐使用,在鸽禽流感预防上发挥了重要的作用。

种鸽接种重组禽流感灭活疫苗(H5N1亚型)在4周龄(28日龄)进行第一次免疫,0.3毫升/羽,颈部皮下注射;8周龄(56日龄)进行第二次免疫,0.5毫升/羽,肌内注射;在种鸽上笼的25～26周龄(175～182日龄)进行第三次免疫,0.5毫升/羽,肌内注射;以后每半年免疫1次,0.5毫升/羽,肌内注射。如种鸽免疫效果确实,上市乳鸽的饲养期在1个月之内的,则不进行免疫接种;如种鸽未免疫,留种的幼鸽最好在7～10日龄进行第一次免疫,0.3毫升/羽,颈部皮下注射。饲养期超过1个月的鸽子,在30日龄左右免疫1次,0.5毫升/羽,肌内注射。

禽流感-新城疫重组二联活疫苗适用于除鸭之外的家禽(包括鸽、鹌鹑、山鸡等),以预防H5亚型禽流感和新城疫疫病,起到"一针两防"的效果。7～14日龄进行第一次免疫,可采用点眼、滴鼻、肌内注射或饮水等方法;在30～35日龄时进行第二次免疫,以后每隔8～10周再加强免疫。免疫剂量详见使用说明书。

三、鸽 痘

本病是由鸽痘病毒引起的一种常见的病毒性传染病，又称传染性上皮瘤、皮肤疮、头疮和禽白喉。主要特征是在体表皮肤、口黏膜或眼结膜出现痘疮，因而影响运动、吞咽、呼吸，极易造成患鸽死亡，死亡率视具体条件而定，从5％到70％不等。本病对鸽子有严重的危害，几乎每个鸽场都有可能发生，因此务必加强防范。

【病　　原】　病原为鸽痘病毒，属痘病毒科、禽痘类中的鸽痘病毒（禽痘除鸽痘外尚有鸡痘、火鸡痘和金丝雀痘3种类型），是四种主要禽痘病毒之一，对宿主有明显的专一性，即在自然情况下只使感染的鸽发病，而不使其他禽鸟发病。本病原对干燥的抵抗力特别强，如放置在有五氧化二磷干燥剂的密闭容器中，在20℃温度下其毒力可保持数年；于-15℃温度下也可保存数年。在20℃的条件下，用0.2％烧碱溶液、3％石炭酸溶液分别作用10分钟及30分钟均可被致弱，3％甲醛溶液作用20分钟可将其灭活。此外，0.1％升汞溶液、1％烧碱溶液或醋酸溶液在60℃温度下作用3小时可将其杀死。在腐败的环境中该病毒很快死亡。在鸽体中，痘痂内含病毒最多。

【流行特点】　鸽痘病毒主要经吸血昆虫的刺咬而传染，也可通过伤口接触而传播。不同品种和年龄的鸽都可发生，但实际上幼龄鸽更为严重。本病有明显的季节性，在适于吸血昆虫生长繁殖和活动的温暖多湿季节，如广东每年的4～9月是盛发期，其他季节甚少发生。病愈鸽能获得对本病的终身免疫，但多已形成短期的外观次品及幼鸽的生长发育不良。

【症状与病变】　本病的潜伏期一般4～8天。按表现，可有皮肤型、黏膜型、混合型之分，还有南非报道的温和型。前3型尤其是混合型常造成严重的危害。

1. **皮肤型**　罹病部位是体表皮肤，主要发生在鸽的头部及胫骨以下的脚部,但有时也出现在翅、背、肋及肛门周围的皮肤上。病的初期呈小点状,以后随病情的发展而不断增大、融合并经过小疹、水疱、脓疱、结痂的过程,在体表形成多发的痂性赘生物。病鸽精神不振,毛松,食欲下降或废绝,闭眼呆立,反应迟钝,行走困难。病程3～4周,病情严重或条件不良的多以死亡为转归,不死的可慢慢地康复,但生长、发育都受到阻滞。

2. 黏膜型　又叫白喉型。病变不是在皮肤而是在口腔黏膜上,开始呈黄色小颗粒状,以后逐渐扩大,融合成黄色痂状物或淡黄白色假膜,不易剥离,勉强剥离后形成凹面,引起出血和疼痛。有时也可在眼睑边缘和眼睑内发生,此时眼结膜弥漫性潮红、肿胀和分泌物增多,随着病情的进一步发展,分泌物由浆液性变成黏液性、脓性,甚至变成干酪样的块状物,影响视力;有的上下眼睑黏连,眼部肿大向外凸,最终失明。口腔的痘疮还可下行蔓延至喉头及食管的上段,严重影响采食和饮水,最后常死于饥饿,病程较皮肤型的短。

3. 混合型　是皮肤型与黏膜型混合发生的类型,病情往往较单一类型的严重,危害也较大。

4. 温和型　此型的症状、病变轻微,仅隐约可见,只有分离到病原才能做出诊断。对鸽的危害并不大。

【诊　断】　据发病情况、症状、病变不难做出诊断。确诊仍有待于病原的分离,对黏膜型及温和型尤其是这样。

1. 病毒分离

(1)病料采集及处理　分离病毒的病料最好采自新形成的痘疹病灶。应用灭菌的剪刀切取痘疹病灶,深达上皮组织。将病料浸泡于每毫升含有青霉素、链霉素各1 000单位的灭菌生理盐水或Hank's液中30～60分钟,取出后用剪刀剪碎,用乳钵或组织研磨器研磨后加入灭菌生理盐水制成1∶5悬液,经3 000转/分离心30分钟,取上清液按每毫升加入青霉素、链霉素各1 000单位,置37℃温箱中作用60分钟,取少许液体接种于鲜血琼脂培养基和厌氧肉汤培养基内,37℃培养24小时取出观察无菌生长,作为病毒分离材料。

(2)鸡胚接种 用4~6枚发育良好的10日龄鸡胚,每胚绒尿膜接种上述病毒分离材料0.1毫升。接种后将鸡胚置37℃继续孵育,观察5~7天,检查绒尿膜上是否出现灰白色灶状痘斑。如初代接种出现不典型病变时,可继续传代。

2. 病毒鉴定

(1)电镜检查 取痘疹病料制成超薄切片,或感染鸡胚灰白色灶状痘斑病料制成超薄切片做电镜检查,见有180纳米×320纳米大型病毒颗粒。

(2)包涵体检查 取痘疹病料或感染鸡胚绒尿膜病灶,制作切片,用苏木素和伊红染色,在上皮细胞的胞质内可以见到嗜酸性包涵体。

(3)血清学鉴定(琼脂扩散试验) 用痘疹病料或感染鸡胚有病变的绒尿膜制成1:2~3乳剂,经离心取上液作为被检琼扩抗原,取自然康复或人工感染鹅康复的血清,以及鸡痘免疫血清,进行琼脂扩散试验,从而鉴定病料中的病毒。

【鉴别诊断】 本病与下列一些病有某些类似之处,应加以区别。

1. 皮肤型鸽痘与皮肤型马立克氏病、恙螨病的区别 皮肤型马立克氏病是在体表皮肤上出现黄豆至鸽蛋大的肿瘤,内容坚实,不断增大,不会自行脱落消失,多零星发生于年龄较大的鸽。恙螨病是在羽区体表的皮肤上形成中央有一红点的脐状突起,有发痒表现,如用针轻轻地挑出红点,可见爬行迅速的新勋恙螨。

2. 黏膜型鸽痘与毛滴虫病、念珠菌病、维生素A缺乏症的区别 毛滴虫病是在鸽的口腔黏膜上出现淡黄色假膜,易剥落,剥落后的部位形成轻度溃疡,但不引起出血。剥落物放于滴有生理盐水的载玻片上,加盖玻片后用低倍弱光显微镜检查,可发现梨状的活虫体。念珠菌病的病鸽嗉囊增大且伴有呕吐,呕出物为豆腐渣状,若将其用革兰氏染色后镜检,可发现紫色、树枝状的念珠菌。维生素 A 缺乏症主要还有眼炎、眼球干涸、皱缩和眼内有干酪样物的眼部病变,口内黏膜有易无血分离的颗粒状物或假膜。若能及时补给维生素 A,症状可逐渐消除。

3. 混合型鸽痘与泛酸、生物素缺乏症的区别　泛酸、生物素缺乏症均是在眼睑、嘴角及脚的皮肤上出现颗粒状或痂样物,眼的分泌物增多,上下眼睑可发生黏连;脚趾、脚底脱皮,形成小裂缝或赘生物、角质层;常伴有羽毛脱落,容易折断和长骨短粗。只要及时补充所缺维生素,除病情严重者外,一般都可收到良好效果。

【预防与控制】　鸽痘预防的主要措施是搞好疫苗的接种。但多年实践证明,种鸽接种鸽痘疫苗对后代保护率不好。因此,乳鸽出生后特别在蚊子多发季节,如每年的 3～6 月份,应在 3 日龄之内开始刺种疫苗,由于鸽场乳鸽每天都有生产,所以乳鸽接种疫苗比较繁琐,大型鸽场较少使用。目前大部分鸽场还是采用灭蚊的办法的预防鸽痘发生。做法是,每天对鸽场内外环境用杀虫药喷杀或用灭蚊灯诱杀,也可以用蚊香驱蚊。目前,采用的鸽痘疫苗有两类:一类是强毒苗,也叫自家苗,是用病鸽的痘痂制备的。这种疫苗毒力强,鸽群在接种后容易出现大面积的强反应,使不少鸽出现与自然发病大致相同的症状与病变,这是最原始、最不安全、非到万不得已不能采用的免疫接种方法。另一类是由广东省家禽科学研究所研制成功的弱毒疫苗。此疫苗可在出壳当天的乳鸽中接种而无任何不良反应,接种后 10～14 天便可产生坚强的免疫力,经 9 个月仍能抵御强毒的攻击。操作时,只要按其要求加入生理盐水或冷开水,稀释后抽入注射器内,连接上 5 号针头,在鸽的鼻瘤(乳鸽应在翅内侧处,以免鼻上有刺损而在采食亲鸽嗉囊乳时引起感染)滴上 1 滴苗液,随之刺破 4～5 针即可。接种后可使 80%

以上的鸽不发此病,是安全、高效、简便易行的方法。本法越早接种越好,在发病季节最好实行出壳当天接种。平时每5~7天定期接种1次便可,既省工易行,又不会漏种。

搞好环境卫生,定期消毒、杀虫,清除积水,消灭蚊子等吸血昆虫;改善环境条件,加强饲养管理,都是预防本病发生的有力措施。

病鸽任其自由采食或饮用含0.08%~0.1%的四环素、土霉素的饲料和饮水,或每鸽按2万~3万单位逐只喂服上述抗生素,患部皮肤涂碘酊或鱼石脂软膏,口腔病变涂碘甘油,均有一定治疗效果。

四、鸽马立克氏病

本病多发生于鸡,其次是火鸡,也可发生于其他禽类,如野鸭、鸭、鹅、天鹅、鹧鸪、鹌鹑、鸽、金丝雀等均有发生及报道,哺乳类动物和非鸟类动物不敏感。本病是鸟类的一种癌症。常以鸡为危害对象,于20世纪50年代前已流行于世界各地,其表现主要是神经类型。我国于20世纪70年代开始出现,其表现主要是内脏型。

【病　　原】 B群疱疹病毒是引起本病的病原,病禽的羽毛囊和羽髓中含毒量最多。此病原对干燥及低温有较大的耐受性,干燥的羽毛在室温中8个月仍有感染力,在-65℃的保护剂中210天不受破坏,在室温的粪便或垫料中16周尚能保持活力。对热的抵抗力不强,37℃18小时,56℃30分钟,60℃10分钟即被灭活。普通消毒剂作用10分钟就能达到消毒的目的。

【流行特点】 本病毒常和尘土一起随空气到处传播,在栏舍相距10米甚至48公里以外,均可通过空气经呼吸道传染。还可借被污染的饲料、饮水、作业者及用具等的机械带毒等途径传染。蛋壳的污染也是传染的重要因素。外寄生虫可成为本病的传染媒介。不良的环境条件,如室温过高、飞尘均有利于本病的发生与传播。

【症　　状】 本病潜伏期较长,通常在受感染后几周中出现症

状,随之便开始发生零星的死亡。根据不同的临诊症状,分以下 4 个类型:

1. **急性型** 又称为内脏型。表现为精神,食欲不振,闭眼,毛松,呆立,排白色或绿色稀粪。不久便迅速消瘦,体质极度衰弱,腹围增大,触摸肋骨后的腹部时有坚实的块状感。后期脱水,极度消瘦,呈昏迷状态。

2. **神经型** 又称为古典型或慢性型。其特征是呈现单侧性翅麻痹或腿麻痹,患肢失去支撑力,故常呈卧倒状态。随着病情的不断发展,最终多见两腿一前一后伸张,瘫卧于地,无力回避捕捉,头颈歪斜,有的还伴有嗉囊麻痹或扩张症状。

3. **眼型** 本型的罹患部位是眼睛,表现为虹膜边缘不整,褪色,瞳孔缩小,甚至眼睛失明。

4. **皮肤型** 本型的主要症状是皮肤增厚,有从大豆至鸽蛋大的结节,且不断增大,质地坚实而不滑动,没有局部温度升高和其他的炎症症状。

【病　变】

1. **急性型** 剖检可见实质性脏器尤其是肝、脾及卵巢呈高度肿胀和弥漫性散布淡黄白色结节性病变,法氏囊萎缩或弥漫性肿大。

2. **神经型** 多呈单侧性坐骨神经(或臂神经)病变,罹患神经的横纹及光泽消失,粗大不均,外周有透明的胶样浸润,降低对神经的可见度。

3. **眼型、皮肤型** 除分别出现眼和皮肤的病变外,均没有内部脏器病变。

【诊　断】 采取病料进行鸡胚的卵黄囊接种、琼脂扩散及人工发病,都是诊断本病的手段,但一般情况下极少采用,而以症状、病变为确诊依据。皮肤型马立克氏病与皮肤型鸽痘、恙螨病,眼型马立克氏病与维生素 A 缺乏症相类似,其鉴别要点见在鸽痘鉴别诊断项。

【预防与控制】 目前尚无药物可治疗。如有病鸽,宜淘汰并做焚烧处理。在已有本病存在的鸽场,可试用鸡马立克氏病疫苗对出壳 24 小时内的雏鸽进行颈部皮下免疫接种。发病普遍、危害严重的鸽场,可考虑全淘汰,停产,并封锁 1~2 个月。在此期间要进行全场环境、栏舍、用具的反复消毒。

五、鸽疱疹病毒感染

本病是由疱疹病毒引起鸽的一种以急性经过和极高死亡率为特征的病毒性传染病。于 1945 年首次报道,目前欧洲大多数国家均有发生。在从外场引进鸽子时应事前做好调查或检疫工作。

【病　　原】 病原是疱疹病毒科的疱疹病毒Ⅰ型,又叫鸽疱疹病毒 1(PHV1)。病毒能在鸡胚尿囊膜和鸡胚肾、肝细胞内生长复制,可细胞内形成 A 型包涵体。

【流行特点】 不同年龄的鸽均易感,1~6 月龄的幼鸽易感性更大,老龄鸽很少感染发病。家禽中的鸡、鸭有抵抗力。病鸽和带毒鸽是主要传染源,主要通过呼吸道和消化道传染。因常能从喉头分离到病原,故可通过成年鸽的接吻、亲鸽哺喂幼鸽而直接接触传染。鸽受感染后 24 小时开始排毒,持续 24 小时,但排毒高峰期是在受感染后的 1~3 天。

【症　　状】 潜伏期 2~4 天,典型病例表现为眼结膜炎,眼睑肿胀闭合,有分泌物;鼻黏膜发炎,有黏液或黄色肉阜,打喷嚏;出现呼吸啰音,呼吸急促;精神沉郁,毛松乱无光泽,食欲减退或废绝,严重的有下痢,有的出现抽搐不安等神经症状。病程 2~7 天,转归多死亡。

【病　　变】 大体病变是口腔、咽喉的黏膜充血、出血、坏死或溃疡,咽部黏膜可能有几层白喉性假膜。如为全身性感染,则还有肝坏死性病变。

【诊　　断】 诊断应以症状、病变及病原分离为依据。

1. 病毒的分离培养　采取肝和脾病料,用灭菌生理盐水制成1∶5～10匀浆悬液,离心取上清液接种鸡胚尿囊膜,在3～5天内可致死鸡胚,并可在尿囊膜检查到核内嗜碱性包涵体。或者取上清液接种鸡胚成纤维细胞、鸡胚肾细胞或鸡胚细胞,可产生细胞病变,取细胞培养病变常规染色镜检,也可见到核内包涵体。

2. 包涵体检查　采取肝、脾脏病料做切片或抹片,常规染色后镜检,可见到肝细胞、脾淋巴细胞核内嗜碱性包涵体。

3. 血清学检查　采取血液分离血清做血清中和试验,可检测到特异性抗体滴度升高。

【鉴别诊断】　本病应与维生素A缺乏症、毛滴虫病、念珠菌病、坏死杆菌病、黏膜型或混合型鸽痘等口腔有假膜的疾病进行鉴别。

【防　　制】　目前对本病尚无特效治疗药物。在预防方面,不论是弱毒疫苗或灭活疫苗,均未能阻止带毒鸽的出现,但可降低鸽受感染后的排毒量和缓解临诊症状,故可考虑使用。

第二节　细菌性传染病

一、大肠杆菌病

本病是由埃希氏大肠杆菌感染所引起的多种禽病的总称。包括大肠杆菌性急性败血症、大肠杆菌性肉芽肿和大肠杆菌性腹膜炎、滑膜炎、脐炎、脑炎、输卵管炎几种类型,虽多见于鸡、火鸡、鸭,但其他禽类、哺乳动物及人均可感染得病。鸽大肠杆菌病在我国南方地区屡有发生和流行,主要危害幼鸽。

【病　　原】　本病的病原是由某些血清型的大肠杆菌所致,在家禽中最多见的是$O_2∶K_1,O_{78}∶K_{80},O_1∶K_1$ 3个血清型。大肠杆菌是一种革兰氏阴性不形成芽胞的杆菌,大小通常为2～3微米×0.6微米,许多菌株能运动,具有周身鞭毛。大肠杆菌能在普通培养基上于18℃或更低的温度中生长,菌落圆而隆凸、光滑、半透明、无色,直径1～3毫米,边缘整齐或不规则。大肠杆菌在肉汤中生长良好,在绵羊鲜血琼脂平板生长良好,在麦康凯琼脂平板上形成粉红色菌落。

大肠杆菌是鸽肠道中的常在菌,许多菌株无致病性,而且有益,能合成维生素供寄主利用,并对许多病原菌有抑制作用。有10%～15%的肠道大肠杆菌属于有致病力的血清型。有致病性的大肠杆菌常能通过蛋传递,造成乳鸽大量死亡。鸽舍中的灰尘,每克可能含有10^5～10^6个大肠杆菌,卫生条件较差的鸽舍空气中,每立方米可以多达3×10^4～5×10^4个大肠杆菌。所以,鸽舍环境不卫生往往引起发病流行。通常兽医临床所说的大肠杆菌,是指有致病性菌株而言,并不包括有益的菌株。

大肠杆菌也是一种条件性致病菌,当由于各种应激刺激造成禽体的免疫功能降低时,就会发生感染,因此,在临诊上常常成为鸽其他疾病的并发菌。常用的消毒药(石炭酸、升汞、甲酚、福尔马林等)的常用浓度作用5分钟均可将其杀死。

【流行特点】 鸽大肠杆菌病在我国南方地区的江苏、福建、广东、山东等地频频发生,几乎各种年龄的鸽均有发病,包括幼鸽、青年鸽、生产鸽和种鸽等,但雏鸽的易感性更高。本病在南方地区,不同季节、不同地区、不同品种品系和不同年龄的鸽均易感。本病的传染方式主要是由于病鸽的粪便污染鸽舍环境,病菌飞扬在空气中,被易感鸽吸入通过呼吸道而感染。蛋壳表面污染的病菌,也可以进入蛋里面,感染鸽胚,引起孵化率降低和雏鸽感染发病。此外,大肠杆菌也可能通过污染的饲料从消化道进入鸽体。雏鸽患大肠杆菌性败血症,主要是育雏条件不好、饲养管理不当,使雏鸽的抵抗力下降,造成大肠杆菌病乘虚而入所致。

【症 状】 潜伏期约数小时至3天。常见的有以下几种类型:

第四章 鸽传染性疾病

1. **急性败血型** 主要发生于1月龄以内的乳鸽,病鸽表现精神沉郁,食欲、渴欲减少或停止,羽毛松乱,呆立一旁,流泪、流涕,呼吸困难,排黄白色或黄绿色稀粪,全身衰竭。最急性的病例突然死亡,有的临死前出现仰头、扭头等神经症状。临床诊断时应该注意的是:发生急性败血型大肠杆菌病时,全群鸽子通常并不一定一起出现症状,而是陆续发病死亡,每天死一些,持续很久;该型的致病菌株对很多药物均有耐药性,因而死亡率较高,在日龄小、饲养管理不善,治疗药物无效的情况下,累计死亡率可达50%以上。

2. **肉芽肿型** 此类型的症状也只是一般性的,没有特征性表现。

3. **肠炎型** 主要发生于1~5月龄的幼鸽和青年鸽,病程长,发病率高而死亡率较低。病鸽食欲不振,羽毛松乱无光泽,下痢,拉出灰黄色稀粪,肛门周围污秽,有的出现腹泻,体况消瘦,不愿活动。

4. **气囊炎型** 主要发生于2~3月龄的幼鸽和体弱老龄种鸽,病程较长。临床上主要表现精神不振,食欲减退,羽毛松乱无光泽,呼吸迫促而发喘,有湿性啰音,早晚发生连续咳嗽,进行性消瘦,常因瘦弱衰竭而最终死亡。

5. **其他类型** 均是由于大肠杆菌的局部感染引起的,主要表现为局灶性炎症并呈化脓、坏死、干酪样渗出等变化。如腹膜炎,一般以母鸽的卵黄性腹膜炎为多,以大肠杆菌破坏卵巢、造成卵黄进入腹腔、导致腹膜炎最常见;又如脐炎,主要是大肠杆菌与其他病原菌混合感染造成的雏鸽脐炎,出雏提前,脐带愈合不良,引起感染致局部红肿发炎。

【病 变】

1. **急性败血型** 胸肌丰满、潮红,嗉囊内常充满食料,发出特殊的臭味,肠黏膜充血、出血,脾脏肿大、色泽变深。有时可见腹腔积液,液体透明、淡黄色。肛门周围有粪污。但具特征性的病变是心包、肝周及气囊覆盖有淡黄色或灰黄色纤维素性分泌物,肝的质地较坚实,有时有古铜色变化。

2. **肉芽肿型**　病鸽明显的肉眼变化是胸、腹腔脏器出现大小不等、近似枇杷状的增生物,有时呈弥漫性散布,有时则密集成团,可呈灰白、红、紫红、黑红等不同颜色,切开可见内容物为干酪样。各脏器有不同程度的炎症。

3. **气囊炎型**　气囊膜上有灰白色纤维渗出物。

4. **其他类型**　主要表现为局灶性炎症并呈化脓、坏死、干酪样渗出等变化。如腹膜炎可见腹水增多,腹腔内布满蛋黄凝固的碎块,使肠系膜、肠环相互黏连,卵巢中正在发育的卵泡充血、出血、萎缩坏死。

【诊　断】　急性败血型及肉芽肿型可根据症状与病变初步诊断。其他类型须依赖于病原检查做出诊断。实验室诊断方法如下:

1. **病料采集**　鸽大肠杆菌性败血症,取病鸽的肝、脾脏病料组织作为被检材料;其他鸽大肠杆菌病,取病鸽腹腔卵黄液、输卵管凝固蛋白、变形卵泡液作为被检病料。

2. **细菌的分离培养**　用无菌方法取病料直接在麦康凯琼脂平板或在伊红-美蓝琼脂平板划线培养,置于37℃温箱中培养24小时。大肠杆菌在麦康凯琼脂平板上生成粉红色菌落,菌落较大,表面光滑,边缘整齐。在伊红-美蓝琼脂平板上大多数呈特征性的黑色金属闪光的较大菌落。每个病例可从分离平板挑选3~5个可疑菌落,分别接种于普通斜面供鉴定之用。

3. **生化鉴定**　将疑似为大肠杆菌纯培养物做生化反应,能够迅速分解葡萄糖和甘露醇,产酸;一般在24小时内分解阿拉伯糖、木胶糖、鼠李糖、麦芽糖、乳糖和蕈糖;不分解肌醇;靛基质试验和M.R.试验阳性,不产生尿素酶和硫化氢。凡符合上述生化反应的,就可确定为埃希氏菌属成员。

4. 血清学检验　将被检菌株的培养物分别与分组 OK 多价血清做玻板凝集或试管凝集试验,确定其血清型,再根据 OK 分组血清所组成的 OK 单因子血清做凝集反应,以及被检菌株的培养物经 120℃ 2 小时加热,破坏 K 抗原后的菌体抗原,与 O 血清做凝集反应,以确定 O 抗原型。

【预防与治疗】　在预防方面,可接种多价苗或由本场分离的大肠杆菌所制的菌苗。考虑到减少场内污染问题,倘若用菌苗,建议尽可能选用相应血清型的灭活苗。其余的预防法主要是做好平时的兽医卫生防疫工作,加强饲养管理及定期投服预防药等。

治疗本病的药物很多,但菌株耐药问题比较突出。根据分离到的大肠杆菌做药敏试验的结果,肌内注射链霉素、卡那霉素、环丙沙星、氟哌酸均有很好的疗效,也可用适当剂量的药物混饲或饮水。

二、沙门氏菌病

这是由肠杆菌科、沙门氏菌属中多种细菌引起的一类病的总称。这类病包括细菌性白痢、亚利桑那菌病、禽副伤寒,尤其是副伤寒,已成为鸽常见和重要的细菌性疾病。现仅就其中 3 种病加以介绍。

(一) 细菌性白痢　本病的别名有鸡白痢、雏鸡白痢,是世界性分布、可经蛋内传递的细菌性疾病之一。主要发生在 3 周龄内的雏禽,鸡和火鸡尤为严重,鸽也有自然感染发病的报道。

【病原和传播途径】　本病的病原菌是鸡白痢沙门氏菌。它不能运动,对外界环境有一定的抵抗力。如在孵化器中能存活 1 年以上,在土壤中 14 个月尚有感染力。对热的抵抗力不强,60℃ 60分钟,70℃ 20 分钟,75℃ 5 分钟均可被灭活。对常用的消毒药敏感。此病可通过鸽的卵巢和卵传给后代,也可通过消化道途径传播。

【症　状】　突出的症状是频频排出石灰浆样白色稀粪,恶寒,震颤，食欲废绝，饮欲增加，肛门周围有白色粪污，有的甚至肛门被粪便堵塞，致使排粪困难或不能排粪而鸣叫不止。眼睛深陷，脚的跖部干瘪。有的伴有呼吸困难，关节肿大或跛行，迅速消瘦，最后衰竭而死。病程1～2周。成年鸽多不表现明显的症状。

【病　　变】　病鸽可呈现消瘦，贫血。主要病变是心、肺、肝、肠等内脏器官有大头针头至粟粒大、稍隆起的黄白色结节，脾脏肿大，输尿管及肾有白色尿酸盐沉积。成年鸽的病变是生殖器官炎症，表现为卵巢变形，有红、紫红、紫黑等颜色，内容物多为干酪样；单侧性睾丸肿大等。有的肝肿大，呈古铜色，或有纤维素性肝周炎、心包炎及偶有胰腺炎，心肌也可出现上述的黄白色结节。

【诊　　断】　据发病情况、典型的症状与病变可做出初步诊断，经病原分离与鉴定后便可确定诊断。

【鉴别诊断】　本病应与有拉白色稀粪及有结节性病变的疾病相区别。天气过于寒冷，喂蛋白质含量高的配合饲料，或饲料中矿物质添加比例不合理，都有排白色稀粪的症状，但无传染性，只需做些饲料调整及投以利尿药便可收效。赖利绦虫病、黄曲霉菌病及黄曲霉毒素中毒、副伤寒、结核病与伪结核病均可出现内脏的结节性病变。但赖利绦虫病的结节在小肠，剖开后可见白色带状绦虫；黄曲霉菌病及其毒素慢性中毒时，前者形成的结节外表有肉眼可见的绒毛状菌丝体，而且可从饲料或饲饮用具、水等处发现真菌，后者形成大小、颜色都不均一的弥漫性结节；鸽副伤寒虽可在心、肝等脏器上形成结节，但常排黄绿色稀粪。本病与副伤寒、禽结核、禽伪结核的区别，单靠肉眼的检查不易做到，需要做其他项目，尤其是病原的分离鉴定来区分。

【预防与治疗】　磺胺类药物和广谱抗菌药对本病均有疗效，但治愈后往往成为带菌者，故平时须定期投药预防。磺胺类药物中对本病疗效较好的有磺胺嘧啶、磺胺二甲嘧啶、磺胺甲嘧啶，按0.5％的比例混于料中饲喂5～7天。为提高疗效和减少磺胺类药的用量,可用甲氧苄氨嘧啶和上述磺胺类药物之一,以 1∶5 的比例混合,以此混合剂的 0.02% 混于料中代替单用磺胺药,连用 2~4 天。四环素族抗生素(金霉素、土霉素、四环素),以 0.2% 混于料中饲喂,连续 5~7 天。此外,还可选用穿心莲、大蒜等中草药及其制剂。

预防本病主要是平时注意搞好饲料管理和卫生防疫工作,如定期清洁、消毒、检查或检疫,选用健康的种鸽和种蛋,人工孵化时应注意种蛋消毒和孵化场、育雏室用前用后消毒,不引进带菌鸽。若场内已被污染或已有本病的存在时,应进行定期预防性投药。

(二)副伤寒 本病是由带鞭毛能运动的禽副伤寒沙门氏菌引起的一种常见传染病,可发生于各种禽类、家畜、人。在鸽尤其幼鸽已是一种常见多发病,是对养鸽业的一大威胁。病鸽的治疗需时较长,病愈鸽长时间带菌并向外散布病原。本病还常与鸽Ⅰ型副黏病毒病、毛滴虫病、败血霉形体病合并发生,造成更为严重的损失。

【病 原】 病原为多种能运动的鼠伤寒沙门氏菌。沙门氏菌为革兰氏阴性小杆菌,具有鞭毛,没有芽胞,能运动。在抗原性上彼此之间常有关系,在普通琼脂培养基上生长良好,能发酵多种糖类,产酸或同时产气。此类菌的抵抗力不很强,60℃ 15 分钟即行死亡,一般消毒药物都能很快杀死病菌。病菌在土壤、粪便和水中的生存时间很长,鹅粪中的沙门氏菌能够存活 28 周,土壤中的鼠伤寒沙门氏菌至少可以生存 280 天,池塘中的能存活 119 天,在饮水中也能够存活数周以至 3 个月之久。有些沙门氏菌在蛋壳表面、壳膜和蛋内容物里面,在室温条件下可以存活 8 周。

【流行特点】 鸽最易感,幼鸽的易感性更高,其他动物也感染。由于沙门氏菌在自然界广泛分布、存在,故本病的发生、流行很快,大多数鸽在其生命过程中均有可能感染发病。病鸽和带菌鸽是鸽和其他动物感染发病的主要传染源,病鸽时刻排菌传播,康复鸽则为慢性带菌者,间歇地自粪便向外排菌传播,故其他动物发病时都直接或间接与鸽有关。带菌的种蛋和被病菌污染的种蛋,均可使胚胎受感染,使病经蛋传递给后代。本病的传播途径有多种,消化道也是重要的传播途径。此外,还可通过呼吸道、眼结膜和损伤的皮肤传染。管理人员、用具、其他禽类都可传播本病。猫、鼠等不少家养或野外的动物是普遍的带菌者,这些动物同样是非常重要的传染源。

【症　状】　潜伏期12～18小时或稍长。幼鸽常呈急性败血经过,随着发病年龄的增大,症状也趋向缓和而成为亚急性、慢性或隐性经过。本病有肠型、内脏型、关节型和神经型之分,这些类型既可单独出现,也可混合发生。

1. 肠型　本型主要表现为消化道功能严重障碍。病鸽精神呆滞,食欲不振或废绝,毛松,呆立,头缩,眼闭,排水样或黄绿色、褐绿色、绿色带泡沫的稀粪,粪中夹杂有被黏液包裹的食料,发出恶臭,肛门附近羽毛有粪污,迅速消瘦,多在3～7天内死亡。

2. 关节型　当肠型进一步发展时,病原透过肠壁进入血流,形成败血症,再转到关节等其他部位而引起这些部位的炎症。受累关节发红、发肿、发热、疼痛、功能障碍,在肢体关节尤其踝、肘关节更为多见和明显。病鸽为了减轻疼痛,常垂翅或提腿,以减轻患肢负重。

3. 神经型　病鸽因脑脊髓受损害而表现出共济失调,头颈歪扭,或头部低下、后仰、侧扭等神经症状。

4. 内脏型　病鸽体内单一或多个脏器受损害,一般无特殊症状,严重时可见病鸽精神不振,呼吸困难,日渐消瘦,病情迅速恶化,病程也较短。

【病　变】

1. 肠型　可见肠壁增厚,黏膜潮红,内充绿色或黄绿色、白色有泡沫的糊状内容物。泄殖腔黏膜潮红,患鸽消瘦,眼部深陷,皮肤干燥且不易剥离。

2. 关节型　关节温度升高,有柔软或坚实感,肿大,切开可见淡黄色炎症渗出物、脓液或干酪样物,关节面粗糙甚至粘连。

3. 神经型　仅表现脑脊髓充血、出血,其他脏器不见有病变。

4. 内脏型　可见肝、肾、脾、心、胰腺等脏器有大头针头至粟粒大、呈放射状的黄白色坏死结节。肝肿大,古铜色。心肌炎、心包炎或心包粘连,心冠沟有针尖大出血点。有的病例可出现腹膜炎、胸膜炎或脾的灰白色坏死。成年患病雌鸽卵巢上的卵泡退化、变质、变形,变成紫红色、紫色或黑色、黄绿色,内有干酪样物,雄鸽常为单侧睾丸发炎、肿大及局部坏死,有的胸肌可出现细小的脓疡病变。

【诊　断】　根据流行情况、症状与病变一般可初步确诊。确认本病必须采取病料进行实验室检查,约需数天时间,而检查结果与采取适当的病料有一定的关系。

1. 病料采集　通常病鸽的盲肠内容物与盲肠扁桃体是最好的采样部位;嗉囊是所有年龄鸽持续感染的可能病原贮存处;如果经卵传染,则只有在空肠部位分离到病原菌;垫料样品可用于检查鸽群的副伤寒沙门氏菌感染;由于粪便排菌是间歇性的,所以采用泄殖腔棉拭子样本检菌的意义不大,检出率不高,但若从母鸽泄殖腔检出菌则说明其后代感染本病;采取产蛋垫料样本的病原菌检出率在环境检查中是最高的,在评价环境时应以此为基础。此外,如新鲜粪便、尘埃、孵化室的羽毛屑、死胚、蛋壳、1日龄鸽泄殖腔的棉拭子和饲料等也可作为病料样本;急性病例的肝、脾、心血、肺等器官的病料也是很合适的检查样本。

2. 分离培养　副伤寒沙门氏菌应按分离培养程序进行。新鲜的器官组织病料可直接接种营养性琼脂平板或斜面;粪便、垫料、肠内容物及病料组织等污染样本应先接种于选择性肉汤中,在42℃～43℃增菌培养24～48小时,然后再接种选择性琼脂平板或斜面上做分离培养。最常用的选择性增菌肉汤为四硫磺酸盐亮绿(BG)肉汤、亚硒酸盐 BG 磺胺肉汤等,固体选择培养基以 BG 琼脂最常用;饲料等样本在分离培养时,在移种选择性肉汤前应先接种于乳糖肉汤进行增菌。最后挑选琼脂平板上的典型菌落接种三糖铁和赖氨酸铁琼脂斜面,并做生化、血清学试验等最终鉴定。

3. 血清学检查　经分离培养和生化试验鉴定的沙门氏菌均应进行血清型鉴定。血清学检查方法较多,常用的如快速血清平板凝集试验(SP)、快速全血平板凝集试验(WB)、间接血凝试验(IHA)和微量凝集试验等。血清学方法的缺点是:检不出肠道带菌者,阳性反应的滴度波动较大,只能检出少数抗原型。

【鉴别诊断】　本病各型均有一些与之类似的疾病,应加以区分:

肠型副伤寒初期排水样稀粪,与鸽Ⅰ型副黏病毒病、葡萄球菌病、食盐中毒等症状类似。鸽Ⅰ型副黏病毒病有其特有的症状与病变(震颤,有神经症状及颈部皮下出血等);食盐中毒时渴欲增加,嗉囊积液时皮下组织胶样浸润;葡萄球菌病应通过病原检查来区别。此外,本病还应与排黄绿色稀粪的黄曲霉毒素中毒、毛滴虫病、禽衣原体病、钩端螺旋体病、禽流感相区别。黄曲霉毒素中毒的肝呈现土黄色,并可见饲料、饮水或饲槽、水槽的霉菌严重污染;毛滴虫病鸽口腔有易剥离的淡黄色假膜,口腔直接湿涂片,在弱光的低倍镜下可看到活虫体;禽衣原体病多有单侧性眼炎,纤维素性心包炎,肝周炎,气囊炎,胸、腹腔炎;患钩端螺旋体病时可见脾脏高度肿大并呈花斑状,肠道内表面有绿色黏液,肌肉、脂肪、皮肤变黄;禽流感有头、颈、胸部水肿,胸肌、胸骨内侧,心脏和腹脂有点状出血。上述各病的症状、病变是本病所没有的。

本病的内脏型应与有结节性病变的曲霉菌病、黄曲霉毒素慢性中毒、赖利绦虫病、细菌性白痢、结核病、伪结核病、马立克氏病相区别。黄曲霉毒素慢性中毒可使肝癌的发生率增加,可见肝硬变、肿大和有大小不等的淡红色或淡灰色结节,其他脏器少见,饲料或饮水有霉菌严重污染的情况;曲霉菌病多见呼吸器官有粟粒大小的霉菌结节,并在有生理盐水的压片镜检时见到菌丝体;赖利绦虫病可在小肠中见到结节状病变,剪开时见有白色带状的绦虫;细菌性痢疾发生于幼龄鸽较多,排白色糊状稀粪,有传染快、死亡率高的特点;结核病和伪结核病与本病的区别有赖于病原检查。

神经型主要与鸽Ⅰ型副黏病毒病、大肠杆菌病脑部感染、亚利桑那菌病、李氏杆菌病、维生素B_1缺乏症相区别。维生素B_1缺乏症没有传染性,在补充维生素B_1后便可逐渐消除症状;李氏杆菌病病鸽脾肿大,呈斑驳状,还有多发性心肌变性或坏死、充血、心包炎;亚利桑那菌病死前有角弓反张。余者前已叙述。

关节型应与链球菌、葡萄球菌、巴氏杆菌、大肠杆菌和高蛋白质饲料引起的关节炎区别。此型除关节发炎外其他脏器很少累及,故与其他疾病很难用肉眼鉴别出来,需做病原检查后才能区分。

【预防与治疗】 可参照细菌性白痢防治的有关部分。此外,还可使用链霉素、卡那霉素、庆大霉素进行预防和治疗。

(三)亚利桑那菌病 本病又称副大肠杆菌病或副结肠病,在各种禽鸟类、爬行类、哺乳动物及人均可发生,广泛分布于世界各地。本病可使幼龄禽严重发病和死亡,成禽则多不表现感染症状,但常成为肠道带菌者,持续向外散播病原。本病最常发生于火鸡,鸽也有易感性,其特征是幼鸽呈急性或慢性败血症;病变多种多样,眼球皱缩、失明,下痢,肝脏肿大,肠炎变化等。本病为经蛋传播性疾病。

【病 原】 本病病原为亚利桑那沙门氏菌,革兰氏染色阴性,有周鞭毛,能运动,为兼性厌氧菌,在普通肉汤和普通琼脂培养基上容易生长,具有与沙门氏菌相同的形态和培养特性,但在生化特性上有明显的不同,如大多数亚利桑那沙门氏菌在培养7~10天间发酵乳糖；能缓慢地液化明胶；缩苹果酸和β半乳糖苷酶呈阳性反应；能利用丙二酸；不发酵卫茅醇和水杨苷等。

本菌易被高温和常用消毒药杀死，但对环境的抵抗力较强。在被污染的土壤中6～7个月，在被污染的水中5个月，在禽舍的设备、用具中5～25周，在饲料中17个月，在遮荫的栏舍中6个月仍能存活。本菌在感染动物后，能进入血液，当侵入肠壁后就能无限期地定居，从而成为长期带菌者，并不断地随粪便排出，污染饲料、水、环境和蛋使之成为传染源。同样，从成年母禽的卵巢和公禽的精液中也可分离到菌，从而进一步证明本病可经蛋传染的事实。

【流行特点】 本病易感动物十分广泛，如不同的动物病菌分离为：火鸡45％，爬虫类21％，人12％，鸡4％，其他动物6％左右。病禽和带菌禽都可成为传染源，感染各种易感动物，鸽也不例外。常通过蛋内感染和蛋壳污染而传播，也可通过饲料、饮水、外伤以及接触被污染的孵化器、育雏器等染病。

本病一年四季均可发生，无明显季节性，大群饲养的雏禽（鸽）更易暴发流行。

【症　状】 本病的潜伏期可能是4～5天。病鸽精神沉郁，不安，食欲减退乃至废绝，羽毛松乱无光泽，体温升高，下痢，粪便初呈黄绿色稀薄、后呈水样，有的带血，肛门周围有粪污。有的出现震颤，共济失调，拥挤成团，头颈扭曲，腿麻痹，站立不稳。眼肿大、外凸，内有干酪样物。发出弱叫声。阵发性跳跃或无目的地前冲、倒行。还可出现仰卧、两脚朝天乱蹬的动作，死前多有角弓反张姿势。

【病　变】 常见到十二指肠显著充血。肝黄褐色或斑驳状。眼炎，并因有干酪样物覆盖而失明。气囊、胸腔和腹腔有微黄色的干酪样渗出物。典型病例的肝、脾肿大1～3倍，肝质较坚实，有针头至黄豆大的白色坏死灶。少数病例有纤维素性被覆物，肾充血、出血,肺可有微小的脓肿病灶。

【诊　断】　根据本病的流行特点、症状与病变可做出初步诊断,确诊需进行实验室诊断。

1. 涂片镜检　采取败血症病濒死鸽或刚死不久鸽的心血、肝、肺等病料组织涂(抹)片,革兰氏染色镜检,可见到革兰氏阴性杆菌。

2. 分离培养　取心血、肝、脾、肺、肾病料或尚未吸收的卵黄囊病料,或死胚的肝、脾、心血、卵黄囊病料,或蛋壳、蛋壳膜等,按常规接种普通肉汤培养基培养,然后再移植至选择性固体培养基上,37℃培养24～48小时,观察菌落特征;再将纯培养物进行生化鉴定。

【鉴别诊断】　本病的症状、病变与其他的沙门氏菌病极为相似,肉眼不易区别。不同点主要在于本病有眼部病变,但眼的病变又与维生素A缺乏症、曲霉菌感染、大肠杆菌性眼炎、败血霉形体病相似,应进行鉴别。维生素A缺乏症可发生于不同年龄的鸽,没有传染性,若及早补给维生素A,可有明显效果。霉形体病虽有类似的眼部变化,但有明显的呼吸啰音,很少引起死亡,在施用链霉素等药后可改善症状,但易复发。衣原体病有眼炎症状,但剖检可见在气囊膜、腹腔浆膜、肠系膜、心外膜上有纤维蛋白性渗出物,而亚利桑那病没有。曲霉菌感染引起的眼部病变,与饲料、环境受真菌污染有联系,当改善卫生条件并投喂制霉菌素等抗真菌药时,病情便可得到控制。

【预防与治疗】　药物治疗虽有减少死亡、控制疫情的效果,但难以根除感染,病愈者仍是带菌者,遇有适合条件还可能成为传染来源。

可供治疗的药物很多,按类型分有以下几种:

抗生素类药物:链霉素与双氢链霉素,成年鸽20～40毫克/只·次,幼龄鸽10～25毫克/只·次,肌内注射,每天2次,连续

2～3天。与青霉素合用能加强疗效。卡那霉素,4～8毫克/只·次,肌内注射,1日2次,连用2～4天;饮水按0.003%～0.012%浓度,连续供自由饮用2～4天。多黏菌素B与多黏菌素E,每只用8 000～10 000单位,一次肌注或1天中分2次口服,连续3～5天。本品与四环素、链霉素、甲氧苄氨嘧啶合用时均有协同作用。四环素类抗生素(四环素、金霉素、土霉素、强力霉素),0.01%～0.06%混料,0.004%～0.008%饮水,连用2～4天。青霉素、链霉素,每只分别按2万～4万单位和20～40毫克混合肌注,每天1次,连用2天。奇异霉素,每只雏鸽1～2毫克肌注,每天1次,连续2天。此外,氨苄青霉素、庆大霉素、大观霉素、新霉素、二甲氨四环素、甲烯土霉素、去甲金霉素等,均有疗效,可选用或交替使用。

磺胺类药物:磺胺噻唑(ST)、磺胺嘧啶(SD)、磺胺二甲嘧啶,统用0.5%混料或0.2%饮水,连用2～4天。磺胺间甲氧嘧啶(SMM)、磺胺甲基异噁唑(SMZ)、磺胺喹噁啉(SQ),均用0.1%混料,连用2～4天。雏鸽可按60～100毫克/只的量肌注,1天1次,连续2～3天。

因沙门氏菌广泛分布于自然界和有众多的带菌者,需要特别重视做好日常的兽医防疫工作,以杜绝外界病原经消化道、呼吸道及外伤等途径传入。又因这类病均可经蛋传播,故对种鸽、种蛋的防疫、消毒应十分严格,要进行种群的定期检疫及预防投药;孵化场所、设备都要经常消毒;种群的更新应事先做好引进地、场的疫病调查甚至检测,以免购进病鸽或带菌鸽。购进鸽群时,须先隔离观察饲养1～2周,确认健康时才进入生产区或混群。在饲养过程中,如出现个别病鸽,宜迅速淘汰,不做治疗,并随之进行全群性投药和卫生消毒工作。

三、巴氏杆菌病(禽霍乱)

本病又叫禽出血性败血病(简称禽出败)。由于病禽常常发生剧烈的腹泻症状,所以通称为禽霍乱。家禽、珍禽、野禽均可发生。本病很少出现暴发,常呈散发性或地方性流行。按其经过,有最急性、急性、慢性之分,以急性型危害最大,发病率和死亡率都很高。病的特征是急性型呈败血症变化,表现为全身黏膜有出血点和剧烈腹泻;慢性型通常发生关节炎。虽然通常以鸭最为敏感,但在自然条件下鸭、鸡、鹅、火鸡、鸽可同时发病。本病是一种条件性传染病,在饲养管理条件突然改变,尤其是密度过大、通风不良、长途运输、天气酷热的情况下,极易引起暴发或流行。

【病　原】 本病病原为多杀性巴氏杆菌,是两端钝圆,中央微凸的短杆菌,革兰氏染色阴性。病料组织或体液涂片用瑞士、姬姆萨氏法或美蓝染色镜检,见菌体呈卵圆形,两端着色深,中央部分着色浅,呈明显的两极染色。经人工培养基培养后,两极着色不明显。用印度墨汁等染料染色后,可看到清晰的荚膜。从病鸽体内新分离出来的菌体荚膜明显,经人工培养基培养后,荚膜消失。

多杀性巴氏杆菌在血清琼脂平板上生长良好,菌落小,呈灰白色露珠样;不溶血,能发酵葡萄糖、果糖、蔗糖等多种糖类,产酸不产气。多杀性巴氏杆菌有若干个血清型,其中有4个血清型与鹅霍乱有关。血清型的鉴定,在流行病学、菌苗的制造和免疫工作上,具有很重要的实际应用价值和理论研究的意义。

多杀性巴氏杆菌对理化因素的抵抗力较弱,在5%石灰乳、1%～2%漂白粉、3%～5%煤酚皂溶液中,经数分钟即被杀灭;在60℃时10分钟即可灭活;在直射日光下很快死亡;在干燥空气中可存活2～3天;在血液、分泌物和排泄物中能存活6～10天;在腐败尸体中则能存活3个月。本菌对青霉素、链霉素、土霉素、磺胺嘧啶、磺胺二甲氧嘧啶、痢菌净等多种药物均很敏感。

【流行特点】 本病的发生常为散发性,间或呈流行性。各种家禽和多种野鸟(麻雀、啄木鸟、白头翁等)都能感染,家禽中最易感的是鸭、鹅、鸡。各种日龄的鸽均可感染发病,以雏鸽发病率较高,死亡率也高,成年鸽发病较少,死亡率也较低。

本病主要传染源是带菌鸽或其他家禽。这种带菌的鸽或其他家禽外表上并没有什么异常,但经常地或间歇地排出病原菌,污染周围环境。鸽群的饲养管理不良、内寄生虫病、营养缺乏、长途运输、天气突变、阴雨潮湿以及鸽舍通风不良等因素,都能够促进本病的发生和流行。病鸽的排泄物和分泌物中含有大量病菌,污染了饲料、饮水、用具和场地等,从而散播疫病。狗、猫、飞禽甚至人都能够机械带菌。除此之外,苍蝇、蜱和螨等也是传播本病的媒介。本病的传染途径一般是消化道和呼吸道,消化道传染是通过摄食和饮水。

禽霍乱无明显发病季节,在我国北方地区,以春秋季多发;南方地区以秋冬多发。气温较高、多雨潮湿、天气骤变、饲养管理不良等多种因素,都可以促进本病的发生和流行。

【症 状】 潜伏期2～9天。按病程有最急性、急性、慢性之分,各型的主要症状如下:

1. 最急性型 本型经过急骤,常为突然发病,几乎见不到任何症状,迅速死在鸽窝或鸽舍(笼)内。死前多有乱跳、拍翼等挣扎动作。这样的病例通常在肥壮、高产的鸽群中和流行本病前出现。

2. 急性型 本型病例为大多数,病鸽表现体温升高,精神委顿,羽毛松乱,头低眼闭,翅膀下垂,食欲减少或废绝,渴欲增加,离群呆立,不愿走动。眼结膜发炎,鼻瘤灰白,喙、眼、鼻瘤等处潮湿且污脏,多数病鸽伴有下痢,粪便稀烂、恶臭,呈铜绿色或棕绿色、黄绿色。嗉囊积液,倒提时口流带泡沫的黏液,最后衰竭、昏迷而死。病程从不足1天至3天。

3. 慢性型 急性型不死的病例可转为慢性型,以流行后期较多见。病鸽可出现呼吸道慢性炎症、慢性胃肠炎、关节炎等,分别呈现鼻液增加,有呼吸声或呼吸困难的症状;持续腹泻、消瘦、贫血;肢体关节肿大,垂翅,跛行或脚麻痹。病程较长,可达1个月以上。

【病　变】

1. 最急性型　外表常无明显病变,或偶见心外膜有疏落的针尖大出血点。

2. 急性型　剖检可见鼻腔内积有黏液,肌肉、血液呈暗褐色,皮下组织、心冠脂肪、心外膜、腹膜、腹腔脂肪、肠系膜、浆膜、生殖器官等处有弥漫性针尖大出血点。十二指肠严重出血,肠内有血性内容物或血块。心包膜增厚,心包液增多,呈淡黄色、不透明或絮状。胸腔和腹腔尤其是气囊和肠浆膜上,常有纤维素性或干酪样灰白色渗出物,肠黏膜上覆盖有一层黄色纤维素。肝的表面弥漫散布针尖大、黄白色坏死点及心外膜、心冠脂肪有针尖大出血点是本病的特征性病变。

3. 慢性型　慢性呼吸道炎的可见有鼻液,鼻黏膜潮红,喉头内有炎症分泌物;慢性胃肠炎的,肠黏膜潮红、肿胀甚至出血;关节炎的可发现关节肿大、变形,关节囊增厚,内有浑浊液体或干酪样物。

【诊　断】　对本病的急性型典型的症状与病变,不难做出诊断,其他两型须结合病原检查。

1. 微生物学检查　无菌采取疑似巴氏杆菌病鸽的心、肝、脾、肾等有病变的内脏器官做触片或涂片,待自然干燥后用火焰固定,美蓝染色或姬姆萨染色镜检,如见两极染色卵圆形的小杆菌;或革兰氏染色镜检,见有革兰氏阴性、大小一致、卵圆形的小杆菌,可确诊。对于慢性病例或腐败材料不易发现典型菌,须进行病原的分离培养。

病原的分离培养:将被检病料接种于绵羊鲜血琼脂培养基或血清琼脂培养基,于37℃温箱作用24小时,再取其中细小、半透明、圆整、淡灰色、光滑的菌落接种于鲜血斜面培养基,供涂片镜检、生化反应、动物接种、血清学检验用。

2. 动物接种 无菌采取疑似巴氏杆菌病鸽的心或肝脏、脾脏磨细,用灭菌生理盐水作1∶5～10倍稀释,鹅或鸭皮下或肌内注射0.5～1.0毫升,或静脉注射0.5毫升,或滴鼻0.1～0.2毫升,接种后于24～48小时死亡,剖检见有典型禽巴氏杆菌病病理变化即可确诊。小白鼠皮下或腹部注射0.2～0.5毫升,于24～48小时死亡,剖检内脏器官呈败血症病理变化。

3. 抗原型鉴定

(1)荚膜(K)抗原型鉴定 将被鉴定菌株接种于马丁氏琼脂斜面培养基,于37℃温箱作用24小时,用2～3毫升灭菌生理盐水洗下,并收集于小试管中,置于56℃水浴中30分钟,促进荚膜物质由菌体解脱下来,然后经6 000～8 000转/分离心30～60分钟,上清液即为所制备的荚膜抗原。取被检菌株荚膜抗原约0.3毫升,加入经福尔马林固定的0.2毫升洗净的绵羊红细胞,充分混合后置37℃温箱或水浴箱中作用1～2小时。然后经3 000转/分离心30分钟,弃上清液,沉淀红细胞,再用约10毫升生理盐水洗1次红细胞,除去游离的未被红细胞吸附的荚膜抗原。离心收集的致敏红细胞,加入20毫升生理盐水,配制成1%致敏红细胞悬液。各取1%致敏红细胞悬液0.5毫升,分别加入1∶10倍稀释的各型抗血清(A、B、D、E)0.5毫升于试管内,摇动试管,使之混合均匀,放置于室温中2小时或37℃温箱作用1小时后观察。阳性者红细胞呈凝集现象,阴性者红细胞集中于试管底部。判定结果的方法与一般红细胞凝集反应相同,通常以++号为标准。

(2)菌体(O)抗原型鉴定 将被鉴定的菌株接种于马丁氏琼脂斜面,37℃温箱作用24小时,每个斜面加入1毫升含8.5%氯化钠。用0.02摩尔/升的磷酸盐缓冲液洗下菌苔,收集于试管中,置100℃水浴箱内1小时,然后经6 000～8 000转/分离心30分钟,弃上清液,将沉淀物加入等量的缓冲液,并加入福尔马林防腐,作为被检O抗原。用8.5%氯化钠盐水配制的0.9%琼脂糖或琼

第四章 鸽传染性疾病

脂浇入平板或玻璃板上,厚度为 3～3.5 毫米。凝固后用打孔器打孔,孔径一般为 4 毫米,孔距为 6 毫米,中心孔加入被检抗原,周围孔加入标准血清,于 37℃ 温箱作用 24～48 小时。阳性者抗原孔与抗体孔之间出现白色沉淀带。

4. 血清学诊断　血清学诊断的目的,在于应用血清学的凝集方法对禽群进行普查诊断。用标准 A、B、D、E 4 型菌株,或当地分离的菌株按上述介绍方法制备成 1‰ 致敏绵羊红细胞作为诊断抗原。

(1) 试管法　将待检鹅血清做成不同稀释度,分别加入等量诊断抗原,摇匀后放置于室温中 2 小时或 37℃ 温箱作用 1 小时观察。凝集价在 1∶40 以上者为阳性反应。

(2) 玻片法　取被检血清 0.1 毫升(约 2 滴)滴于玻片上,随后加入等量诊断抗原,于 15℃～20℃ 下摇动玻片,使抗原与被检血清均匀混合,1～3 分钟内出现絮状物,液体透明者为阳性。

【鉴别诊断】　本病是以呼吸道罹病为主的慢性型,应与霉形体病进行鉴别,后者主要表现为气囊混浊及出现干酪样物等气囊炎病变,而单纯的霉形体病极少导致鸽死亡。此外,禽流感、曲霉菌病、受寒或雨水侵袭、念珠菌病、毛滴虫病、黏膜型鸽痘、气管比翼线虫病、维生素 A 缺乏症及一些中毒病,均可出现呼吸道刺激症状,也应注意予以区别。

本病有关节炎、胃肠炎的慢性型,应分别与葡萄球菌、链球菌、沙门氏菌、大肠杆菌引起的关节炎,由饲养管理不良、内寄生虫侵袭病、某些中毒病、结核与伪结核病、钩端螺旋体病、沙门氏菌病、鸽Ⅰ型副黏病毒病、禽流感等引起的胃肠炎加以区分。

【预防与治疗】　加强鸽场的饲养管理以杜绝传染源和切断传播途径。严格执行消毒卫生制度,尽量做到自繁自养,引进种鸽或苗鸽时,必须从无病的鸽场购买。新购进的鸽必须施行至少 2 周的隔离饲养,防止把疫病带进鸽群。同时要定期检疫,早发现的病鸽要及时隔离,以防止传染。一旦发生本病,应立即隔离消毒,对未发病的鸽要用药物预防或紧急接种菌苗。

预防禽霍乱的疫(菌)苗分灭活苗和活苗两类。灭活菌苗大体上分两种:一种是禽霍乱氢氧化铝甲醛菌苗,3月龄以上的鸽,每只肌内注射1~2毫升。另一种是禽霍乱组织灭活菌苗,系用病禽的肝脏组织或禽胚制成,接种剂量为每只肌内注射1毫升。灭活菌苗最大的优点,在紧急预防注射时,可同时应用药物加以控制。

活疫(菌)苗为弱毒菌株的培养物经冷冻真空干燥制成。禽霍乱活菌苗接种剂量为每只肌内注射0.5毫升。免疫期比灭活苗稍长,但因活菌苗不能获得一致的致弱程度,有时在接种菌苗后鸽群会产生较强的反应,而且菌苗的保存期很短,湿苗10天后即失效。另外,可能在接种禽群中存在带菌状态,因此,在从未发生过禽霍乱鸽场不宜接种。

鸽群中发生禽霍乱后,必须立即采取有效的防制措施。病死鸽全部烧毁或深埋,鸽舍、场地和用具彻底消毒,病鸽进行隔离治疗。未发病的鸽,全部喂给磺胺类药物或抗生素,以控制发病。治疗禽霍乱的药物很多,效果较好的有下列几种:

方法1:青霉素钠盐,每瓶80万单位,用注射用水或生理盐水稀释,每只肌内注射1万单位。每天治疗1次,连续治疗2~3天。同时喂服土霉素粉剂,每50千克混合饲料中加入土霉素40~50克,连喂5~7天。能获得良好的治疗效果。

方法2:在有革兰氏阴性细菌继发感染的情况下,可采用此方。青霉素钠盐,每瓶80万单位;链霉素,每瓶100万单位,溶于生理盐水中,可供100只病鸽治疗。以每只肌内注射0.5毫升为宜,每天1次,连续治疗2次。同时按方法1喂服土霉素5~7天,也可获得良好的治疗效果。

方法3:选用喹诺酮类药物诺氟沙星和环丙沙星,治疗禽霍乱效果较好。诺氟沙星,每千克饲料中添加0.2克,充分混合,连喂

7天。环丙沙星,每升饮水中添加0.05克,连喂7天。

方法4:选用磺胺类药物磺胺噻唑、磺胺二甲嘧啶、磺胺二甲氧嘧啶等,都有疗效。一般用法是在病鸽饲料中添加0.5%~1%磺胺噻唑、磺胺二甲嘧啶;或是在饮水中添加0.1%,连喂3~4天;或者在饲料中添加0.4%~0.5%的磺胺二甲氧嘧啶;连续喂3~4天。也可在饲料中添加0.1%的磺胺喹啉,连续喂3~4天,停药3天,再用0.05%浓度连续喂2天。

在使用上述抗菌药物时,有一个问题必须注意,即一个鸽场如果长时间使用一种药物,有些菌株对这种药物可能产生耐药性,造成疗效降低甚至完全无效。此时,必须更换其他药物。最好的办法是分离病原菌,做药物敏感试验(抑菌试验),根据结果选用最敏感的药物治疗病鸽。

四、葡萄球菌病

鸽葡萄球菌病是一种急性或慢性、非接触性的散发性传染病,受感染的鸽与其他家禽一样,有多种表现类型:葡萄球菌性败血症、皮炎、关节炎、脐炎、眼炎、滑膜炎、腱鞘炎、胸囊肿、脚垫肿、耳炎、心内膜炎、脊椎炎、化脓性骨髓炎、翼尖坏疽等,也可引起呼吸道症状。本病可感染家畜及人。

【病　原】　病原主要是致病力强的葡萄球菌。此菌广泛存在于土壤、水和空气中及动物、人的皮肤、黏膜上,在玻片中经染色的菌体形态呈球形,紫蓝色,单个均匀散布,像一个个熟透了的葡萄。革兰氏染色阳性,菌体呈葡萄状聚集在一起。无鞭毛,不能运动,不产生芽胞。在普通琼脂培养基上生长良好,菌落为圆形,表面光滑,闪亮光,呈橘黄色或白色。在羊血琼脂上培养有溶血活性。在厌氧条件下能发酵葡萄糖。能产生多种毒素和酶,有较强的致病力。对理化因素有很强的抵抗力,在干燥的脓汁中2~3个月或3次反复冻融仍不死亡,在60℃湿热中可耐受30~60分钟。经70%酒精作用数分钟或在3%~5%石炭酸中3~15分钟,0.1%

升汞中30分钟可被杀死。煮沸可使之迅速死亡。可通过多种途径感染,尤其是伤口。

【流行特点】 所有禽鸟类和哺乳动物几乎都有感染性,但与动物的抗病能力、皮肤和黏膜的损伤有无以及环境污染程度密切相关。金黄色葡萄球菌广泛存在于自然界,空气、土壤、饲料、饮水、垫料、地面、尘埃、粪便和动物体表都存在,甚至从圈舍的用具、墙壁、笼架等物上也可分离到细菌。皮肤黏膜的损伤常是细菌侵入的门户,当然也有通过空气传播的。

【症　状】 本病的发生和进程与菌株的种类、毒力及饲养环境、感染部位、体况等因素有关,临床表现多种多样,现介绍常见的几种。

1. 葡萄球菌败血症　本型较为普遍,一般幼龄鸽较为多见。病鸽体温升高,精神沉郁,常呆立一处或蹲伏,双翼下垂,缩颈闭眼呈昏睡状,食欲不振或废绝,饮欲增加。足、翅关节红肿,站立不稳,不愿活动。胸腹部、大腿内侧皮下水肿,按压有波动感,局部羽毛易脱落。皮肤破溃后流出浓茶色或紫黑色液体,有的部位皮肤出血、坏死、干痂等病变。有的下痢,排灰白色或黄绿色稀粪或水样粪便。病鸽常在发病后2～5天死亡。

2. 水肿性皮炎　除有精神、食欲不振等一般性症状外,最为突出的是在病鸽体表,特别是胸、背、腹部及翅部的皮下有水肿,患部有波动感和温度升高,严重的发生溃烂,内容物有腐臭味,可在2～3天内死亡,常是由损伤的皮肤受感染所致。

3. 胸囊肿与脚垫肿　栖架被病原污染,场舍地面过于粗糙或凹凸不平,笼网的金属游离端没处理好,湿度过高,卫生条件不良,均有助于这两种病的发生。因为这样的条件易造成鸽胸部及脚垫损伤,从而为病原感染打开门户,引起这些部位发炎、肿胀、化脓,局部温度升高,有痛感和波动感。病部切口有腐臭的脓液或红棕色、棕色液体,也可形成干酪样物。病鸽不愿俯卧,也不愿行走。

如单脚患病,则出现单脚负重站立或单脚跳的症状。

4. 关节炎、腱鞘炎、滑膜炎　是由于病原感染相应部位组织而引起的。患部发炎、肿胀、发热、疼痛,行走困难,病鸽伏卧于地,甚至不能采食、饮水,进行性消瘦,最后衰竭死亡。有的趾底部肿胀呈瘤状;有的趾尖发生坏死,逐渐发展到趾端形成坏疽。病鸽的喙部及易碰撞之处也容易发生局灶性病变。

5. 脊椎炎、化脓性骨髓炎　颈椎及脚部的胫骨部位较其他部位易发生,是病原侵入脊椎、骨髓并在其中大量繁殖、造成损害的结果,分别表现为头颈活动不灵,面部发炎、肿胀或溃烂,脚软、跛行,骨质变脆、易折及出现坏死,病鸽较快死亡。

6. 脐炎、眼炎、翼尖坏死　也是由于病原的局部感染,使这些部位引起不同程度的炎症和功能障碍的不同表现。如新出壳的雏鸽因脐部闭合不全而感染,脐孔发炎肿胀,腹部膨大,局部发硬呈红黄色或紫黑色,眼半闭,精神沉郁,俗称"大肚脐"。眼炎型病鸽上下眼睑肿胀,闭眼,内有脓性分泌物并将眼黏合。结膜肿胀,有的出现肉芽肿,最后失明并衰竭死亡。

【病　变】　不同病型出现的病变也有差异。急性败血型的病变主要在胸部,胸腹部羽毛脱落,皮肤呈紫黑色水肿,剖开胸膜部可见呈弥漫性紫黑色或红黄色的水肿液,全身组织、肌肉有出血斑或出血条纹,有的有坏死灶;肝脏肿大呈土黄色,呈斑纹样,有的有灰白色坏死灶;脾脏肿大呈紫红色,有的也有灰白色坏死点。关节炎型病例可见关节肿大,滑膜增厚,充血或出血,关节囊内有浆液或纤维素性渗出物,病程长的变成干酪物或坏死或关节周围结缔组织增生和畸形。肺炎型病例可见肺淤血、水肿,以及肺实质变化,有的出现紫黑色坏疽样病变。

【诊　断】　根据发病情况、症状及病变可做出初步诊断,实验室检查常用以下几种方法。

1. 涂片镜检　采取不同型的相关病料,如皮下渗出物、关节液、眼分泌物和肝、脾、肺、脐部、卵黄囊等病料,涂片,革兰氏染色后镜检,可见到典型的球菌。

2. 分离培养　将病料接种于普通琼脂、血液琼脂和高盐甘露醇琼脂上,可见到典型的菌落,有β溶血环。菌落呈金黄色者为致病菌,有溶血圈者多数是致病菌。

3. 生化试验　取一菌落移至玻片上,加1滴30%双氧水混合,如立即产生气泡,即为阳性,为致病性葡萄球菌。如凝固酶试验为阳性者,多属致病性葡萄球菌。如能分解甘露醇者,也多为致病菌。

【鉴别诊断】　葡萄球菌败血症应与排水样稀粪的疾病作鉴别,可参看鸽Ⅰ型副黏病毒病的类症鉴别部分及副伤寒的类症鉴别部分。本病的出血性变化还应与维生素K缺乏症、黄曲霉毒素和磺胺类药物中毒相鉴别:维生素K缺乏症无传染性,经补充后可逐渐收效;磺胺类药物中毒也无传染性,且有用药不当的情况;黄曲霉毒素中毒可参看副伤寒鉴别的相应部分。

【预防与治疗】　一旦鸽群发病,应立即进行全群治疗。最好先做分离菌株的药敏试验,选择最敏感药物进行治疗,下列药物对本病均有理想的治疗效果:青霉素,按每千克体重6万～8万单位,一次肌内注射,每天1次,连续2～3天。庆大霉素,按每千克体重2万～4万单位,一次肌内注射,每天1次,连续2～3天。此外,也可选用四环素类抗生素及其他广谱抗生素。

预防上主要注意地面、栖架的平整性,除去金属网的外露刺,搞好平时的饲养管理和清洁卫生,以消除病原,增强体质,提高鸽体的抵抗力。

五、链球菌病

包括鸽在内的家禽链球菌病又叫睡眠病,是世界性分布的急性败血性或慢性传染病,以昏睡、持续下痢、皮下及全身浆膜水肿、出血为特征。在我国多呈地方性流行。

【病　原】　粪链球菌、兽疫链球菌(偶称禽链球菌)均有致病力,但最多见的是兽疫链球菌。兽疫链球菌可使各种年龄的鸽致病,粪链球菌主要侵害雏鸽。链球菌菌体呈球形,菌体直径0.1～0.8微米,革兰氏阳性,老龄培养物有时出现阴性,并多少不等互相连接成链状,也有成双或单个存在的,不形成芽胞。

本菌为兼性厌氧菌,在普通培养基上生长不良,在血液琼脂平板上生长良好,产生明显的β型溶血,菌落呈无色透明露珠状,菌体有荚膜,能发酵山梨醇,不产生接触酶。

兽疫链球菌在麦康凯培养基上不生长,其他链球菌都能生长。链球菌对家兔和小鼠的致病力很强,小鼠腹腔注射后迅速死亡,家兔静脉注射后24～48小时发病死亡,但大鼠和豚鼠有抵抗力。

兽疫链球菌对青霉素最敏感,其次是新霉素。不同菌株对个别抗生素的敏感度也有区别,但对一般的消毒药液均敏感。

【流行特点】　本菌广泛存在于自然界,是禽鸟肠道的常在菌。通过患病和带菌的禽鸟排出的病原菌普遍分布于养禽场的环境之中,从而成为十分广泛的疫源,再经消化道、呼吸道或皮肤、黏膜损伤感染。当然,也会发生内源性感染,还可经污染的蛋壳感染。

本病的发生、流行在很大程度上与应激因素有关,诸如气候变化、温度降低、环境污秽不卫生、阴暗潮湿、空气污浊、饲养密度过大和体况低下等均可引发疾病。本病的发生无明显的季节性,一般多呈散发或地方性流行。发病率也有差异,死亡率为10%～20%。

【症　状】　根据病程长短,可大致分为最急性型、急性型、亚急性或慢性型。

1. 最急性型病例　没有明显的症状或仅有数分钟的抽搐便死去。

2. 急性型病例　主要为败血症症状,多数病例精神呆滞,食欲不振或废绝,乏力,贫血,消瘦,黄绿色下痢,头部组织及羽毛可有血染,有持续性菌血症。兽疫链球菌感染时多有体温升高,粪链球菌感染时体温不升高,还可稍低一些。濒死时出现痉挛或角弓反张等症状。病程1~3天。

3. 亚急性或慢性型病例　表现病程发展较缓慢,精神不振,食欲减退,嗜眠或昏睡,时蹲伏,进行性消瘦,跛行或站立不稳。有的出现下痢、眼炎或痉挛、麻痹等神经症状。

【病　变】　急性病例主要表现出血性败血症变化,常有皮下组织、肌肉及浆膜水肿,心包腔、腹腔有浆液性出血性或浆液性纤维素性渗出物,心外膜出血,肺、脾、肾充血或有出血,肝周炎、脂肪变性和有灰黄色坏死灶,龙骨部皮下有血样液体。此外,还可见到心内膜炎、关节炎及雌性成鸽输卵管炎。有的病例在气管、喉头黏膜可见到出血点和坏死灶,表面有黏性分泌物。有的发生气囊炎,气囊混浊、增厚。有的病例见有肌肉出血,多数病例有卡他性肠炎病变或肠壁增厚、黏膜出血等变化。

慢性病例表现消瘦,下颌骨间形成脓肿,这些变化在急性病例中有时也可出现。大多数出现纤维素性关节炎、卵黄性腹膜炎和纤维素性心包炎变化,肝、脾、心肌等实质器官出现炎性变性坏死病灶。

【诊　断】　综合症状、病变及病原检查可做出诊断。

1. 涂片镜检　采取病死鸽肝、脾组织或心血、皮下渗出物、关节液等病料,涂(抹)片后用美蓝或瑞氏、革兰氏染色法染色,镜检可见到蓝色、紫色或革兰氏阳性的单个、成双或短链排列的球菌。

2. 分离培养　取病料接种于血液琼脂平板上,37℃培养24~48小时,可见到透明、圆形、露滴状、有β溶血环的细小菌落,涂片镜检可见到典型的球菌。

3. 动物接种　取纯培养物或肝、脾病料的匀浆悬滴上清液,腹腔接种小鼠(0.2~0.5毫升)或家兔(1~2毫升),可在24~48小时发病死亡。剖检可见出血性败血症变化,涂片镜检可见到典型的球菌。

【鉴别诊断】 急性病例应和禽衣原体病及大肠杆菌败血症加以区别。后两种病没有皮下、肌肉水肿病变。

【预防与治疗】 治疗药物可用青霉素,或链霉素与青霉素合用,或用红霉素、新生霉素、四环素、林可霉素、呋喃类药物及磺胺类药物,但对慢性病例宜考虑淘汰。

迄今,尚无有效的疫苗用于免疫接种,目前只能采取综合性预防措施防止本病的发生,主要有以下几点:加强饲养管理,以提高鸽群对病原的抵抗能力;搞好卫生防疫工作,保持场舍和环境的清洁卫生,消灭虫鼠和防止野禽鸟进入;适当、合理地进行药物预防;消除一切可能出现或存在的应激因素,防止诱发本病。

六、结核病

本病是鸽和其他家禽、家畜的一种典型慢性、消耗性传染病,以顽固性腹泻、贫血、消瘦及脏器出现大小不等的结节为特征。此病广泛分布于世界各地,但温带地区较热带地区多见。饲养管理不良,尤其是营养缺乏,有利于此病的发生。

【病　原】 病原是禽型结核分枝杆菌,对人畜毒力不强。其形态特点是菌体细长,呈棒状、钩形弯曲及偶有分枝的多形态型。没有鞭毛、荚膜,也不形成芽胞。虽属革兰氏染色阳性,但不易着染,且具有抗酸染色的特性。涂片经火焰固定后,用石炭酸一品红染液(在1份含有3%碱性一品红的75%酒精溶液中,加入9份5%石炭酸水溶液即成石炭酸一品红染液)染色,置酒精灯火焰中加热至产生蒸汽时持续3分钟,水洗后用3%盐酸酒精溶液脱色30分钟,水洗后用美蓝溶液(30份含1%美蓝的95%酒精溶液中,加入100份0.01%氢氧化钾溶液即成)染色1分钟。镜检可见在玻片蓝色的背景下呈红色的菌体。此菌对人工培养基的条件要求高,培养的时间要长。在全蛋或蛋黄培养基上,于39℃~40℃条件下约经10天培养才能缓慢地长出小菌落。病原对外界环境有较强的适应性,在运动场中经 4 年仍有感染力,在已深埋 0.9 米达 27 个月之久的尸体中仍能找到此菌,在锯末中 20℃168 天或 37℃ 244 天还存活。对干燥抵抗力更强,在分泌物中于避光处可存活 150～332 天,在阳光下可存活 18～31 天。但对热较敏感,55℃4 小时,60℃60 分钟,65℃15 分钟,70℃10 分钟,80℃5 分钟,90℃2 分钟,100℃不到 1 分钟可死亡。对化学消毒药、强酸、强碱有强大的抵抗力,4%～5%碱液作用几小时不死亡,4%甲醛溶液或 5%石炭酸与 1%盐酸水溶液的混合液作用 12 小时,5%石炭酸作用 24 小时才被灭活。

【流行特点】 本病主要发生于成年鸽和老龄鸽及其他家禽,幼龄鸽发病较少。病鸽及其他病禽是本病的传染源。在病鸽肠道内,有许多小圆形的溃疡性结核结节,能向肠腔内排出大量的结核杆菌,并通过粪便排出体外,污染场地、饲料、饮水和土壤等,易感鸽经口进入消化道感染,也可经鼻吸入污染的空气而感染。饲养人员的鞋底沾染了病鸽的粪便,再到其他地方去,就容易造成禽结核病的散播。饲养用具和运输车辆,也同样会受到污染,造成本病的传播。有人在蛋中分离出此菌,获得 3.55%的分离率,故经蛋传染是可能的。

【症　　状】 潜伏期长达 2～12 个月,多呈慢性经过。开始时病鸽食欲无明显变化,只见精神稍差,以后日渐消瘦与贫血。但症状的表现视病原侵害的部位而定,如结核发生在肺、肠、肢体骨骼、肝、脾时,分别出现呼吸困难、咳嗽;顽固性腹泻;翅膀下垂、瘫痪或跛行;黄疸或由于肝、脾破裂导致内出血而突然死亡。

【病　　变】 剖检可见患部出现针头至鸽蛋大的结节,切开后结节中心有干酪样物,其周围有石灰质。急性病例的结节周围有红色环,内有较多的小结节,就像切开的石榴。慢性病例的结节外围已变成白色质坚的瘢痕组织,其中心已干酪样钙化,但最中心为脓样。肺粟粒性结核病例,在肺中有较多的粟粒大小的结节,可随病程的延长而不断增大,黄白色,半透明,坚硬或外有纤维素性物包裹。肠结核常伴有肠黏膜溃疡,溃疡病灶底部有被脓液覆盖着的、更小的结节形成的脐状溃疡。

【诊　断】　据病程、特征性的症状与病变可初步确诊,最后确诊应进行病原的检查。下列方法可作为活鸽检查的有效手段。

1. 结核菌素试验　用结核菌素注射器在鸽的上眼睑皮内注入 0.03~0.05 毫升禽型结核菌素,于注射后 48 小时及 72 小时各观察 1 次。注射部位如出现温度升高并有明显肿胀者为阳性,证明为结核病;肿胀不明显的为疑似;无肿胀者为阴性。此方法有时会出现假阳性或假阴性的误差,应注意校正。

2. 全血平板凝集试验　用无自凝现象的禽型结核死菌抗原(中国农业科学院哈尔滨兽医研究所、兰州兽医研究所均有供应),用 0.5% 石炭酸生理盐水配成含 10% 的悬液。操作时取鸽的翅内侧静脉血 1 滴放于洁净的载玻片上,加入 1 滴上述抗原悬液,然后用洁净的牙签混匀后,1 分钟内判断结果。出现凝集(絮状沉淀)的判为阳性,否则判为阴性。此法既简便又快速。

【预防与治疗】　此病虽有异烟肼、异烟腙、链霉素等特效治疗药物,但因疗程长、成本高,并且在治疗期间还有向外排出病原、不断造成污染的问题,故对病鸽不宜治疗,应予以淘汰,做无害化处理,并进行全场消毒。在预防方面,重要的是不引进传染源,新鸽群引进后必须隔离饲养 60 天,经观察确认无此病时再混群。此外,平时还应注意加强饲养管理,落实各项防疫措施,把预防工作做在前。

七、伪结核病

本病是一种人兽共患的接触性传染病。在鸽及其他禽类中,多属地方性流行或散发,表现突发性腹泻,短期急性败血症后在许多脏器发生干酪样肿胀和结节。偶尔在火鸡中引起严重损失。人感染后表现为致死性败血症。在欧洲则引起鸽盲肠炎的肠炎型相当多见。

【病原和流行特点】 病原为伪结核耶尔森氏菌。被病原污染的饲料、饮水、土壤、用具都可引起传播。感染途径主要是经消化道,其次是损伤的黏膜和皮肤。

【症　状】 急性病例的潜伏期 3~6 天,慢性病例 2 周或更长。急性的常没有症状便突然死亡,或死前几小时至几天突然出现腹泻和败血症,在此短时间内常可见有羽毛松乱,毛色暗淡,呼吸困难和衰竭的症状。病程稍长者,精神委顿,嗜睡,便秘,皮肤褪色,消瘦,僵硬,麻痹,肛门周围羽毛有粪污,贫血,脱水,喜卧于阳光下,死前 1~2 天废食。

【病　变】 急性病例仅见有脾肿大和肠炎。病程较长的亚急性、慢性的病例肺、肝、脾肿大,肝、脾、胸肌、肺有粟粒大的黄白色结节,严重的有出血性肠炎。

【诊断与鉴别诊断】 据突发性腹泻、干酪样肿胀和结节性病变,可怀疑有本病存在,但须与同样有腹泻和结节性病变的结核病、曲霉菌病、沙门氏菌病、赖利绦虫病进行鉴别。结核病有顽固性腹泻,贫血,消瘦,病程长,其结节呈轮层状,切开可见内部有更小的结节,就像切开的石榴。其他疾病请参看沙门氏菌病的鉴别诊断有关内容。

【预防与治疗】 迄今为止,本病除高免抗体外,尚缺有效酌治疗药物和预防接种的菌苗。因此,要以做好平时的兽医防疫卫生工作为主,加强饲养管理,防止疾病发生。

八、铜绿假单胞菌病

本病又叫绿脓杆菌病,是世界性分布的禽类、哺乳类和爬行类动物的共患病。鸡、火鸡和鸵鸟等有感染发病,在我国绿脓杆菌病已发生多起,应引起注意。鸽中时有发生,主要发生于雏幼鸽,以肠炎、腹泻、皮肤或翅膀发生黄色干硬肿为特征,严重的常取败血症死亡,死亡率可达 50% 以上。

第四章 鸽传染性疾病

【病　原】　本病的病原是绿脓假单胞菌,革兰氏染色阴性,为两端钝圆的短小杆菌,一端有鞭毛,能运动,单在或成双排列,偶见短链。本菌的培养特性见表4-1。

表4-1　绿脓杆菌的培养特性

培养基	培养温度、时间	培养特性
普通肉汤	37℃,18～24小时	稍浑浊,有菌膜,传代后菌膜呈蓝绿色
普通琼脂	37℃,24小时	菌落大小不一,呈蓝绿色,有芳香味
血液琼脂	37℃,18～24小时	大而扁平的灰绿色菌落,有β溶血环
麦康盖琼脂	37℃,24小时	生长良好,培养基呈暗绿色,菌落不红
SS琼脂	37℃,24～48小时	呈中央棕绿的菌落
三糖铁培养基	37℃,24小时	不产生硫化氢,底部不变黑

本菌能分解葡萄糖、木糖、半乳糖,不分解麦芽糖、蔗糖、鼠李糖、乳糖、山梨醇、阿拉伯糖等,氧化酶、接触酶和尿素酶阳性,能液化明胶。菌体纤细,在土壤、肠内容物、下水道的污泥、湖沼地,有时在井水中,均有存在。本菌对热有一定的耐受性,在55℃中经60分钟才被杀死。对紫外线、化学药及很多抗生素如青霉素、金霉素、土霉素等不敏感,但0.5%～1%醋酸溶液有迅速杀灭的作用。

【流行特点】　绿脓杆菌是一种腐生常在菌,广泛存在于空气、粪便、土壤、污染的饲料和饮水中,随时随地都可感染传播而引起发病。各种年龄的鸽都易感,1～3周龄的雏鸽更易感,并可引起死亡,死亡率达49%以上。通常因种蛋污染菌引起,继而污染孵化器及环境,进一步在乳鸽中传染。同样,本病可通过消化道、呼吸道、外伤及注射针孔等途径感染。

【症　状】　病鸽表现精神沉郁甚至委靡,食欲下降或停止,毛松乱无光泽,眼闭,呼吸声粗厉或有呼吸啰音,消瘦无力。严重下痢,排淡黄色至黄绿色甚至血性稀粪,消瘦,肛门周围污秽,严重时肛门水肿,可因衰竭而死。重病鸽体温升高至42.5℃以上,病程

3～5天,转归为败血症死亡。成年病鸽出现眼睑肿胀,流泪,眼角有脓性分泌物,有的角膜有溃疡灶,头和肉垂水肿,死亡率差异很大,10%～50%不等。但多呈散发性,即使有发病史的鸽场也是这样。

【病　　变】　本病突出的病变是肠炎,可见肠黏膜充血、出血,肠腔有黏液。此外,还可见喉黏膜、肺充血,气囊混浊,心包膜充血,肝肿大、质脆、表面不平整,有出血点及针头至绿豆大坏死灶。若经创伤途径感染,则可见患部发炎及有蓝绿色变化。

【诊　　断】　经创伤途径感染的,可据症状及病变初步确诊。经其他途径感染的,应结合病原分离才能确诊。

1. 涂片镜检　采取肝、脾、肾、肺和胶样水肿液等病料做涂(触)片,革兰氏染色后镜检,可见到典型的阴性短小杆菌。

2. 分离培养　采取病料接种普通琼脂和血液琼脂,可见到呈蓝绿色、有芳香气味或β溶血环的典型菌落。

3. 动物接种　取24小时的肉汤培养物,腹腔接种健康雏鸽或健康雏鸡,可引起发病死亡,取病死鸽病料涂片镜检和分离培养都能见到绿脓杆菌。

【预防与治疗】　庆大霉素对本病有极好的疗效,按每只1万～2万单位肌内注射,每天1次,连用2～3天。也可使用多黏菌素B和多黏菌素E、四环素、链霉素、新霉素、三甲氧苄氨嘧啶等药。因本病原容易形成耐药性,故应注意药物的合理使用,最好是定期交替用药。在预防方面,主要是在平时进行科学的饲养管理,做好常规的防疫工作,避免创伤,若发现病鸽,应及时治疗或淘汰,并进行全场性的投药预防及卫生消毒工作。

九、李氏杆菌病

本病是多种禽类、哺乳动物及人均可感染的散发性、败血性传染病。幼龄鸽对本病的敏感性比成年鸽大,主要发生于温带地区的黏土、灰泥或腐殖质区。在鸽中此病常与沙门氏菌病等混合发生,家禽感染后主要表现为脑膜炎、坏死性肝炎和心肌炎。

【病　原】　本病病原是单核细胞增多性李氏杆菌,革兰氏染色阳性的小杆菌,大小为1～3微米×0.5微米,有鞭毛,能运动。存在于土壤和粪便中,呈球形或杆状,时间长的出现长丝状。在悬滴中的运动性检查时可见其做翻腾、打滚运动。此菌也和绿脓假单胞菌一样,在营养琼脂中的菌落形成蓝绿色的色素。

本菌对热有较强的抵抗力,55℃ 30分钟、85℃ 40秒钟才被杀死。对碱和盐有较大的耐受性,可在氢离子浓度0.251纳摩/升(pH值9.6)的10%氯化钠溶液中生长,在20%氯化钠液内经久不死。在用0.25%石炭酸溶液防腐的血液内可存活1年以上。但对消毒药物抵抗力不强,2.5%石炭酸溶液作用5分钟,2.5%氢氧化钠溶液或甲醛溶液作用20分钟,70%酒精作用5分钟可将其杀死。

【流行特点】　本病主要危害1月龄左右的青年鸽,可通过消化道、呼吸道、眼结膜及损坏的皮肤而感染。其病原菌常由粪便和鼻腔分泌物中排出,带菌状态可以转变为败血症。

【症　状】　本病以急性经过为多见,常于1～2天内死亡。病程稍长的呈现腹泻、消瘦和呼吸困难,常有头颈歪斜这一中枢神经损伤症状。

【病　变】　最常见的是心肌多发性变性或坏死、充血、心包炎,肝呈古铜色肿大并散布有坏死灶。脾充血,常出现斑驳状外观。心肌和腺胃可能有淤血斑,有时可见纤维素性腹膜炎和肠炎。

【诊断与鉴别诊断】　根据症状、病变,结合病原检查可做出确诊。但应注意与有纤维素性腹膜炎的衣原体病、链球菌病区别。衣原体病病鸽排硫黄样稀粪并有眼炎,而本病没有,余者可参看链球菌病的相应部分内容。

【预防与治疗】　本菌对大多数抗生素尤其是低浓度的抗生素有抵抗力,但高浓度的四环素是本病治疗的首选药,青霉素、氨苄青霉素、磺胺吡啶、磺胺甲基嘧啶、氨苯磺胺也可选用。到目前为止,对本病尚无人工免疫的预防方法,只能对病鸽及时隔离或处理,并采取综合性措施加以防制。

十、丹 毒

本病是一种世界性分布的,以鸽、火鸡和鸭最易感的多种禽类的散发性败血症,其他动物、鱼类均可感染,人可引起局部性炎症,甚至全身性症状。

【病 原】 病原为细长、多形态、平直或微弯而纤小的红斑丹毒丝菌。本菌对消毒药的抵抗力不强,3.5%来苏儿或5%酚溶液可很快将其杀死。对热有一定的抵抗力,70℃ 5～10分钟,55℃ 15分钟才能杀死;在30℃中2天、3℃中35天及2℃中157天均能存活;在日光下12～14天才死亡。福尔马林对本菌无消毒作用。3%克辽林、1%苏打、0.1%升汞、3.5%甲酚、5%石炭酸、1%漂白粉(新配)等溶液作用5～15分钟均可将其杀死。对新霉素、磺胺类药物、呋喃类药物及口服四环素均不敏感。

【流行病学】 传染源是病鸽、带菌鸽及其他禽类。用带菌的鱼粉、其他动物体制成的骨肉粉喂鸽,也可能发生本病。感染途径是消化道及损伤的皮肤。吸血昆虫有机械传播作用。

【症 状】 病鸽精神委顿,食欲不振,呼吸困难,头部肿胀,或有黄绿色下痢。慢性的出现脱水、渐进性消瘦、贫血及衰弱。病鸽多以死亡为转归。

【病 变】 病鸽呈现典型的败血症变化,其特征是全身性器官组织尤其是胸、腹、腿部肌肉,胸膜、心内外膜、脾、肺、肠、肾包膜下有淤血斑或弥漫性充血和出血。肝质脆,呈煮熟样,大腿前缘组织发生脂肪变性。有的病例还可出现出血性肠炎。腺胃、肌胃壁增厚,腺胃黏膜出血、坏死甚至溃疡。胰腺常有界线明显的玫瑰红区。表皮可见有皮革状粗糙的条样外观。

【诊 断】 根据剖检所见的典型病变可做出初步诊断,最后确诊应以病原检查为依据。

【预防与治疗】 治疗时可选用下列药物:青霉素,按每千克体重6万~8万单位,肌内注射,每天1次,连续2~3天。也可溶于饮水中连续4~6天全天供饮。红霉素,按每千克体重200~250毫克的量混于饮水中供全天饮用,连续3~5天。乙酰螺旋霉素,按每千克体重60~100毫克喂服,每天2次,连续3~5天。

因丹毒是猪的重要传染病之一,也是羊的常见病,故鸽舍的场地应远离猪场与羊场。鸽场人员不可来往于这些场之间,以隔绝病原。发现病鸽应及时治疗,最好做淘汰处理,随之进行全场消毒和全群性预防用药,并结合其他的有效措施,控制此病的发生。

十一、溃疡性肠炎

鸽溃疡性肠炎是由鹌鹑梭状芽胞杆菌引起的一种急性细菌性传染病。以发病突然,死亡率剧增,白色下痢,肝脾坏死,肠道发炎、坏死、溃疡为特征。呈地方流行性,除鸽外,多种禽鸟类都可感染,最早发现于鹌鹑,故又叫鹑病。

【病 原】 病原是鹌鹑梭状芽胞杆菌,菌体为杆状、平直或微弯等多形态。具有小于菌体直径的近端芽胞,不能运动,人工培养只有少数菌体形成芽胞。此菌可在鸡胚中生长,接种于经孵5~7天的鸡胚卵黄囊后,48~72小时鸡胚死亡。这是病原培养的方法,也是继代和毒力保持的好方法。对人工培养基的要求较苛刻。因其具有芽胞,故对理化因素有较强的抵抗力,于100℃中3分钟或80℃中60分钟才被杀死,而在-20℃时16年仍有活力。在常用的药物中,对多黏菌素、磺胺类及呋喃类药物有耐受性,但对青霉素、四环素及杆菌肽敏感。

【流行特点】 各种禽鸟类均可感染,自然条件下鹌鹑的易感性最高,鸽也是敏感的禽类之一,各品种、品系鸽均易感,幼龄鸽尤甚,但常不引起严重的死亡。病禽和感染带菌的禽鸟是主要的传染来源,病原菌经粪便排出和病死尸体的扩散污染土壤、场地、圈舍、用具、环境、垫料、饲料、饮水等,通过消化道传染。鸽场一经污染就很难根除,从而容易造成年复一年地发生,呈地方性流行。

本病可一年四季发生,但在南方地区于3～6月梅雨季节、潮湿天气时多发。

【症　状】　幼鸽往往突然发病,常无明显症状而突然死亡,有的仅见嗉囊膨满。非急性病鸽可见到:表现不安,精神委顿,食欲下降乃至废绝,饮欲增加,腹部膨大,羽毛松乱无光泽,蜷缩;白色下痢、腹泻,粪便初呈灰白色水样,以后转变成灰绿色或暗黑色,有的呈黏稠糊状,有恶臭味,肛门周围和下腹部沾满粪污;闭眼,反应迟钝,弓背,步态不稳或蹲地,逐渐消瘦,病程7～10天,最后转归死亡。成年鸽的症状比较轻而缓,病程较长,死亡率也较低。

【病　变】　急性死亡的鸽除上段小肠有出血点及出血性炎症外,其他病变不明显。病程稍长的整个肠道发生炎症、坏死及溃疡,溃疡病灶由边缘出血变为脐状,或出现融合性坏死性假膜。盲肠的溃疡或可见凹陷中心覆盖有不易剥落的黑色物。溃疡病灶可发展至肠壁穿孔,导致腹膜炎。有时可见到肝区出现浅黄色坏死斑点或肝周有不规则的坏死灶,还有的整个肝弥漫散布上述的坏死点。脾可能有肿大、充血和出血变化。

【诊　断】　根据典型病变及组织涂片检查,可做出诊断。

1. 涂片镜检　取肝脾等病料组织做涂(抹)片,革兰氏染色后镜检,可见到典型阳性的梭状芽胞杆菌。

2. 鸡胚接种　采取肝、脾病变组织制成1∶10的匀浆悬液,取上清液接种5～7日龄鸡胚卵黄囊,培养48～72小时鸡胚死亡。利用鸡胚培养物做生化试验、涂片镜检和培养特性检查等,可做出鉴定。

【预防与治疗】　下列药物对本病有较好的疗效:青霉素,按每千克体重4万～8万单位肌内注射,每天1次,连用3～5天。杆菌肽,按每千克体重1000单位,1天分3～4次肌内注射,连用3～

5 天。氟哌酸,按每千克体重每天 22.5 毫克的量喂服,连续喂 7 天。链霉素,按每千克体重 20~40 毫克的量,一次肌内注射,每天 1 次,连续 3~4 天。

因本病病原具有芽胞,对外界有极强的抵抗力,故鸽场一旦发生本病,以后便连绵不断,难于彻底扑灭。预防工作以杜绝传染源传入为主,再结合其他的相应防疫措施,防止本病的发生。如鸽群中已出现此病,应立即将病鸽隔离治疗或直接淘汰,随之进行全场彻底清扫和消毒及全群性连续投药。鸽粪、垫料及其他污染物应清除,并做无害化处理。据报道,禽溃疡性肠炎油乳剂灭活疫苗具有 98%~100% 的保护率,免疫期可达半年以上,可试用。

十二、坏疽性皮炎

本病又名坏死性皮炎、坏疽性蜂窝织炎。禽鸟类、许多哺乳动物以至人均可发生。其特征是发病突然,死亡急剧,局部皮肤或黏膜、皮下组织或肌肉发生水肿和坏死。

【病原和传播途径】 病原是败血梭菌,杆形,呈单个或短链排列,在病变组织涂片中呈链状。在 2.5% 鲜血琼脂及厌气的条件下培养 24~48 小时才能生长,并形成抵抗力极强的芽胞,80℃120 分钟或 100℃30 分钟方被杀死。病原广泛存在于自然界中,损伤的皮肤是主要的感染途径。

【症　状】 本病发病突然,死亡急剧增加,发病后常不到 24 小时便死去。病鸽表现为伏地不起,精神呆滞,羽毛松乱而无光泽。在胸、背、腿、翼尖等部位的皮肤上出现暗紫色肿胀、坏死或溃疡,并有腐臭气味。患部羽毛不洁。

【病　变】 急性坏疽常见患部有暗紫色肿胀、坏死、溃疡,有腐臭,其内部有时出现带泡沫的浆液性渗出物。肝、脾、肾肿大,肝、脾有坏死灶。腺胃、肌胃的黏膜有出血和溃疡。慢性病例则骨髓颜色变淡,贫血。

【诊断与鉴别诊断】 根据典型的症状与病变可作为初步诊断

的依据,但确诊需做病原鉴定。本病症状与葡萄球菌局部感染类似,但后者两胃黏膜没有出血、溃疡变化,可据此区别。

【预防与治疗】 如治疗及时,用青霉素、链霉素等均有良好效果。若仅发现个别病例时,宜做淘汰处理,并立即进行全场清洁消毒和预防性投药。在剖检时,要注意尸体和污物等必须全部做无害化处理,以免人为地扩散病原。平时注意栏舍环境不能存在锐利、尖刺物体,以免造成创伤,引起感染。

第三节 其他传染病

一、曲霉菌病

曲霉菌病是真菌中的曲霉菌引起的鸽及多种家禽和哺乳动物的一种真菌性传染病,引起曲霉菌病的主要病原体为烟曲霉和黄曲霉等。该病的特征是呼吸困难和下呼吸道(肺及气囊)有粟粒大、黄白色结节,所以又叫曲霉菌性肺炎。鸽对此病的敏感性比鸡低,成鸽的发病率又比幼鸽低。世界各地均有发生,常呈急性经过。

【病　原】 本病主要由致病力强曲霉属烟色曲霉中的烟曲霉感染所致。它可引起某些植物、水果发生腐烂,使受感染鸽及其他禽类发生肺痈等曲霉菌病,有时也可侵害人。此菌广泛存在于自然界,且常在稻草、谷物中生长繁殖,在温暖潮湿季节生长繁殖很快。如果饲料或垫草污染上本菌,鸽子就会因食入大量孢子而发病。本菌极易在人工培养基上生长,菌落圆形,呈白色绒毛状,中心区为浅蓝绿色,表面深绿乃至黑丝绒状,由分生孢子穗、分生孢子梗、小梗和分生孢子构成。此菌常在堆肥、含水量高的粮食、饲料中大量繁殖。参与感染的还常有黄曲霉菌,此菌的菌落开始时呈浅黄色,往后渐变为黄绿色至褐绿色,能产生极毒的毒素,叫黄曲霉毒素,可使鸽等禽鸟类及其他动物食后发生中毒。

曲霉菌的孢子对理化因素的抵抗力很强,煮沸 5 分钟,干热 120℃60 分钟,2％甲醛溶液 10 分钟,3％石炭酸溶液 60 分钟,3％氢氧化钠溶液 3 小时才被杀死。对常用的抗生素不敏感。

【流行特点】 曲霉菌的孢子广泛分布于自然界,在鸽舍的地面、垫草及空气中经常可分离出其孢子。鸽常因通过接触发霉饲料和垫料经呼吸道或消化道而感染,也可经眼结膜及皮肤伤口感染。

各种年龄的鸽都有易感性,以雏鸽(4～10 日龄)的易感性最高,常为急性和群发性,成年鸽为慢性和散发。曲霉菌孢子易穿过蛋壳,而引起死胚,或出壳后不久出现症状。鸽舍阴暗潮湿、用具不洁、梅雨季节、空气污浊等均能使曲霉菌增殖,易引起本病发生。

【症　　状】 急性型(又叫败血型或呼吸型)表现为羽毛松乱,精神、食欲不振或食欲停止,渴欲增加。嗜睡,反应迟钝,不愿走动。最突出的症状是呼吸困难,有湿性呼吸啰音,或伸颈、张口呼吸。还常有单侧性(有时为双侧性)眼炎,眼部有分泌物、肿胀、外凸,甚而上下眼睑黏连,导致不能饮食,内有块状、易挤出的干酪样物。慢性型的症状较缓和,病鸽进行性消瘦,出现因缺氧而致的眼结膜及可视黏膜发绀,有白色或黄绿色腹泻物。有的可出现头颈歪扭的神经症状,最后衰竭而死。成鸽的病程通常比幼鸽长。

【病　　变】 急性型病例病变明显,可见眼球肿胀,眼睑粘连,内有干酪样物,结膜紫红色。胸部气囊、肺,甚至心、肝、脾、肾等实质器官有坚实的、针头至粟粒大的黄白或灰白色小结节,切口呈干酪样或丝状。有的病变可扩展到支气管、肠浆膜或出现在皮肤上,后者不形成结节,而是黄色鳞片状斑点。肝砖红色。有神经症状的,可见脑膜有病变。慢性的成年鸽,肝部会有大小不等、灰白或灰黄色的肿瘤样结节。

【诊　　断】 根据流行特点、症状、病变和病原检查的结果可做出确诊。临诊上有诊断意义的是由呼吸困难所引起的各种症状,但应注意和其他呼吸道疾病相区别。

1. 直接镜检 取病理组织(结节中心的菌丝体最好)少许,置载玻片上,加生理盐水 1~2 滴后用针划碎病料,或加 20% 氢氧化钾溶液 1~2 滴后混匀,加盖玻片后镜检,可见典型的曲霉菌,大量的霉菌孢子,并且多个菌丝形成菌丝团,分隔的菌丝排列成放射状,直径为 7~10 微米。

2. 分离培养鉴定 采取结节病灶的内容物接种于马铃薯培养基或其他真菌培养基上,37℃培养 36 小时,出现肉眼可见的中心带有烟绿色、稍隆起、周边呈散射纤毛样无色结构菌落,背面为奶油色,直径约 7 毫米,有霉味。培养至 5 天,菌落直径可达 20~30 毫米,较平坦,背面为奶油色,镜检可见典型霉菌样结构,分生孢子头呈典型致密的柱状排列,顶囊呈倒立烧瓶样。菌丝分隔,孢子呈圆形或近圆形,绿色或淡绿色。

3. 动物试验 取 3 日龄雏鸡 4 只,以本菌分生孢子生理盐水悬液注入胸气囊 0.1 毫升/只,经 72 小时,试验组全部死亡,剖检病变与自然死亡病例相同,并从标本中分离出本菌。对照组 4 只全部健活,可确诊。

【鉴别诊断】 本病的眼部感染,应与有眼部炎症的亚利桑那菌病、大肠杆菌病、葡萄球菌病、结核病、伪结核病、霉形体病、衣原体病、禽流感、禽巴氏杆菌病、维生素 A 缺乏症等相区别;而本病的呼吸道及其他器官的结节性病变,也应与有类似病变的赖利绦虫病、霉形体病、白痢杆菌病、亚利桑那菌病、结核病和伪结核病相区别。这些病的不同点在于小结节的压片镜检不出现菌丝。

【预防与治疗】 不使用发霉的垫料和饲料是预防曲霉菌病的主要措施。选用外观干净无霉斑的麦秸、稻草或谷壳作垫料,垫料要经常翻晒,妥善保存,尤其是阴雨季节,以防止霉菌生长繁殖。如垫料被霉菌污染,可用福尔马林熏蒸消毒后再用,必须选用新鲜不发霉的全价饲料。

第四章 鸽传染性疾病

本病目前尚无特效的治疗方法。据报道用制霉菌素防治本病有一定效果,剂量为每只10万～15万单位混入饲料中,或每只1/4片喂服,每日2次,连用4～6天。用1:3 000的硫酸铜或0.5%～1%碘化钾饮水,连用3～5天。此外,也可用克霉唑(人工合成的广谱抗霉菌药),剂量为每1 000只鸽用1克,均匀混合在饲料内喂给。

二、支原体病

鸽支原体病又叫鸽慢性呼吸道病、霉形体病和微浆菌病,是以呼吸系统器官炎症为特征的一种慢性传染病,特点是有呼吸啰音,气囊炎,病程长,死亡率低。是一种普遍存在于鸽群中的、世界性分布的禽病,大群饲养时更易发生。肉鸽感染后生长发育受阻,饲养期延长,胴体等级下降,严重影响经济效益。

【病　原】　病原是支原体。支原体是一种原核生物,体积微小,结构简单,在光学显微镜下呈多种形态,主要营寄生生活,寄生于人、动物、植物、昆虫和细胞培养中。支原体无细胞壁,也不含任何细胞壁成分,所以对青霉素等抗生素不敏感。

鸽支原体病的病原已由Shimizu等(1978)自病鸽体内分离鉴定,为鸽支原体和鸽口腔支原体,其血清学特征有别于其他禽支原体。本菌姬姆萨染色和瑞氏染色良好,革兰氏染色阴性。可在含有动物血清的培养基中生长繁殖,但很缓慢;在含有血清的固体培养基上生长成微小、光滑、圆形、稍平而中心隆起的菌落,需要用放大镜或低倍显微镜观察。常用的消毒剂可将其杀死;对青霉素及1:4 000浓度的醋酸铅有抵抗力。20℃时在粪中1～3天、在棉布中3天,或37℃时在棉布中1天均能存活。

病鸽的气管、咽喉部黏膜中含菌量最高,其他器官组织的含菌量少。鸽支原体不发酵葡萄糖、能水解精氨酸,无磷酸酶活性和蛋白水解活性。鸽口腔支原体能发酵葡萄糖、麦芽糖、淀粉和蔗糖,不水解精氨酸,具有磷酸酶和蛋白水解酶活性。

【流行特点】 各种年龄鸽均可感染,幼龄鸽更易感,感染后症状较重,成年鸽感染后症状相对较轻,多数能愈,但带菌。病鸽与带菌鸽是主要传染源。病原体可经蛋通过胚胎传染给乳鸽,垂直传播,在鸽群中世代相传。康复鸽蛋的带菌率很低,但新发病鸽蛋的带菌率高,传播扩散很迅速。自病鸽、带菌鸽呼吸道分泌物排出的菌,可广泛地污染环境、空气、饲料和水,通过接触经呼吸道等传染。

本病一年四季均可发病,没有明显的季节性,但以冬春两季更为严重。寒冷、梅雨季节、潮湿、拥挤、空气污浊、通风不良、卫生恶劣和长途运输等情况下均可引起暴发流行。

【症　状】 潜伏期 3～8 天,多呈慢性经过,病程较长。病初仅见浆液性鼻液流出,继而鼻液呈黏脓性,堵塞鼻腔。随之出现呼吸困难,如张口呼吸,发出"咯咯"叫声,呼出恶臭气。病鸽有呼吸啰音,夜间更为显著,有鼻液,咳嗽。严重的病鸽眼球突出,眼部肿大,眼内有干酪样物,最终失明。食欲、体重、繁殖力降低,但多不单独引起死亡。如有其他病合并发生,则可使本病暴发,甚至大量死亡。

【病　变】 典型的病变是鼻、气管、支气管黏膜潮红、增厚,并有浆液性、脓性或干酪样分泌物,以气囊更为明显,除混浊、增厚外,可见斑状或粒状干酪样物,混浊变化可遍及胸、腹部气囊。一些病程长的病例,还可出现滑膜肿胀、内含浑浊的液体或干酪样物,关节炎。如与大肠杆菌病合并发生,病鸽呈现纤维素性气囊炎、肝周炎、心包炎,常导致严重的死亡。

【诊　断】 根据症状、病变、病程可做出初步诊断。结合病原分离鉴定或血细胞凝集试验、凝集抑制试验的结果可做出确诊。

1. 分离培养　是可靠的支原体病诊断方法,而培养基则是分离培养成功与否的关键因素。支原体培养基成分复杂,配方甚多,一般都含有牛心浸液、酵母浸液、马血清或猪血清、葡萄糖、酚红、青霉素和醋酸铊,其中血清提供固醇和脂肪酸,葡萄糖提供能源,酚红有助于观察 pH 值,青霉素和醋酸铊控制杂菌、霉菌污染。

2. 涂片镜检　病料直接涂片、染色、镜检,一般得不到结果,如经过培养增殖后涂片镜检,则容易得到结论。方法是:将已干燥的涂片在甲醇中固定 2 分钟,移至姬姆萨染色液中染色 30～60 分钟,用中性蒸馏水冲洗,晒干后镜检。应注意的是,姬姆萨染色液对 pH 值较敏感,过酸则偏红,过碱则偏蓝,故需用缓冲液稀释。所用缓冲液的 pH 值,在禽类涂片时为 6.8～7.0,在哺乳动物涂片时为 7.0～7.2。

3. 平板凝集试验　本法应用较广。取 1 滴鸽支原体抗原加 1 滴被检血清,另设一阳性血清对照,在玻片上混合,于 1 分钟内出现凝集者判为阳性。考虑到迄今尚未见到鸽支原体和鸽口腔支原体的商品诊断试剂盒,故多采用自行分离株经培养增殖后制成特异性抗原使用。

此外,也可在初步诊断为鸽支原体病时,采取血清,用鸡败血支原体和火鸡支原体制成的混合凝集抗原做平板凝集试验,其结果为阴性者,则可判为鸽支原体病阳性。

4. 动物接种　用纯培养物滴鼻接种敏感幼鸽,观察 30 天,以检查支原体的致病性。

【预防与治疗】　链霉素、广谱抗生素对本病均有治疗作用,但痊愈鸽常出现重复感染,不易根治。故主要是靠平时搞好预防工作;不引进经血清学检验阳性的鸽子;定期消毒,定期投药预防和定期检测抗体;控制呼吸道病和其他疾病的发生;实行人工孵化、人工育雏的应注意各操作环节的消毒,尤其是对孵化室、育雏室及相关用具的事前消毒;建立、健全各项兽医防疫制度,并抓好落实;加强饲养管理,增强鸽的体质,提高鸽的抗病力;建场时,应考虑栏舍间保持适当的距离,舍内的饲养密度也应适中,以减少气源性传染。

三、衣原体病

衣原体病又称鸟疫、鹦鹉病、鹦鹉热,是鸽及多种家禽和鸟类的一种接触性传染病。在自然情况下,野鸟特别是鹦鹉的感染率较高,所以称为鹦鹉热。本病在世界各地均有发生,在欧洲曾发生鸡、鸭、鹅和火鸡中的流行暴发,引起巨大的经济损失。近年来,我国从进口的禽类中,多次检出衣原体病。衣原体也可以传染给人,引起沙眼病、结膜炎、关节炎、尿道炎等,人感染衣原体多与接触家禽和鸟类有关。本病是一种人兽共患病。在公共卫生上也有着重要意义。

【病　　原】 病原为鹦鹉衣原体或鸟疫衣原体,呈球形,直径为 0.3～1.5 微米,不能运动,与病毒类的要求一样,只能在活的细胞内生长,而不能在无生命的培养基上繁殖。此病原对一般的消毒药抵抗力不强,经 2% 碘酊、70% 酒精、3% 过氧化氢等作用几分钟便失去感染力,0.1% 福尔马林、0.5% 石炭酸作用 24 小时可被灭活。56℃ 5 分钟、37℃ 48 小时、22℃ 12 天、4℃ 50 天也可被灭活。庆大霉素、链霉素、万古霉素、卡那霉素、新生霉素及磺胺嘧啶等对其不起作用,煤酚类化合物及石灰没有消毒效果。在 $-20℃\sim 70℃$ 下可长期存活。

病原的毒力有强毒株和低毒株两类。强毒株可引起宿主的急性死亡,其特征是生命重要器官广泛性出血、充血和发生炎症;低毒株的感染宿主没有血管严重损害的病变,症状也不明显。

【流行特点】 不同品种的鸽和其他家禽(鸭、鸡、鸽等)及野禽都能感染本病,一般多为 2～3 周龄的雏鸽和其他幼禽最易感。传染方式主要通过空气传播,病鸽及其他病禽的排泄物中含有大量病原体,干燥以后随风飘扬,易感鸽及其他家禽吸入含有病原体的尘土,引起感染。本病的另一个传染途径是从皮肤伤口侵入鸽及其他禽体内,螨类和虱类等吸血昆虫可能是本病的传染媒介,但不会经蛋传递。

【症　状】　鹦鹉衣原体在不同禽鸟引起的症状多种多样,而且受到如营养、免疫力、病原株、禽鸟种属等因素的影响。如火鸡分离株对火鸡常引起严重的心包炎,但气囊炎比鹦鹉分离株引起的轻;火鸡分离株对鹦鹉科禽鸟高度致病,引起急性死亡,但对鸽、麻雀不造成损害。

雏鸽病例多呈急性经过,出现精神不振,震颤,鼻炎,眼结膜炎(常为单侧性),眼睑肿胀,呼吸困难,排黄绿色胶性粪,渐趋衰弱和消瘦以至恶病质,病死率最高可达80%以上。

青年鸽、成年鸽感染后多数呈隐性经过,偶有发生短时下痢和结膜炎。但若受到各种应激因素的影响,就会转为显性感染,表现食欲不振,精神沉郁,排出灰色或灰绿色稀粪,眼睑肿胀、闭合,眼内充满黏脓性分泌物,鼻孔流出浆液性鼻液。有的病鸽出现气囊炎,并发出啰音,呼吸困难。有的病例有颈、翼、两肢麻痹,以及扭颈等神经症状。

【病　变】　急性型的病鸽,可见气囊膜、腹腔浆膜,有时肝周、心外膜呈纤维素性炎症。肝也常有肿大、质软及变色。脾可成数倍肿大。肝、脾有时出现灰色或黄色针尖至粟粒大的坏死灶。如有卡他性肠炎,则可见泄殖腔处的尿酸盐增多。轻症的可能仅见到肝、气囊受损害。

【诊　断】　根据发病情况、典型的症状与病变可初步确诊。确诊应以病原检查结果为依据。

1. 器官组织压片检查　采取肝、脾、心包、心肌、气囊和肾等组织制成压片,用姬姆萨染色后镜检,衣原体呈紫色;用 Gimecez 氏染色液染色后,衣原体原生小体呈红色,网状体呈蓝色。检查到包涵体即可确诊。

2. 分离培养　采取肝、脾、肾、心肌、气管、粪便等新鲜病料,用灭菌生理盐水制成1∶10～20匀浆悬液,加入500毫克/毫升链霉素或50毫克/毫升庆大霉素或500毫克/毫升万古霉素,感作后低速离心,取上清液进行分离培养。培养方法可采用鸡胚接种、小鼠接种及细胞培养等方法。

3. **血清学试验** 目前我国用于禽衣原体病诊断的血清学方法主要是补体结合试验和间接血凝试验。

(1)微量间接血凝试验 鸽等被检血清应做 56℃ 30 分钟灭能,鸡的被检血清应做 56℃ 35 分钟灭能。当被检血清效价在 1:16(++)以上时可判为阳性;当效价在 1:4(++)以下时判为阴性;介于两者之间视为可疑,经重检后仍为可疑则判为阳性。

(2)补体结合试验 直接补体结合试验多用于鹦鹉及非老龄鸽的血清抗体检测,间接补体结合试验则适用于其他禽类。鸽等禽类被检血清应做 56℃ 30 分钟灭能处理,鸡等被检血清则做 56℃ 35 分钟灭能处理。通常按补体结合反应常规程序进行,鸽、鹦鹉、鹌鹑、鸡血清判定标准为:被检血清效价在 1:8(++,50%溶血)以上判为阳性;被检血清效价小于 1:4(+,75%溶血)判为阴性;被检血清效价等于 1:8(+)或 1:4(++)时判为可疑,应做重检,2 次可疑判为阳性。本法选用于试管法和微量板法。

【鉴别诊断】 首先应与有眼部炎症的鸽痘病、亚利桑那菌病、大肠杆菌性全眼球炎、曲霉菌性眼炎、维生素 A 缺乏症、眼线虫病、嗜眼吸虫病进行鉴别。其中后两种病在用生理盐水冲洗眼睛时,可将虫体冲洗出来,以此作鉴别。其余各病在前面均已述及。其次是与有纤维素性心包炎、肝周炎、气囊炎的大肠杆菌病和链球菌病相区别。

【预防与治疗】 四环素类抗生素尤其是金霉素对本病有较好的疗效。金霉素的用量:以饲料中含量 0.5%或饮水中浓度 0.25%,连续 4 天投药。对个别严重的病例,可按每千克体重 100~120 毫克逐只喂服。预防量可减半。强力霉素也有很好的疗效,胸肌注射 75~100 毫克/千克体重的剂量,在 5~6 天内血液中的浓度可保持在 1 毫克/毫升以上,所以在 45 天的时间内注射

8~10次即可发挥作用;口服剂量为8~25毫克/千克体重,每天2次,连续投服30~45天。严重病例可按10~100毫克/千克体重剂量静脉注射1~2次,然后再转入口服剂量。

本病的预防主要是杜绝传染来源,不引进血清学检验阳性的鸽子。此外,还应定期检查及预防性用药。栏舍内宜保持适当的湿度,避免病原随尘埃传播。定期检查包括血细胞凝集试验、琼脂扩散试验进行抗体检测,取样进行鸡胚接种做抗原(病原)检查。

四、螺旋体病

螺旋体病是由鹅包柔氏螺旋体引起鸽、鹅等家禽和野禽的一种热性、败血性传染病。主要以发热、头部发绀、腹泻、肝和脾肿大、坏死为临床特征。本病具有高度的死亡率,鸽发病后常引起大批死亡。此病发生于世界各地,但以热带和亚热带地区的散养家禽多发,可发生于任何季节和任何年龄的鸽。

【病　原】　病原是鹅包柔氏螺旋体(又叫鸡螺旋体、鸭螺旋体、鹅螺旋体和鹅密螺旋体)。菌体不易做革兰氏染色,用姬姆萨氏染色则效果良好。菌体无纤毛,纤细、弯曲,中央有一轴丝,不能在普通培养基或细胞培养物中生长。接种于经孵6天的鸡胚卵黄囊,经2~3天便可迅速增殖,胚体及绒毛尿囊膜含病原最多;进行鸡的胸肌注射,经3~5天便可在血液中检出病原。鸽一旦被感染便长期带菌。菌体耐寒冻,潮湿为其重要的存活条件。对热、酸、氯、肥皂及普通消毒剂敏感,在56℃中20分钟及在60℃中10秒钟,0.5%来苏儿或0.1%石炭酸中10~30分钟便可死亡,直射阳光照射2小时可被杀死,而在10%食盐溶液中迅速溶解。在血清中于4℃可保存3~4周。对青霉素敏感,对新胂凡纳明有抵抗力。感染途径有消化道、受损和浸于污染水中的皮肤。蜱、蚊等吸血昆虫是机械传播者。

【流行特点】　病禽和死禽及其排泄物是本病的主要传染源,易感禽与病死禽及其排泄物接触,常容易发生传染,亦可以通过节肢动物和蚊子以及禽螨的叮咬传播疾病,但本病的主要传播媒介为波斯锐缘蜱。禽类自然感染疾病,常通过蜱的刺螯引起疾病的传播。本病一年四季均可发生,但以温暖、潮湿的季节多发。

【症　状】　自然感染潜伏期为 3～12 天,死亡率为 33%～77%。按临床表现,有急性型与温和型两种。

1. 急性型　病鸽体温升高达 43℃,精神沉郁,食欲不振,渴欲增加,消瘦,贫血,排淡绿色稀粪,轻度瘫痪,有的病鸽眼结膜变黄。若出现体温骤然下降,则表明已濒临死亡。

2. 温和型　症状较缓和。既可能完全康复,也可能死亡。

【病　变】　显著的病变是脾成数倍肿大,并有红色斑块和针头至粟粒大的白色结节。肝肿大,古铜色,质脆,也有白色结节;血色变淡,肾苍白,胸肌有变性的苍白色条纹。病情较慢的,鸽体消瘦,有出血性肠炎和黏液性肠内容物,有的出现黄疸,肝、脾缩小。

【诊　断】　本病的症状与病变可作为初步确诊的依据。若分离或检查到病原,便可确诊。查病原可做组织涂片,用姬姆萨氏法染色后镜检。如有必要,可采用鸡胚接种或鸡肌内注射组织悬液进行病原的分离培养。

【鉴别诊断】　本病应与有结节病变、肝呈古铜色的疾病相区别(参看沙门氏菌病鉴别诊断的相应部分),如有黄染变化,还应与二氧化碳中毒、硫酸铜中毒及慢性有机氯中毒相区别,这 3 种病没有脾脏数倍肿大和白色小结节,也没有传染性。

【预防与治疗】　消灭中间宿主和传播媒介——波斯锐缘蜱及蚊子和禽螨,常用 0.5% 马拉硫磷浸浴,可以控制幼蜱,也可用溴氰菊酯 25～50 毫克/升溶液进行喷洒、涂刷,或用拟除虫菊酯类杀虫剂粉剂喷涂体表羽毛,均可杀灭禽体表的蜱。在流行地区避免将有蜱寄生的禽类引进到健康禽群。对此病的预防,除常规的防疫工作外,尚可考虑接种自家组织或鸡胚培养中死亡的胚膜、胚液制成的灭活苗,接种后鸽体有长达 18 个月的免疫力。

治疗选用青霉素、氨苄青霉素、卡那霉素、泰乐菌素、金霉素、土霉素均有良效。此外,也可选用白霉素,每100只鸽每次0.4克,或3~4片(每片10万单位)溶于水中,每天4次,连用5天。

五、念珠菌病

别名鹅口疮、酸臭嗉囊病、念珠菌口炎和消化道真菌病,是由白色念珠菌引起的鸽及其他家禽上消化道的一种真菌性传染病。主要特征是上部消化道(口腔、咽、食管和嗉囊)的黏膜上生成白色的假膜和溃疡。人及家畜(牛、羊、猪、狗和猫)也能感染。如遇饲养管理不良或某些应激,可突然暴发,造成大批死亡。此病多发生于温暖潮湿、多雨的季节。1932年Gierke首先报道了火鸡鹅口疮样病,1933年Hinshaw发现鸡与火鸡的鹅口疮与白色念珠菌有关。1985年春季在深圳某鸽场曾暴发此病,招致死鸽达3 000多对,疫情长达1个月之久。

【病　原】　病原是假丝酵母属的白假丝酵母菌,或叫白色念珠菌。它也是婴儿鹅口疮的病原。本菌为兼性厌氧菌,适宜在沙堡弱氏培养基上生长,37℃培养24~48小时,形成乳酪状、湿润、光滑、边缘整齐、乳白色、带有酵母气味的菌落,其表层多为卵圆形酵母样出芽细胞,深层可见假菌丝。革兰氏染色阳性,其形态因来源不同而差异甚大。本菌能发酵葡萄糖,麦芽糖产酸产气,蔗糖产酸,不发酵乳糖,这些生化特性有别于热带念珠菌和克柔氏念珠菌。

白色念珠菌广泛存在于鸽、其他家禽的嗉囊,家畜及人的皮肤和黏膜上,可侵害宿主的皮肤、口腔、食管、气管、肺、阴户等部位。土壤、某些植物的花(如乌来木)或叶(如桃金娘)中也存在。对理化因素有一定的抵抗力,用1%氢氧化钠溶液或2%福尔马林作用1小时才死亡。

【流行特点】　白色念珠菌广泛存在于自然界,同时常寄生于健康畜禽和人的口腔、上呼吸道和肠道中。其是一种条件性致病菌，机体抵抗力下降，消化道正常菌群失调，维生素缺乏，不良的卫生条件及过多使用抗菌药物等均可诱发本病的发生。感染本病直接原因是由于食入了被病原菌污染的饲料及饮水，消化道黏膜损伤有利于病菌的侵入。鸽与鸽或其他家禽之间不直接传染。本病可以通过蛋壳传染。发病率和死亡率都很高，同时因为存活者瘦小，失去了继续饲养的价值，所以淘汰率较高。

本病在各种家禽和野禽中均可发生，雏鸽及其他雏禽多发，仔猪、小牛较少见，人也可感染。雏鸽的易感性和死亡率较成年鸽高，成年鸽发生本病，主要是长期使用抗生素致使机体抵抗力下降引起的继发感染。

【症　状】　病鸽表现呆滞，羽毛松乱，头缩，眼闭。行走迟缓或不愿走动。食欲减退或废绝，饮欲增加。嗉囊明显膨大和下垂，内容充实或有波动感。张口呼吸，口内有白色、疏松的干酪样物，并有酸臭味。排稀粪。有的有眼炎。病鸽消瘦，最后衰竭而死，病程5~10天。

【病　变】　剖检可见鸽体消瘦，肛门附近羽毛不洁，皮肤不易剥离。特征性病变是上消化道，尤其是嗉囊内有白色疏松样物及白色干酪样鳞片状膜，极易刮落，有的已自动脱落，有一定的硬度。严重的病变可深入到深部组织，而且结合牢固，极难分离。有的喉头已被干酪样物堵塞。眼睑肿胀，眼的下方被泪液沾湿。

【诊　断】　根据症状及特征性病变可做出初步诊断，确诊需做实验室检查。

1. 病料采集　无菌采集嗉囊有病变的黏膜及绒状物等病料，置无菌容器中。也可用灭菌棉拭子自病变黏膜采集材料，迅速进行培养及制备染色标本片。

2. 直接镜检　用病变黏膜直接触片或以棉拭子蘸取病料涂片，革兰氏染色并做镜检，可见革兰氏阳性的圆形或卵圆形酵母样菌、芽生孢子及假菌丝。

3. **分离培养** 将病变或棉拭子接种于沙堡弱氏培养基,分别在 25℃ 和 37℃ 培养 48~72 小时,每天观察 1 次。有的菌株生长较慢,应观察较长时间。白色念珠菌在培养基上形成乳酪状,边缘整齐,乳白色,带有酵母气味的酵母样菌落。

4. **鉴定** 将酵母样菌落接种于含 0.5‰~1‰ 吐温-80 的玉米粉琼脂基,25℃ 培养 24~72 小时,镜检时应观察到厚膜孢子。

5. **动物接种** 将新分离的菌苔 1:10 倍稀释后,于耳静脉每只健康家兔注射 1 毫升,尾静脉每只小白鼠注射 0.1 毫升,同时设立对照组,观察动物存活情况。家兔、小白鼠一般于接种后 4~6 天死亡。剖检动物肠道明显臌气,腹腔内有较多酵母味渗出物,肾、肝肿胀、坏死并有多处针尖大小脓肿。从病灶采样镜检,可见假菌丝和孢子。

6. **血清学检验** 1963 年 Comaish 等发现念珠菌感染与血清中的凝集抗体有一定的关系。实验室已开始用凝集试验、分子探针等方法进行病原鉴定。

【预防与治疗】 常用抗生素、磺胺类及呋喃类药物、金属盐类(如硫酸铜)、染料类(煌绿)对本病病原均不敏感,故不宜用作本病的治疗药物。另外,治疗本病切不可用结晶紫,因为鸽对其敏感,食后有强烈的呕吐,会使体质下降,病情加重。

目前疗效较好的药物有:制霉菌素(治疗本病的特效药),按每只每次 10 万~15 万单位(每片 50 万单位)混饲,或每只 1/4 片喂服,每天 2~3 次,连续 5~7 天。严重的按喂服量配成混悬液,先灌洗嗉囊,后灌服,每天 1 次,连续 3 天。曲古霉素(抗真菌、原虫药),按每只每次 4 000~10 000 单位(每毫克含 4 000 单位)混饲,每天 2~3 次,连续 5~7 天。克霉唑,按每只 2~4 毫克混入料中干喂,或用水悬液灌服。

对本病的预防,主要是搞好饲料、环境、栏舍的防霉工作,尤其是在梅雨季节,避免进料过多或饲料受潮湿。一旦发现此病,应及时投服特效治疗药物和进行全场规模的消毒工作,必要时应封锁场舍,待完全控制疫情后才解封。病死鸽、污染物、排泄物均应小心集中统一做无害化处理。

六、冠癣

冠癣又名黄癣、头癣、毛冠癣,是以鸽的头部无毛处或全身各部的皮肤形成白色癣痂,或脱羽兼有奇痒感为特征的真菌病。其他家禽也可发生。

【病原和传播途径】 病原是头癣霉属的鸡头癣霉(或叫鸡头癣菌)。病原可形成孢子,有分隔的菌丝体,菌丝互相缠绕。根据菌丝的长短分为菌丝细长和菌丝较短两个变种。在萨布罗氏培养基中经30~40小时培养,可长出圆形菌落。初为白色绒毛状,中央凸而周围呈波沟放射状,后变红色环形皱褶状。可感染豚鼠、兔和人,鸽与其他家禽极为敏感。潮湿、温暖季节有利于本病的发生。经直接接触感染,尤其是经损伤的皮肤和黏膜感染。吸血昆虫可起机械传播作用。

【症状与病变】 本病主要发生于鸽的头部及头部器官,如眼、鼻瘤的周围和嘴角等的无毛部位。初时出现白色或黄色小点,患鸽有痒感,常用爪抓痒,或挨向其他物体摩擦患部。以后病灶不断向周围扩展,渐变成石灰样、附着牢固的痂样物,严重时病变可累及口腔、肢体及羽区其他部位。鸽体极度不适和不安,频频向周围物体摩擦或以爪抓患部。此阶段病鸽出现精神、食欲不振,贫血和逐渐消瘦。如消化道患病,则口腔、咽喉、食管等部位的黏膜有小点或结节状坏死,有时可波及小肠,坏死灶附有黄色干酪样物。若呼吸道受感染,病鸽常有呼吸啰音和呼吸困难症状,并有坏死性点状或结节状病变。

【诊断与鉴别诊断】 据症状、病变可做出诊断。此病如发生于体表,应与皮肤型鸽痘和其他的类似疾病相区别(具体可参见鸽痘的鉴别诊断部分);消化道罹患时,还应与口腔有结节或假膜病变的疾病进行鉴别(参考内容同上)。

【预防与治疗】 对本病除做局部治疗外,还需做全身性治疗。全身性治疗用药可参照念珠菌病防治。局部治疗可选用成药癣药水、杀烈癣霜、复方康纳乐霜、克霉唑软膏等。方法是先洗净、抹干患部,然后用上述成药涂布,每天2次。也可自配药物治疗:①自配碘甘油。用市售碘酊1份,甘油6份混合即成,外用,用法同上。②自配水杨酸酒精。水杨酸1份,95%酒精6份,混合即成,每天外涂2~3次。

平时保持栏舍及环境清洁,定期选用克辽林(臭药水)或过醋酸、石炭酸溶液等有相应消毒作用的药液喷洒消毒,防止此病的发生。对病鸽进行严格隔离下的治疗或做淘汰处理。此外,还应注意养鸽人员的卫生防护,以免造成工作人员感染。

七、隐球菌病

本病有称串酵母菌病、酵母性脑膜炎、欧洲芽生菌病。疾病特征为慢性、致死性的脑膜炎。表现为时起时伏的剧烈头痛,无先兆的呕吐及视力障碍。该病对人有极大的危险性。据有关报道,此病在人群中的出现率约为0.01%。此外,还有人感染隐球菌性肺炎的病例报道。

【病原与发病情况】 病原为隐球菌,又叫新型隐球菌,是不完全酵母类的一种真菌。此菌呈正球形,外有带黏性的厚荚膜,以腐生形式存在,常在鸽粪、鸡粪、土壤、牧草甚至蜂窝中找到,也可在昆虫体内、奶油或罐头、牛奶中发现。没有菌丝,不形成子囊孢子,行出芽生殖。在葡萄糖培养基上生长良好,菌落圆形、湿润、黏稠、有光泽,初时白色,往后变成褐色,与念珠菌一样,不发酵糖类。本病虽在鸽及其他禽鸟中未见有自然发生的报道,但人工发病可使鸡出现肉芽瘤及肝、肠、肺、脾的坏死性病变。

【诊　断】 可据病原的分离和鉴别做出诊断。病原在黏蛋白胭脂红染色下,显示出许多带深染荚膜的出芽孢子。将培养物做小白鼠的脑内接种,经 5～15 天小白鼠死亡。根据脑膜出现有发芽菌体的典型胶冻状团块病变可确诊。

【预防与治疗】 氟胞嘧啶、两性霉素 B 虽是对此病疗效较好的药物,但因费用大,疗程长,更重要的是对工作人员的健康有潜在的威胁(如过敏反应),应慎用。平时注意安全生产,栏舍中不可过于干燥和吹大风,以减少尘埃飞动。此外,还应同时做好其他的预防工作。

第五章 鸽寄生虫病

第一节 鸽原虫病

一、鸽球虫病

鸽球虫病是由艾美耳属的球虫引起的肠道病，其特征是病鸽排水样绿色或红褐色稀粪，肠道充血或出血等。

【流行特点】 本病分布比较广泛，主要通过消化道感染健康鸽。在阴暗潮湿、大群饲养、卫生较差且粪便堆积的鸽场，容易造成流行。几乎所有的鸽都是带虫者，球虫寄生在鸽的肠道中，并随粪便排出球虫卵囊（图5-1，图5-2），只有少数鸽才表现明显的症状。经常接触带球虫的鸽会产生一定的免疫力。球虫常在童鸽体内大量繁殖，引起球虫病，还会导致死亡。而不表现临床症状的带虫成年鸽，不但对球虫病不敏感，而且不断向环境排出球虫卵囊而使本病连续不断，难以根除。环境潮湿温暖、拥挤、过度飞翔和繁殖、长途运输、营养缺乏（尤其是维生素A和维生素K_3）以及某些疾病等都可诱发本病暴发。特别是春秋季节温度、湿度都较高，极易暴发本病，梅雨时节前后往往发病率最高。家禽、家畜、某些昆虫和人，均可机械地传播球虫病。

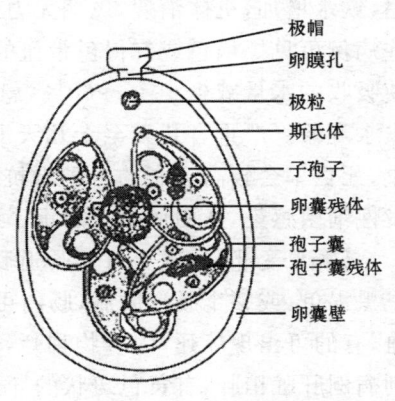

图5-1 艾美耳属球虫孢子化卵囊结构

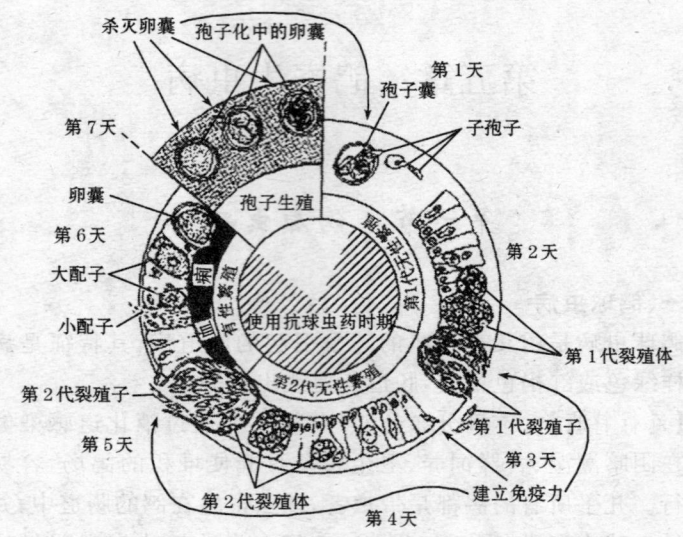

图 5-2 柔嫩艾美耳球虫的 7 天生活发育史

【临床症状】 发病鸽一般表现羽毛脏乱,消化不良,食欲减退,饮水增加,机体消瘦,飞翔无力。排黏液水样绿色恶臭稀粪,某些病例可见黑褐色或红褐色带血的稀粪。由于肠黏膜受到破坏而使吸收的水量减少 40%～60%,患鸽往往表现脚干和眼睛下陷的失水现象。严重者几天至十几天即可死亡,刚离亲的幼鸽受害严重,死亡率会较高。有的由于抵抗力降低及肠道严重损伤引起继发性细菌感染,从而使病情加重。抵抗力强或大龄鸽会慢慢恢复。

【病理变化】 主要可见肠道臌气,有时可见某段小肠和大肠呈黑褐色,或整个肠道肿胀,肠内可见卡他性炎症,肠黏膜充血、出血,有的可出现坏死,内容物稀烂,呈绿色或红褐色。偶尔见到个别病例肝脏稍肿,有黄色斑状的坏死点。

【防治措施】

1. 预防措施　防治本病应搞好饲养管理和清洁卫生,平时应针对杀灭卵囊和减少卵囊的存在采取相应的措施加以防范。笼养鸽注意清洗饲槽和水槽,并经常更换污染的垫料和垫板;群养种鸽舍和青年鸽舍每天应清扫粪便一次,堆放压实,利用生物热进行发酵,杀灭卵囊;舍内地面也应保持干燥清洁。不同阶段的鸽应分群饲养,保持合理的密度,避免拥挤。病鸽要及时隔离治疗,病鸽舍及被患鸽污染过的工具、用具、栖架等,均应用20%生石灰水或其他消毒药液进行喷洒消毒,以杀灭卵囊。

2. 治疗方法 治疗可选用以下任何一种,均可获得很好的疗效。

(1)饮水型扑球预混剂 该药系苯乙腈类安全型高效抗球虫药,每袋10克(内含地克珠利50毫克),使用时每袋可加于50~100升饮水中,搅拌均匀,供自由饮用,但必须当天用完;或每吨饲料加本品200克,逐级稀释,拌匀混饲。注意本品不能与酸性药物同时使用,注意水质,避免产生混浊现象,宜与其他抗球虫药交叉或轮换使用。

(2)增效磺胺(增效磺胺嘧啶片或敌菌净、敌菌灵) 按0.02%饮水,或每只40毫克混料,连用7天。

(3)可爱丹 按0.012%~0.025%浓度拌料或饮水,连用7天。

(4)青霉素 按乳鸽每只0.7万~1万单位,青年鸽每只1万~2万单位,饮水或肌内注射,连用3天。

(5)其他抗球虫药 如三字球虫粉、氨丙啉、氯苯胍等均可防治。

二、鸽弓形虫病

本病又称鸽弓浆虫病,是由龚地弓形虫(或称龚地弓浆虫)寄生在青年鸽血液内引起的一种人兽共患病。本病主要损害神经系统,有时也可累及生殖系统、骨骼肌或体内各脏器。龚地弓形虫的终末宿主是猫科动物,如家猫、美洲狮、美洲虎和亚洲豹等,它们排出卵囊感染中间宿主;中间宿主是各种易感的哺乳动物和禽类等,而且在中间宿主中弓形虫可相互传播。

【流行特点】 鸽会自然发生本病,往往还呈地方性流行,各种年龄的鸽均可感染,但主要发生在青年鸽。吸血昆虫也可成为本病的传播者。患鸽的临床表现一般可分两种类型,即急性型(或称临床型,呈地方性流行)和亚临床型(或称慢性型,慢性无症状)。

【临床症状】

1. 急性型 患鸽表现精神不振,羽毛松乱,食欲减退甚至停食,翼下垂,不爱活动,喜蹲坐,眼半闭,结膜发炎或水肿,双目流泪(有时有浆液性分泌物),体质下降,重量减轻。若迫使其行动,则步态蹒跚,共济失调,容易倒地。最突出的表现除眼有结膜炎外(严重者失明),还有神经症状,诸如痉挛,扭头歪颈,阵发性抽搐,继而发展为渐进性麻痹直至死亡。病程一般为数天至数周不等。

2. 慢性型 患鸽一般症状轻微或无症状表现。

【病理变化】 剖检可见急性型病死鸽各脏器尤其是神经系统有点状出血,肝坏死,脾肿大,肺充血及间质水肿,有的脾还有白色小结节可见。另外,鼻黏膜、口腔黏膜、眼结膜、眼睑、眼球外肌群、巩膜、脉络膜、脑垂体、舌头、硬腭等组织有坏死性炎症。

【诊　断】 失明和神经系统点状出血、肝肿大为本病特征性症状及病变,可据此做出初步诊断。在有条件的地方,可用血清学检查做出确诊。

【防治措施】 防治本病应首先从引进种鸽时严格把关,认真隔离观察着手,经检疫证明,确无此病者可合群饲养;同时,鸽场内不准饲养畜禽,尤其要禁止终末宿主(家猫或野猫)窜进鸽场;还要防鸟和鼠类传播污染。发病鸽场应对全群进行药物预防,对患鸽进行及时隔离治疗。

治疗可用下列药物:复方磺胺五甲氧嘧啶片,口服,每只每天0.05克(即1/10片),连用5～10天。磺胺二甲嘧啶、磺胺对甲氧嘧啶、磺胺间甲氧嘧啶、螺旋霉素、四环素等治疗均有效(具体使用方法参见使用说明)。

三、鸽六鞭原虫病

六鞭原虫病或称传染性卡他性肠炎,是由火鸡六鞭原虫寄生于鸽小肠所引起,以严重下痢为特征,死亡率很高,由病鸽排泄物传播,本病也发生于火鸡、雉、鹌鹑、鹧鸪、孔雀等禽类。

【流行特点】 火鸡、雉、鹌鹑等禽类都可成为感染源,通过食入感染禽类的粪便或污染的饲料和饮水而直接传播。很多康复的禽类可成为带虫者,而在其粪便中排出。

【临床症状】 受感染幼鸽发生水样下痢,羽毛干枯不整洁,尽管不停地采食,但体重很快下降。病初表现神经过敏和好动,后期出现精神委顿和扎堆,接近晚期时发生惊厥和昏迷,最后衰竭死亡。

【病理变化】 病变为小肠上段卡他性炎症,呈球状扩张(特别是十二指肠及空肠上部),充满水样内容物。肠腺中含有大量的火鸡六鞭原虫,靠其后鞭毛吸附于上皮细胞上。

【诊　断】 在十二指肠和空肠黏膜刮取物的新鲜涂片中发现六鞭原虫可确诊。六鞭原虫呈快速的急冲运动(毛滴虫是急拉式运动)。检查中为避免通过工具污染其他肠道原虫,应首先打开十二指肠。如刮取已死数小时幼鸽的肠内容物,置于加有一滴40℃平衡盐溶液的载玻片上,镜检发现虫体(图5-3)。

【防治措施】 很多鸽可成为带虫者,故种鸽和幼鸽应隔离饲养;如有可能,最好由不同的饲养人员饲养。同一鸽群应有

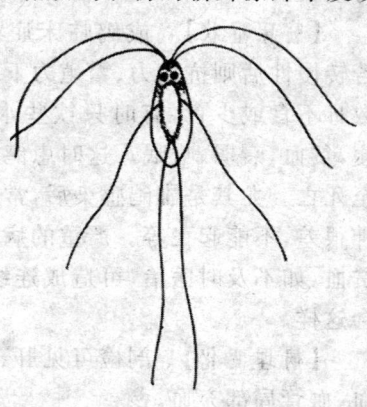

图 5-3　火鸡六鞭原虫
(仿 McNeil 等)

专用饲料槽和饮水器。消除带虫者,隔离病禽,饲槽和饮水器应保持清洁卫生。

预防和治疗六鞭原虫病可用下列药物:金霉素,按0.022%~0.044%加于饲料中,连喂2周。土霉素,按0.22%加于饲料中,连喂2周。

四、鸽血变原虫病(鸽疟疾)

本病是以引起贫血、消瘦、衰弱、红细胞内出现条状异染物为特征的一种血液寄生虫病。

【流行特点】 鸽血变原虫主要寄生在鸽红细胞和其他器官的内皮细胞内,具有专一性的宿主,即是家鸽和野鸽;火鸡、水禽、猫头鹰等,也可感染发病。鸽血变原虫与疟疾原虫、住白细胞原虫同属疟疾原虫科,所以又称鸽疟疾。本病由吸血昆虫进行传染,鸽虱蝇和螨是本病的主要传播媒介。而且本病只有在鸽虱蝇或螨体内变成繁殖体(孢子体)才有致病力。即使将患鸽的血液直接接种到健康鸽体,也不会引起发病。因此驱杀蝇、螨就成为防制本病的极为重要的一环。

【临床症状】 成鸽临床症状不明显,经数天后可自行恢复。若转慢性后则抗病力、繁殖力下降,也不愿孵化与哺乳。其他患鸽数日不食或少食,有时只饮些水,表现精神不振,缩头,进行性消瘦,贫血,衰弱,嗜眠。这时患鸽抵抗力下降,容易感染其他疾病甚至死亡。尤其是雏鸽感染后,常表现发病突然,急性经过,厌食,精神很差,不能起飞等。严重的病鸽废食,精神极度沉郁,毛松,严重贫血,如不及时医治,可造成连续死亡,尤其是遇到不良应激时更会这样。

【病理变化】 剖检可见肝、脾肿大,呈黑褐色,发生失血性贫血,血管局部充血。

【诊 断】 血涂片镜检见有生殖体(或称配子体),因而确诊本病有赖于血液检查,即取患鸽血液涂片,用罗曼诺斯染色法染色,镜检可见红细胞内的配子体。

【防治措施】 防治本病首先应大力搞好鸽场周围及舍内的日常环境卫生管理,消灭螋、鸽虱蝇和其他吸血昆虫,有条件的还可在鸽舍设置防吸血昆虫的装置;其次要加强检疫,及时诊断,发现病鸽立即隔离治疗或淘汰,以免传染媒介继续扩展本病;提高饲料质量,以增强鸽体的抵抗能力;含5%青蒿全粉的保健砂对本病有预防作用。

治疗可用下列药物:阿得平,每次每只口服0.1克,每天1次,连用3天。喹宁,用药量可参见使用说明。扑疟喹(磷酸伯氨喹啉),良种鸽可用扑疟喹治疗,每次1片(规格按每片内含7.5毫克)喂4只,每天1次,连续7~10天,首次量加倍;也可配成饮水让其自饮。

五、鸽毛滴虫病

本病又称口腔溃疡,亦称为"鸽癀"。是常见的鸽病之一,病原是禽毛滴虫,虫体呈梨形,移动迅速,长5~9微米,宽2~9微米(图5-4)。最常见的特征变化是口腔和咽喉黏膜形成粗糙钮扣状的黄色沉着物;湿润者,称为湿性溃疡;呈干酪样或痂块状则称为干性溃疡。脐部感染时,皮下形成肿块,呈干酪样或溃疡性病变;波及内脏器官时,便引起黄色粗糙界线明显的干酪样病灶,结果导致实质器官组织坏死。

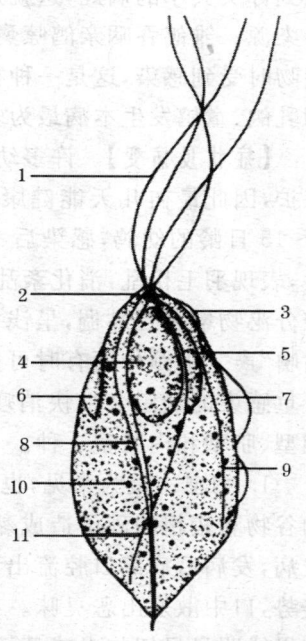

图5-4 禽毛滴虫模式图
(引自 Lund)
1.前鞭毛 2.毛基体 3.波动膜的缘线 4.核 5.副基体 6.口部 7.波动膜 8.轴刺 9.肋 10.细胞质颗粒 11.副基纤维

【流行特点】 病鸽因口腔溃疡而妨碍采食,在幼鸽和生长期鸽中可引起很高的死亡率。目前大约20%的野鸽和60%以上的家鸽都是本病的带虫者。这些鸽子不表现明显的临床症状,但能不断地感染新鸽群,这样就使得本病在鸽群中连绵不断。由于许多成鸽是无症状的带虫者,它们常是其他鸽子,特别是乳鸽的传染源。因而消灭成鸽体内的病原就是预防和控制本病的重要途径。

本病主要是接触性感染,在一些成鸽的口腔和咽喉黏膜上可见到针头大小的病灶,这就是毛滴虫的聚积物,也就是传播本病的传染源。雏鸽吞咽亲鸽嗉囊中的鸽乳可遭受传染;成年鸽在婚恋接吻时受到感染,这是一种特有的禽类疾病传染途径。2~5周龄的乳鸽、童鸽发生本病最为多见,且病情亦较严重。

【症状及病变】 许多幼鸽从带虫的母鸽获得母源抗体而得到保护,因此最初几天能健康地生长。而急性型病例,通常发生于6~15日龄的幼鸽,感染后10天左右死亡。乳鸽、童鸽感染本病后,表现羽毛松乱,消化紊乱,腹泻和消瘦,食欲减退,饮水增加,口腔分泌物增多且黏稠,呈浅黄色。患鸽呼吸受阻,有轻微的"咕噜咕噜"声。下颌外面有时可见凸出,用手可摸到黄豆大小的硬物。严重感染的幼鸽会很快消瘦,4~8天内死亡。根据症状,可分为咽型、脐型和内脏型3种。

1. **咽型** 最为常见,也是危害最大的一型。当摄入大量尖利的谷物和较粗的砂子造成黏膜破损,可促进病原侵入黏膜而感染发病,发病后病鸽口腔流出青绿色的涎水,嗉囊塌瘪,伸颈作吞咽姿势,口中散发出恶臭味。在鸽的咽喉部,可见浅黄色分泌物,或有界线明显呈纽扣大或黄豆大干酪样沉积物,有些病鸽的整个鼻咽黏膜均匀散布一层针尖状病灶,在不同程度上妨碍了鸽子采食、饮水和呼吸。因而有些患鸽常张口摇头,使劲从口腔中甩出浅红色黏膜块或黄色黏膜块的胶水样堵塞物,连续不断地甩,直甩得两眼潮湿流泪,难受不堪。

2. 脐型　当巢盘和垫料沾污时,病原可以侵入乳鸽脐孔而引起本型毛滴虫病。表现在鸽的脐部皮下形成炎症或肿块,肿大的切面是干酪样或溃疡性病变。这一类型较少见。患病乳鸽外观呈前轻后重,行走困难,鸣声微弱,抬头伸颈受喂困难。有的发育不良而变成僵鸽,病重的还会导致死亡。

3. 内脏型　本型一般是食入被污染的饲料和水而被感染。病鸽常表现精神沉郁,羽毛松乱,食料减少,饮水增加,有黄色黏性水样的下痢(似硫黄色,带泡沫),龙骨似刀,体重下降。随着病情的发展,该虫可侵袭到鸽的内部组织器官。病变发生在上消化道时,嗉囊和食管有白色小结节,内有干酪样物,嗉囊有积液。肝脏、脾脏的表面也可见灰白色界线分明的小结节。在肝实质内,有灰白色或深黄色的圆形病灶。但应注意白喉(黏膜)型的鸽痘、鸽念珠菌病的喉部病变与本病相似。鸽沙门氏菌病和结核病的肝、脾小结节也与本病相似,应注意区别。

另外,还有多发生在刚开产的青年母鸽或难产(卵秘)母鸽的泄殖腔,表现泄殖腔腔道变窄,排泄困难,甚至粪便往往积蓄于腔中。粪便中有时还带血液和恶臭味,肛门周围羽毛被稀粪沾污,翅下垂,缩颈呆立,尾羽拖地,常呈企鹅样,最后全身消瘦衰竭死亡。泄殖腔型是一种不可忽视的病型,应引起重视,不能忽略。

【诊　断】　根据临床症状和病理变化可做出初步诊断。采集口腔或嗉囊病变组织或黏液直接涂片,镜检发现虫体后可确诊。

【防治措施】

1. 预防措施　预防本病主要应在平时定期检查鸽群口腔有无带虫,最好每年定期检查数次,怀疑有病者,取其口腔黏液进行镜检。在饲养管理上,成鸽与童鸽应分开饲养,有条件的成鸽单栏饲养,幼鸽小群饲养,并注意饲料及饮水卫生。病鸽和带虫鸽应隔离饲养,并用药物治疗。

2. 治疗方法　治疗可以采取下述方法:

(1)结晶紫　配制成0.05%的溶液,自由饮水,连用1周。可以作预防和治疗之用。

(2)二甲硝咪唑(达美素)　配成0.05%水溶液,连续饮用3天,间隔3天,再用3天。

(3)灭滴灵(甲硝哒唑)　配成0.05%水溶液代替饮水,连用7天,停服3天,再饮7天,效果较好。

(4)碘液　经1∶1500稀释饮用3~5天,或在4.5升水中加入2茶匙的季胺类杀虫药饮用,对本病的治疗有一定的作用,但效果不如以上药物。

(5)硫酸铜　配制成1∶2000水溶液作饮水,对鸽的上消化道毛滴虫具有抑制作用。

(6)碘甘油或金霉素油膏　用10%碘甘油或金霉素油膏涂在已除去了干酪样沉积物的咽喉溃疡面上,效果很好。若遇泄殖腔型的,经过消毒清洗后,在肛门周围和肛门内腔中1厘米深的区域内,每日涂敷以上药物1次,一般连洗连用5~7天,也有一定的疗效。

(7)滴锥净　用人妇科用的滴锥净片配成1∶10的溶液,以棉签蘸取涂于局部患处,每日1次,一般经过1周左右,黄色干酪样物会自行脱落或很容易被剥离掉。

(8)鸽滴净　配成0.1%鸽滴净水溶液,供鸽群饮用2天,即能全部消除体内活虫体。疗效显著,是一种既高效又安全的良药。

第二节　鸽线虫病

一、鸽蛔虫病

本病是鸽子常见的一种内寄生虫病,病原为蛔虫,雄虫长20~70毫米,雌虫长50~95毫米。虫体寄生于鸽的小肠(有时也寄生在食道、腺胃、肌胃、肝脏或体腔),夺取营养物质,破坏肠壁细胞,影响肠的消化吸收功能,并产生有毒代谢产物,导致鸽子发病,明显消瘦,消化功能障碍,生长发育受阻,长羽不良,严重的也可导致死亡。

【流行特点】 各种日龄的鸽都可感染发病。幼鸽易受感染,尤其是与亲鸽隔离后的童鸽,对蛔虫更易感染,病情也较成鸽严重。成鸽的易感性较低,即使感染,病程也较长,只有虫体较多时,才会引起严重损伤以至死亡。鸽只有食入具有感染性的虫卵才会患本病。饲料、饮水、保健砂、泥土、垫料被带有虫卵的粪便污染,都是本病的主要传播途径。维生素 A 等营养成分不足和缺乏,会促进本病暴发,无症状的球虫感染鸽对蛔虫的易感性增强。

【临床症状】 本病症状的轻重与感染蛔虫的多少密切相关。轻度感染时,无可见症状;严重感染时,鸽的生长速度、生产性能和食欲等会明显下降,甚至出现麻痹症状;时间较长时,病鸽体重减轻,明显消瘦,垂翅乏力,常呆立不动,黏膜苍白,表现便秘与腹泻交替,粪中有时还带血或黏液。羽毛松乱,趾部水肿。啄食羽毛或异物,除头颈外,体表的其他部分长羽不良,食欲不振,皮肤有痒感,有时还可出现抽搐及头颈歪斜等神经症状。信鸽则飞翔能力下降。

【病理变化】 剖检可见病鸽肠道苍白、肿胀,上段黏膜损伤,肠道内可见蛔虫成虫数量不等,严重时竟达几百条之多,阻塞整个肠管,严重损害肠道功能。因此,定期驱虫控制感染极为重要。

【诊　断】 根据临床症状和病理变化可做出初步诊断,剖检发现虫体可确诊。

【防治措施】

1. 预防措施　平时应注意搞好鸽舍的清洁卫生,尤其要及时清除粪便,要求1～3天清粪1次,并尽量避免鸽与粪便接触,确保饲料和饮水卫生;鸽舍、食槽以及饮水器等要每天清洗,定期消毒。尽量做到童鸽与成鸽分群饲养。同时要定期驱虫,一般童鸽每

2～3个月全群驱虫1次；成鸽每年驱虫1次；信鸽于比赛前半个月驱虫1次。

2. 治疗方法　驱虫药物可选用以下几种：

(1)盐酸左旋咪唑　每次每只半片（每片25毫克）或每千克体重1片，晚上喂服。轻者1次，重者2次。驱虫效果可靠。

(2)哌哔嗪（驱蛔灵）　每次每只半片，或按每千克体重200～250毫升，连用2晚，在驱虫的同时，还应在次日清除粪便。

(3)四咪唑（驱虫净）　按每千克体重给药40～50毫克的剂量喂服。

(4)抗蠕敏（丙硫苯咪唑）　按每千克体重30毫克，早晨空腹经口投服；也可拌于当天1/3的饲料中服用。但产蛋鸽偶见引起产蛋量下降。

(5)敌百虫　用0.1%敌百虫溶液消毒场地。

一次驱虫不一定能彻底驱净，最好隔1周再驱1次，在驱虫后还应增加饲料营养，多喂含维生素A的AD_3粉、维生素AD_3E乳剂或鱼肝油，尽快医治肠道创伤。

二、鸽毛细线虫病

本病是由寄生于鸽子小肠前半部的毛细线虫引起的鸽最普通的蠕虫病。引起本病的毛细线虫有鸽毛细线虫、膨尾毛细线虫。鸽毛细线虫虫体纤细，呈毛发状，雄虫长6.9～13.0毫米，宽49～53微米，雌虫长10～18毫米，宽约80微米（图5-5）。虫卵大小为44～46微米×22～29微米，卵壳上有网状纹理。膨尾毛细线虫长8.8～17.6毫米，宽33～51微米，

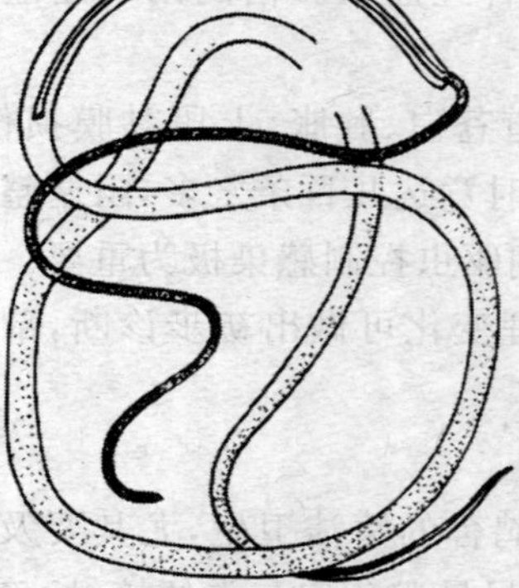

图 5-5　鸽毛细线虫
（仿 Gagarin）

雌虫长 11.9～25.4 毫米，宽 38～62 微米（图 5-6）。卵壳厚，上有细的刻纹。

【流行特点】 在发育过程中，鸽毛细线虫不需要中间宿主，膨尾毛细线虫需蚯蚓为中间宿主而间接发育。虫卵随粪便排出，鸽食入含有幼虫的虫卵后被感染。

【临床症状】 幼鸽患本病一般不表现任何症状，严重感染时，表现食欲消失，大量饮水，精神沉郁，羽毛松乱，低头闭目，消化紊乱，腹部不适。开始时呈间歇性下痢，继而呈相当稳定

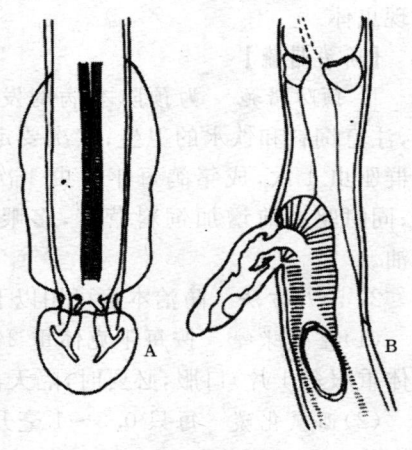

图 5-6 膨尾毛细线虫
（仿 Wakelim,1965）
A. 雄虫尾部 B. 雌虫阴门部

性下痢，随后下痢加剧，或排出红色黏液样粪便，还出现皮肤干燥和严重贫血。病鸽很快消瘦。重症的童鸽 1 周后严重脱水，昏迷衰竭死亡。如感染捻转毛细线虫时，因主要是嗉囊受损，外表可见嗉囊膨大，使颈部迷走神经受压迫，导致呼吸困难、运动失调及麻痹而死。

【病理变化】 由于毛细线虫在肠壁内穿行，并分泌溶肠组织的物质，造成肠道严重炎症和出血，肠壁增厚，内有较多积液。病程长的变成黄白色小结节以至坏死，形成假膜，有异臭味。用小刀小心地刮下肠或嗉囊的黏膜，置于有生理盐水的器皿中，便可发现比头发还细、约 5 厘米长、颜色与黏膜相同的小虫体。信鸽感染少量的毛细线虫不表现明显症状，可能只是飞行成绩稍微下降；轻微感染的肉鸽，仅在生产性能方面稍有影响。

【诊　　断】　根据病鸽消瘦、腹泻、出血性肠炎及小肠上段有卡他性渗出物和肠壁增厚等典型症状、病变可做出初步诊断,确诊需发现虫体。

【防治措施】

1. 预防措施　为预防本病的发生,首先应避免鸽与粪便接触,注意饲料和饮水的卫生;其次要定期驱虫,一般童鸽每3个月全群驱虫1次,成年鸽每年驱虫1次,信鸽比赛前半个月驱虫1次;同时驱虫前增加饲料营养,多喂含维生素A的多维素或鱼肝油。

2. 治疗方法　防治本病可用以下药物:

(1)左旋咪唑　按每千克体重24～30毫克(一般使用时每千克体重服药1片)口服,必要时,隔天再重复1次。

(2)四氯化碳　每只0.5～1毫升,用细橡皮管直接将药物输入食管中。

(3)甲氧啶(美沙利啶)　每千克体重200毫克口服,或饮水中含0.2%～0.4%甲氧啶,饮服24小时;如按每千克体重25毫克,用蒸馏水配成10%水溶液,一次颈部皮下注射,可收到100%的驱虫效果。

(4)噻咪唑　按每千克体重40毫克,配成水溶液,供鸽饮用,疗效可达90%以上。

三、鸽鸟圆线虫病

鸽鸟圆线虫病是由四辐射鸟圆线虫寄生于鸽小肠内引起的一种线虫病,可引起鸽的严重伤亡。分布于世界各地,我国南方福建、台湾等地区常见。四辐射鸟圆线虫虫体纤细,新鲜时呈鲜红色,常呈回旋蜷曲如螺旋状,头部角皮膨大,形成头泡。雄虫长9～12毫米,雌虫长18～24毫米(图5-7)。感染性幼虫被鸽吞食后经6～7天在小肠内发育为成虫。

【临床症状】　由于卡他性肠炎和出血引起失血导致病鸽严重

伤亡。严重感染的鸽精神委顿，离群，蹲坐地上，若驱使其运动，则运动和飞翔时身体易失去平衡，头和胸向前歪倒。吃食很少，常呕出带胆汁的液状物，腹泻，排绿色或浅红色稀薄粪便，病鸽逐渐消瘦，通常死前的症状为呼吸困难或急促。

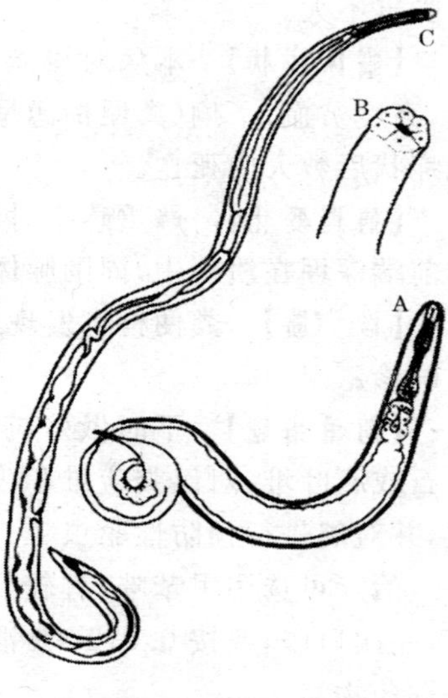

【病理变化】 剖检病死鸽可见肠道显著出血，含绿色黏液样内容物，有剥落的坏死上皮碎片。

【诊　断】 根据临床症状和病理变化可做出初步诊断，确诊需进行虫体检查。

图 5-7　鸟类圆线虫
A. 自由生活的雄虫
B. 寄生生活雌虫的头部
C. 寄生生活的(孤雌生殖的)雌虫
（A 仿 Cram，B 和 C 仿
Sakamoto 和 Sarashina）

【防治措施】 预防需注意鸽舍清洁卫生，及时清除粪便，定期驱虫。治疗可用枸橼酸哌嗪，每只每次 0.5～1 片(0.3 克/片)，每天 1 次，连喂 2 天。

四、鸽锐形线虫病

鸽锐形线虫病是由旋锐形线虫寄生于鸽的食管、腺胃引起的，我国各地都有分布。常引致鸽子死亡。旋锐形线虫雄虫长 7～8.3 毫米，雌虫长 9～10.2 毫米。虫卵大小为 33～40 微米×18～25 微米，卵壳厚，内含幼虫。寄生于鸽、火鸡、鸡等腺胃和食管，罕见于肠。以节肢动物鼠妇为中间宿主。

【流行特点】 发病率与中间宿主鼠妇的季节动态有密切关系，通常 5～6 月份达高峰期。鼠妇生活在堆有污物的碎石块下，或腐叶堆中，致使放飞雏鸽易受感染，发病严重，死亡率也高。成禽受害不大。

【临床症状】 本病对雏鸽危害较大。患鸽食欲消失,迅速消瘦,高度贫血,下痢(粪便稀薄呈黄白色),羽毛蓬乱,缩头,垂翅,出现症状后数天内死亡。

【病理变化】 严重感染时,在腺胃黏膜形成花椰菜样溃疡,虫体前端深埋在溃疡中,周围腺体乳头变平,腺胃黏膜充血或出血。

【诊　　断】 粪便检查发现虫卵或尸体剖检发现虫体或虫卵即可确诊。

【防治措施】 平时做好鸽舍的清洁卫生工作,定期清除场内碎石或腐叶堆,对鸽粪应堆积发酵,用溴氰菊酯喷洒,消灭中间宿主,并对鸽进行预防性驱虫。

治疗可选用甲苯唑,有较好的效果,剂量为每千克体重30毫克,一次口服,或按0.012 5%混料喂服。也可用噻苯唑或丙硫咪唑等药物。

五、鸽四棱线虫病

鸽四棱线虫病是由分棘四棱线虫和美洲四棱线虫寄生在鸽的腺胃内所引起的一种线虫病。我国各地均有分布。火鸡、鸡、鸭、鹌鹑等都有感染。雄虫游离于胃腔中,体形纤细,体长5~5.5毫米。雌虫寄生于腺胃腺体内,呈亚球形,体长3.5~4.5毫米,宽3毫米(图5-8)。虫卵壳厚,内含有幼虫。

【临床症状】 成虫寄生在宿主鸽的腺胃内,引起腺胃卡他性炎症,同时虫体还吸血和分泌毒素,

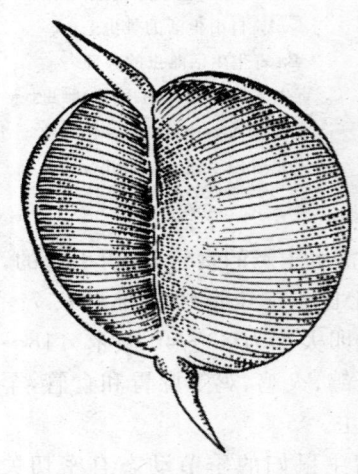

图5-8　美洲四棱线虫雌虫
（仿 Graybill）

影响消化功能。严重感染的患鸽消瘦,贫血,甚至死亡。

【诊　断】　粪便检查发现虫卵,或尸体剖检发现鲜红色的雌虫深埋在腺胃中,即可确诊。

【防治措施】　预防应消灭中间宿主,注意鸽舍的清洁卫生,定期消毒,清扫出的粪便要堆肥发酵,杀灭虫卵。

治疗可试用阿维菌素,皮下注射或内服,每千克体重 $0.2\sim0.3$ 毫克;越霉素 A,按每千克饲料 $5\sim10$ 毫克混饲,连续使用 8 周;潮霉素 B,按每千克饲料 $8\sim12$ 毫克混饲,连续使用 8 周。

六、鸽尖旋线虫病

鸽尖旋线虫病是由孟氏尖旋线虫(图 5-9)寄生于鸽的瞬膜下、结膜囊和鼻泪管中引起眼炎的一种线虫病。鸡、火鸡、鹌鹑、孔雀、鸭等均可感染。分布于世界的许多温湿地区,我国南方较为常见。

【流行特点】　鸽啄食含有感染性幼虫的中间宿主蟑螂而受感染,大约 30 天即可发育成熟。各种野鸟都能受家禽眼虫的感染,也可作为家鸟的感染来源。

【临床症状】　病鸽不安静,不断搔抓眼部,常流泪,呈重度眼炎。瞬膜肿胀,在眼角处稍突出于眼睑之外,并常连续不断地转动,试图从眼中移出某些异物。有时眼睑黏连,在眼睑下聚积有白色乳酪样的物质。严重时转为急性结膜炎。在结膜囊中蓄积脓样渗出物,炎症

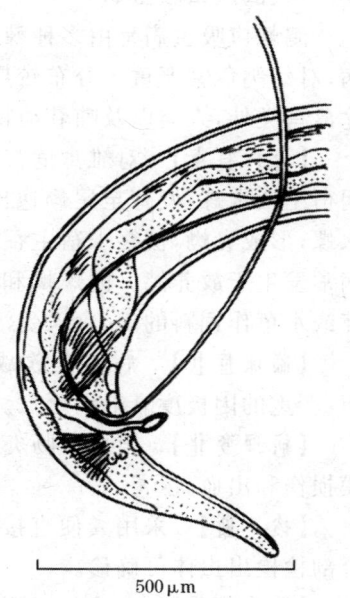

图 5-9　孟氏尖旋尾线虫
(仿 Ranson,1904)

延至眼周围组织和眼窝,发生眼球炎。导致眼球损坏,可引起鸽死亡。

【诊 断】 在病鸽眼内发现虫体即可确诊。但应注意当严重病例病鸽眼内几乎找不到虫体。

【防治措施】 预防应注意消灭蟑螂和搞好鸽舍的清洁卫生。

治疗可用1‰~3‰噻苯唑液滴眼,或用手术方法取出虫体。发生结膜炎或角膜炎时可用金霉素软膏治疗。

第三节 鸽吸虫病

一、鸽棘口吸虫病

鸽棘口吸虫病是由多种棘口吸虫寄生于鸽肠道所引起的吸虫病,对幼鸽危害严重。分布较广,在长江流域以南各省普遍流行。除禽鸟类外,人类以及哺乳动物中的猪、狗、猫、兔等也可感染。

【流行特点】 对雏禽危害大。由虫卵孵出毛蚴后侵入第一中间宿主淡水螺,发育至尾蚴逸出;侵入第二中间宿主蝌蚪、鱼及淡水螺,形成囊蚴,被终末宿主吞食,经16~22天发育为成虫。故此病常发生于放养鸽。因螺蛳和蝌蚪多与水生植物一起孳生,以浮萍或水草作饲料的鸽,食入受污染饲料后即可感染。

【临床症状】 病鸽食欲减退,下痢,消瘦,贫血,生长发育受阻,严重的因极度衰竭而死亡。

【病理变化】 出血性肠炎,肠黏膜肿胀,虫体附着部位可见黏膜损伤和出血。

【诊 断】 采用粪便直接涂片或用水洗沉淀法检查虫卵,结合剖检检出虫体可确诊。

【防治措施】 在流行区用药物定期驱虫;清扫出来的粪便堆肥发酵,杀灭虫卵;加强饲养管理,搞好饮水、饲料和鸽舍卫生;消灭中间宿主淡水螺。

治疗可用丙硫咪唑,按每千克体重 20～25 毫克,口服;吡喹酮,按每千克体重 10～15 毫克,口服;氯硝柳胺,按每千克体重 100～150 毫克,一次口服。

二、鸽前殖吸虫病

前殖吸虫有多种,以卵圆前殖吸虫和透明前殖吸虫分布较广,寄生于鸽的输卵管、法氏囊。偶见于禽蛋内。常引起输卵管炎,病禽产畸形蛋,有的因继发腹膜炎而死亡。本病呈世界性分布,在我国许多省、直辖市和自治区均有报道,以华东、华南地区多见。

【流行特点】 前殖吸虫发育均需要两个中间宿主,第一中间宿主为淡水螺类,第二中间宿主为各种蜻蜓的成虫和稚虫。多呈地方性流行,流行面广,流行季节与蜻蜓出现的季节相一致。禽类吞食了含有前殖吸虫囊蚴的蜻蜓幼虫、稚虫和成虫而感染。本病常在野禽之间流行,构成了自然疫源地。

【临床症状】 感染初期,食欲及产蛋均正常,感染月余后,产蛋率下降,逐渐出现畸形蛋、软壳蛋或无壳蛋。随着病情发展,食欲减退,消瘦,羽毛脱落,精神不振,停止产蛋,有时从泄殖孔排出蛋壳碎片或流出石灰水样液体,腹部膨大,肛门潮红,肛门周围羽毛脱落。后期体温升高,饮欲增加,可导致死亡。

【病理变化】 主要病变是输卵管炎,输卵管黏膜充血,极度增厚,在黏膜上可找到虫体。此外尚有腹膜炎,腹腔内含有大量黄色浑浊的液体,脏器被干酪样凝集物黏着在一起,肠间可见到浓缩的卵黄,浆膜呈现明显的充血和出血,有时出现干性腹膜炎。

【诊　　断】 剖检在输卵管等处发现虫体,或用水洗沉淀法检查粪便,发现虫卵即可确诊。

【防治措施】 定期驱虫,在流行地区根据发病季节进行有计划的驱虫;消灭第一中间宿主,有条件地区可用药物杀灭之;防止鸽群啄食蜻蜓及其稚虫,在蜻蜓出现季节勿在清晨或傍晚及雨后到池塘边放飞采食,以防感染。

治疗可试用硫双二氯酚,每千克体重 200 毫克,一次口服;吡喹酮,每千克体重 60 毫克,一次口服;丙硫咪唑,每千克体重 100 毫克,一次口服。

三、鸽嗜眼吸虫病

鸽嗜眼吸虫病由涉禽嗜眼吸虫寄生于鸽的眼瞬膜、结膜囊引起。对幼禽危害严重,我国南方多见。鸡、鸭、鹅、孔雀等均有感染。

【流行特点】 涉禽嗜眼吸虫以黑螺为中间宿主,浮萍和螺蛳是传播媒介。放养禽类通过采食水域中的水生植物、小螺等而感染,从口腔感染后,虫体经上腭裂缝、鼻腔而进入眼部;也可通过眼部接触囊蚴而感染,该途径感染的虫体成活率最高,并可返回鼻腔而移行到另一个眼中。我国南方每年 5、6 月与 9、10 月是感染最严重时期。

【临床症状】 禽类感染涉禽嗜眼吸虫后,眼部受到机械性刺激和虫体分泌毒素的影响,导致眼结膜充血、流泪,眼睛红肿,结膜与瞬膜混浊,甚至化脓溃疡,眼睑肿胀和紧闭,严重的双目失明不能寻食而致消瘦,羽毛松乱,有时两腿瘫痪,严重者引起死亡。成年禽感染后,症状较轻,出现结膜角膜炎、消瘦等症状。

【诊　断】 根据病鸽眼部有无黏膜充血、眼睑肿大、化脓溃疡等典型病变可做出初步诊断,从结膜囊中检出虫体可确诊。

【防治措施】 应注意在流行季节防止在水边放飞鸽群,在鸽场旁的河道沟渠中大力消灭黑螺等螺蛳,切断感染途径;在流行区用作鸽饲料的浮萍、河蚬等应用开水浸泡杀灭囊蚴后再供食用;经常检查,发现病鸽及时驱虫。

治疗可用 75% 酒精滴眼,虫体可随着泪水排出眼外,少数寄生在较深部的虫体可在再次酒精滴眼时驱出,但对眼睑有刺激作用,需 4～5 天后才消失。

四、鸽顿水吸虫病

鸽顿水吸虫病由布氏顿水吸虫寄生于鸽的肾脏所引起的吸虫

病。国内少数地区有报道。

【病　原】　虫体呈长舌状,长达 3 毫米,体表不光滑,口吸盘位于亚前端(图 5-10)。睾丸相对斜列,生殖孔开口于卵巢之前。卵巢呈三角形或横长方形,斜列于两睾丸前方。虫卵呈长梭形,不对称,大小为 33～44 微米×15～18 微米。

【流行特点】　顿水吸虫以钻头螺作为中间宿主,含囊蚴的螺被鸽吞食后,经移行,11～15 天在肾脏发育为成虫。鸽吞食含囊蚴的中间宿主螺类而遭感染。

【临床症状】　肾脏及输尿管发炎,肾壁增厚,肾集合管扩张。

【诊　断】　检查尿液发现虫卵,或剖检时在肾脏、输尿管发现虫体可确诊。

【防治措施】　应注意杀灭中间宿主钻头螺或避免鸽与其接触。

治疗可试用吡喹酮,一次量按每千克体重 10～20 毫克,内服;也可用硫双二氯酚,一次量按每千克体重 100～200 毫克,内服。

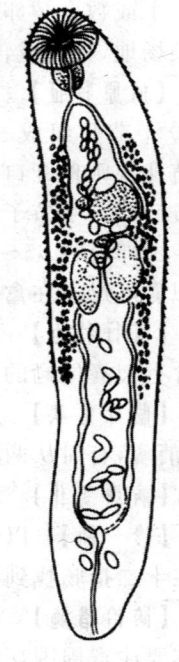

图 5-10　布氏顿水吸虫腹面观

(仿 Maldonado,1945)

第四节　鸽绦虫病

一、鸽戴文绦虫病

戴文绦虫病是由节片戴文绦虫引起的,是鸽最常见的绦虫病之一。本病对幼鸽的感染率最高,危害较大。节片戴文绦虫寄生在鸽的十二指肠和小肠内,从宿主鸽的肠道内容物中吸取营养物质和排出有害的产物,使鸽子的消化吸收功能紊乱。同时每天都有一个或数个孕卵节片从虫体的后端脱落,随鸽粪便排出体外,而污染场地,为构成再次感染创造条件。

【病原特征】 节片戴文绦虫成虫短小,长 0.5～3.0 毫米,由 4～9 个节片组成。头节小,顶突和吸盘上均有小钩,但易脱落。生殖孔规则地开口于每个节片的侧缘前部。睾丸 12～15 个,位于体节后部。孕节子宫分裂为许多卵囊,每个卵囊内含有一个六钩蚴。虫卵直径 35～40 微米。以蛞蝓和蜗牛类为中间宿主,中绦期为似囊尾蚴。在禽体内经 12～16 天发育为成虫。

【流行特点】 饲养管理差及放养鸽群一般都有感染。鸽因吞食含有似囊尾蚴的中间宿主而感染。

【临床症状】 患鸽经常发生腹泻,粪中含黏液或带血,高度衰弱,消瘦,有时从两腿开始麻痹,逐渐发展波及全身以至死亡。

【病理变化】 剖检病鸽可见肠道黏膜增厚、出血。

【诊　　断】 以水洗沉淀法检查粪便发现孕卵节片,或尸体剖检在十二指肠找到虫体可确诊。

【防治措施】 防治本病应经常除净粪便,并堆沤杀虫处理。尤其要注意周围环境卫生的改善,并不断清除鸽场周围的污物杂草和乱砖瓦砾,填平低洼潮湿地段,以减少甚至消灭蛞蝓、蜗牛等中间宿主的生存。同时还应对鸽群定期驱虫,每年至少 1～2 次。

驱虫可用下列药物:

1. 吡喹酮　每千克体重用 15～20 毫克混料,一次饲喂;1 周后按每千克体重用 20 毫克再混料饲喂 1 次。

2. 槟榔片　每只每次 1 克,或按每千克体重 1～1.5 克,煎汁后早上空腹灌服,也可根据病情轻重再服 1 次。

3. 硫双二氯酚(别丁)　按鸽每千克体重 150～200 毫克拌料一次内服,4 天后再重复用药 1 次。为慎重起见,在大群驱虫之前,最好做少批驱虫试验,然后全群驱虫。

4. 石榴皮、槟榔合剂　取石榴皮、槟榔各 100 克,加水 1 000

毫升,煮沸1小时即得(约剩800毫升)。水煎剂用量为20日龄以内雏鸽每只1毫升;30日龄每只1.5毫升;30日龄以上每只2毫升,2日内喂完。

5. 甲苯咪唑　按每千克体重30毫克,一次混饲,连喂3天。但信鸽应在飞翔比赛前半个月先进行驱虫,以免影响体质和赛绩。

二、鸽赖利绦虫病

赖利绦虫病由四角赖利绦虫引起,也是鸽子最常见的绦虫病之一,危害较大,对幼鸽的感染率最高。四角赖利绦虫寄生在鸽小肠内,从宿主鸽的小肠道内容物中吸取营养物质和排出有害产物,使鸽的消化吸收功能紊乱。

【病原特征】　四角赖利绦虫长达25厘米,头节较小,吸盘卵圆形,有小钩,顶突上有钩2列,生殖孔一侧开口,孕节中每个卵袋内含卵6~12个,虫卵直径25~50微米。中间宿主为蚂蚁。鸽啄食含似囊尾蚴的蚂蚁而感染,经19~23天在小肠内发育为成虫。

台湾赖利绦虫虫体长17厘米,顶突盘状,有2圈小钩。生殖孔位于节片的一侧中部前,孕节中每个卵袋内含3~8个卵,虫卵直径36~42微米。

【临床症状】　饲养管理差及放养鸽群都有感染。鸽因吞食含有似囊尾蚴的中间宿主而感染。轻微的绦虫感染,除了飞行成绩下降外,一般在临床上无症状表现。严重感染的患鸽,特别是雏鸽,出现消化障碍,粪便变稀而混有淡黄色或血样黏液,食欲下降,多饮水,行动迟缓,羽毛松乱,两羽下垂,头和颈扭曲,有时出现神经性痉挛,最后衰竭而死亡。

【病理变化】　剖检病鸽可见肠黏膜肥厚,肠腔内有许多黏液,恶臭,黏膜黄染。肠黏膜上有结核样的小结节,结节中央凹陷,内常有虫体或黄褐色凝乳样栓塞物,也有变大成疣状溃疡。大量感染时虫体聚集成团,引起肠阻塞或肠管显著扩张和肠黏膜剥落,甚至导致肠管破裂而引起腹膜炎病变。

【诊　　断】　以水洗沉淀法检查粪便发现孕卵节片,或尸体剖检在十二指肠找到虫体可确诊。

【防治措施】　鸽舍内外定期杀灭蚂蚁和昆虫,幼鸽和成鸽分开饲养,定期检查,定期驱虫,及时清除粪便并堆积处理。新引入的鸽类应先驱虫再合群。

治疗方法同戴文绦虫病。

第五节　鸽体外寄生虫病

一、鸽羽虱

虱为禽类常见的外寄生虫,呈世界性分布,种类很多,具有严格的宿主特异性,寄生于鸽体表的主要有鸽长羽虱和鸡羽虱。羽虱以羽毛为食,但有时也吸血。由于羽毛虱永久寄生在鸽身上,因而对鸽的危害极大。

【病原特征】　羽虱的特征为头的腹面有咀嚼式上颚。身体背腹扁平,无翅,有一对3～5节的短触角。发育属不完全变态,均在宿主身上完成。虱卵成簇附着于羽毛上。

鸽长羽虱寄生于鸡、鸽。体细长,约2毫米,雄虫触角的第一节特别膨大,第三节上有侧突起。

鸡羽虱寄生于鸡、鸽。虫体淡黄色,头部后均匀扩展,呈宽三角形。雄虫长1.0～1.7毫米,雌虫体长1.8～2.0毫米。头部有红褐色斑,后颊部向左右突出,尖端有刚毛数根,眼部凹陷,有黑色素,腹部每节背面有1列长毛。

【流行特点】　密切接触是虱在鸽间传播的主要方式。使用被污染的运输用具(木箱、纸箱、蛋箱等)是常见的引入途径。鸽长羽虱也可由鸽虱蝇携带而在鸽间传播。

【临床症状】　虱对成年鸽无严重致病性,但雏鸽感染后可能死亡。患鸽瘙痒不安,经常啄羽,羽毛蓬乱无光泽,部分羽毛脱落,食欲减退,消瘦,表皮有叮咬伤痕,发育受阻,生产力下降。

【诊　　断】　在皮肤或羽毛上发现浅褐色的虱子可确诊。

【防治措施】

1. 预防措施　勿让野禽或家禽接触鸽群,防止外来禽鸟带入羽虱。定期检查鸽群有无虱子(至少每月2次),加强鸽舍卫生和饲养管理,坚持对鸽舍、鸽巢、运动场、用具和运输工具彻底清洗消毒。

2. 治疗方法　对感染鸽做好必要的治疗,可采用杀虫药沙浴、水浴或撒粉,须进行2次,间隔7～10天。具体操作方法如下:

(1)沙浴法　用50千克细沙内加入硫黄粉5千克,充分混匀,铺成10～20厘米厚,让鸽自行沙浴,以杀死羽虱。

(2)水浴法　用0.1%的敌百虫溶液或0.7%～1.0%氟化钠水溶液给鸽进行水浴。为了增强氟化钠的杀虱效果,可加入0.3%肥皂水。另外,还可用5%溴氰菊酯原液加2000倍水稀释进行水浴;或用可湿性硫黄溶液(40升水加可湿性硫黄180～300克)进行浸浴,一般在药浴1～2周内杀虱效力可达100%。但要求进行2次治疗,间隔7～10天进行1次即可。此法宜在天气暖晴时采用,在直接防治的同时,还应用同样药物消毒鸽舍,以期较全面地扑杀羽虱。

(3)撒粉法　将药物配成粉状,散布于鸽体有虱寄生处。常用4%马拉赛昂或0.5%蝇毒磷粉剂撒粉;或用硫黄10克,滑石粉90克混匀;或用1%马拉硫磷粉剂撒在鸽身上或窝内;或用5%除虫菊粉揉抹在羽毛中。

二、鸽虱蝇

鸽虱蝇是一种寄生蝇,寄生于雏鸽体表吸血,为湿湿地区或热带地区的一种相当重要的家鸽寄生虫,分布于我国各地。

【病原特征】　鸽虱蝇成虫背腹扁平,呈暗棕色,长约6毫米,有两个透明的翅,略长于身体。头部有一个粗短的喙,喙基部深入头内,触须长,内侧有槽居喙两侧作为喙鞘。鸽虱蝇为卵生,卵在雌虫体内孵化为幼虫,幼虫在子宫内吸取乳汁为营养,至成熟的3龄幼虫时产出,落地入土即变为蛹,蛹的阶段大约需30天,由蛹再羽化为成虫,成虫寿命约45天。

【临床症状】 鸽虱蝇主要寄生于鸽体,钻穿于羽毛间,行动快速,以吸血为生,是温暖或热带地区家鸽的主要寄生虫之一,特别是对2～3周龄的雏鸽危害甚大,而且还是鸽痘、鸽疟疾和鸽血变原虫病的传播者。也可叮咬人类,在皮肤上造成可持续数日疼痛的伤口。受侵袭的鸽受失血和刺激之害,表现有痒感而骚动不安,用喙啄羽毛,贫血,消瘦,发育受阻。

【诊　　断】 根据病鸽瘙痒、骚动不安等症状,结合病原检原可确诊。

【防治措施】 控制本病应及时清理并烧掉脏的巢草,清除巢内的幼虫和蛹,以及杀灭鸽体的成虫。笼舍、墙缝、巢窝喷杀虫药。保持鸽舍卫生,要求做到每15～20天进行1次鸽巢及周围环境的清洁卫生及喷药消毒,并将清除物烧毁。

鸽体的虱蝇可用杀虫药沙浴,可用0.003%～0.005%溴氰菊酯溶液或0.005%～0.01%氰戊菊酯溶液喷洒鸽体,或揉搓到鸽的皮肤上。

三、鸽皮刺螨病

皮刺螨病是由鸡皮刺螨寄生于鸽、火鸡和鸡等禽类的体表引起的一种外寄生虫病。皮刺螨寄居于鸽窝巢内,吸食鸽血。有时也侵袭人体吸食血液。严重侵袭时,可使鸽日渐消瘦、贫血,生产力下降,还可传播禽霍乱和螺旋体病。

【病原特征】 鸡皮刺螨,又称红螨,呈长椭圆形,后部略宽,饱血后虫体由灰白色转为红色,体表密布细毛。雌螨长0.72～0.75毫米,宽0.4毫米,饱血后可长达1.5毫米(图5-11);雄螨长0.6毫米,宽0.32毫米。体表有细皱纹并密生短毛;背面有盾板1块,前宽后窄,后缘平直。雌螨腹面的胸板非常扁,有刚毛2对;生殖板前宽后窄,后端钝圆,有刚毛1对;肛板圆三角形,有刚毛3根,肛门位于后端。雄螨胸板与生殖板融合为胸殖板,腹板与肛板融合为腹肛板。腹面偏前方有4对较长的肢,肢端有吸盘。螯肢细长呈针状。鸡皮刺螨的发育包括卵、幼虫、若虫和成虫四个阶段,其中若虫为2期。一个发育周期需1~3周。成虫能耐受饥饿,不吸血液能生存82~113天。

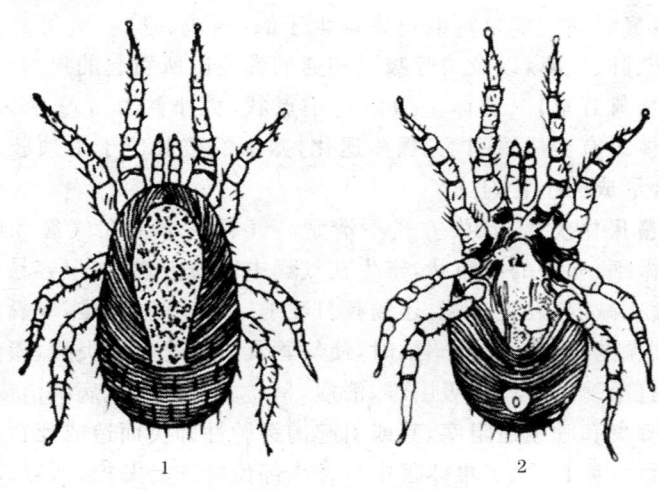

图 5-11 鸡皮刺螨雌虫
1. 背面　2. 腹面

【流行特点】 本病广泛分布于世界各地,有栖架的老鸽舍发病特别严重。鸡皮刺螨最常见于鸡,但也可寄生于鸽、火鸡、金丝雀或侵袭人。该螨外观常呈明显的红色或微黑色的小圆点,成群聚集在栖架上松散的粪块下面、种鸽舍的板条下面、鸽巢里面以及柱子和屋顶支架的缝隙里面。白天藏于隐蔽处,夜间出来叮咬宿主吸血。

【临床症状】 病鸽消瘦,贫血,有痒感,产蛋量下降,皮肤时而出现小的红疹,易引起乳鸽和幼鸽夜间烦躁不安,信鸽飞行成绩下降,大量侵袭幼雏可引起死亡。

【诊　　断】　根据流行特点、临床症状,结合病原检查可确诊。

【防治措施】　及时更换垫草并烧毁旧垫草。用 0.05% 的氰戊菊酯溶液对鸽舍、栖架喷雾灭虫。用 0.003%~0.005% 溴氰菊酯溶液或 0.005%~0.01% 氰戊菊酯溶液喷洒鸽体。

四、鸽气囊螨病

气囊螨病主要是寡毛鸡螨寄生于鸽、火鸡、雉鸡、鸡等禽类的支气管、肺、气囊,以及与呼吸道相通的囊腔内所引起的疾病。

【病原特征】　虫体呈微白色小点状,大小约 0.6 毫米 × 0.4 毫米,体表有少量短刚毛,颚体退化,微细的螯肢位于由须肢和颚体结合形成的小管内。

【临床症状】　感染方式不清楚。气囊螨寄生在气囊和呼吸道,呈微细、光亮的沙粒状,寄生在气囊中容易被忽视,但容易引起鸽子食欲减退,发生气喘,还频频打喷嚏,带来呼吸困难,气囊内还充满黏稠的液体。严重感染时,使气管及支气管发生炎症,渗出物增多,打喷嚏、咳嗽、呼吸困难、消瘦、呆立。有的造成病鸽消瘦,腹膜炎、肺炎和呼吸道阻塞,甚或引起肉芽肿性肺炎而造成死亡。

【诊　　断】　由于虫体很小且寄生部位特殊易漏检,所以,剖检死后不久的病禽应仔细检查,可见有白色小点缓慢地在透明的气囊表面移动,用放大镜或光学显微镜观察易识别虫体。

【防治措施】　销毁患鸽的尸体,随之清扫并消毒鸽舍。可试喷 0.05% 辛硫磷溶液、0.125% 倍硫磷溶液等进行灭虫。

五、鸽锐缘蜱病

鸽锐缘蜱属于软蜱的一种,软蜱是禽类重要的蜱,我国发现的鸽软蜱主要为卷边锐缘蜱(也称鸽蜱),寄生于鸽体表叮咬吸血,大量寄生时可使鸽消瘦,生产力下降,甚至死亡。世界各地均有分布。

【病原特征】 卷边锐缘蜱(图5-12)大小为 4～5 毫米×3 毫米,呈扁平卵圆形,体前端较尖,后部宽圆,吸血后虫体呈红色乃至青黑色,饥饿时为黄褐色,体缘较薄,由许多不规则的方格形小室组成。背面表皮高低不平,形成无数细密的弯曲皱纹。假头在体前部腹面,基部小,无眼,口下板短,尖端凹陷。须肢长,足 4 对,末端无网垫。

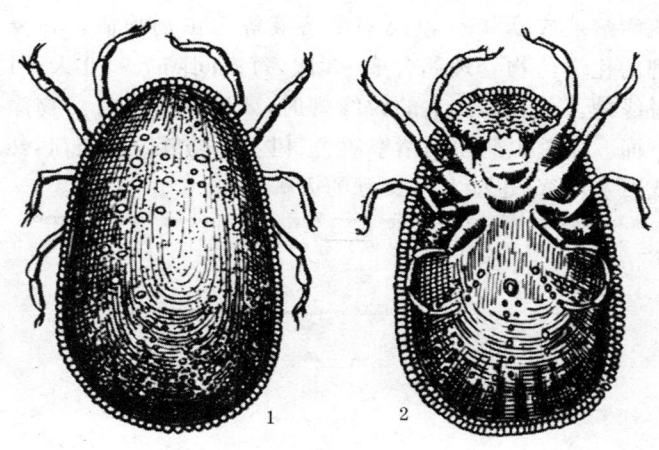

图 5-12 波斯锐缘蜱
1. 背面 2. 腹面

【流行特点】 锐缘蜱多寄生于宿主鸽翅下或羽毛较少的部位,白天隐伏,栖息在鸽舍、鸽巢穴及其附近房舍、树木、栖架、建筑物的缝隙内,夜间爬出活动,在宿主鸽体表吸血。蜱耐饥力强,生活期长,繁殖力强,温暖季节活动频繁,故在温暖干燥季节,鸽易遭受侵袭。

【临床症状】 幼鸽受大量锐缘蜱侵袭后,可发生贫血,消瘦,生产力下降,并常引起麻痹症,患鸽常有单侧脚爪蜷缩、跛行,随着翅和足发生麻痹,常呈侧卧,严重时引起死亡。有时在皮肤损伤处继发细菌感染而形成小脓肿。此外,缘蜱还可以传播疾病。

【诊　断】　根据流行特点、临床症状,结合病原检查可确诊。

【防治措施】　对鸽舍、垫料、墙壁、地面、顶棚均须用药物彻底喷雾杀虫,并保证药物喷入缝隙,室外运动场、食槽、木堆及树干可用杀虫药处理,另外还可用金属制代替木制栖架,经常检查有无蜱寄生,尽早发现并及时处理。

鸽舍中的蜱可用0.02%～0.03%杀虫脒溶液、0.1%～0.2%马拉硫磷溶液或0.05%氰戊菊酯溶液等杀虫剂喷洒。在夏季可用杀蜱的化学药物处理鸽舍2～3次,每次间隔7～10天,可完全杀灭锐缘蜱。杀灭鸽体上的锐缘蜱时,要特别注意将药物涂搽到两翼下面。用杀虫药粉剂堵塞鸽舍、树木等的缝隙和裂口,然后用黄泥或石灰堵塞,也能获得良好的灭蜱效果。

第六章 鸽营养代谢病

第一节 维生素缺乏症

一、维生素 A 缺乏症

本病是由于日粮中维生素 A 供应不足或消化吸收障碍,引起的以黏膜、皮肤上皮角化变质,生长停滞,干眼病和夜盲症为主要特性的营养代谢性疾病。

【临床症状】 成年鸽维生素 A 缺乏时,表现为精神不振,食欲减退,生长停滞,贫血,逐渐消瘦,运动失调,羽毛黏着,继而眼睑内有豆腐渣样的脓性分泌物,角膜发生软化和穿孔,最后失明。呼吸困难。产蛋鸽则受精率下降,繁殖力明显降低。所产蛋孵化初期死胚多,或发生胚胎营养不良、生长缓慢,或因尿酸盐沉着而发生倒胎。幼鸽则易出现神经症状,有的发生脑软化症。

【病理变化】 病鸽口腔、咽喉黏膜上散布有白色小结节或覆盖一层白色的豆腐渣样的薄膜或白色小脓疱,有时可蔓延到嗉囊,剥离后黏膜完整并无出血溃疡现象。呼吸道黏膜被一层鳞状角化上皮代替,鼻腔内充满水样分泌物,液体流入鼻旁窦后,导致一侧或两侧颜面肿胀,泪管阻塞或眼球受压,视神经损伤。重症者则角膜穿孔,肾呈灰白色,肾小管和输尿管内有多量尿酸盐沉着,心包、肝和脾的表面也有尿酸盐沉着。有的病鸽的中枢神经系统、肾及睾丸可出现退行性变化。

【诊 断】 根据饲料分析、病史、临诊症状和病理变化进行综合分析,可做出初步诊断。确诊需要测定血浆和肝脏维生素 A 含量,正常鸽血浆中的维生素 A 含量在 0.34 微摩尔/升以上。另外,用维生素 A 进行试验性治疗,若疗效显著,可确诊。

【防治措施】 平时在日粮中补充富含维生素 A 原的饲料,如胡萝卜、黄玉米、苜蓿等。同时应注意饲料的保管,防止其酸败、产热和氧化,保证日粮中蛋白质和脂肪充足。预防性补充维生素 A 时应注意季节变化,尤其在冬春季,繁殖期要适量补充,切勿过量,以防发生维生素 A 中毒。

本病常用浓缩鱼肝油治疗,一般为每日每只鸽 1~2 滴,7 天为一疗程。另外也可用维生素 A-D 胶丸,每日每只鸽 1 丸,连用 3~7 天。

二、维生素 D 缺乏症

本病是以日粮中维生素 D 供应不足、消化吸收障碍或光照不足等引起的以骨骼、喙及蛋壳形成受阻为特征的一种营养代谢病。

【临床症状】 胚胎期发生维生素 D 缺乏时,表现为胚胎的皮肤上出现极明显的浆液性大囊泡性水肿,皮下结缔组织呈弥漫性增生,胚胎水肿,故又称为胚胎黏液性水肿病。幼鸽维生素 D 缺乏时,骨质钙化受到抑制而导致佝偻病。生长发育明显受阻,行走困难,腿骨变脆易折断。喙、爪变得软弱,用手触压,如橡皮一样柔软,严重时喙不能啄食。龙骨突呈"S"形。成年鸽维生素 D 缺乏时易发生骨软化症,走路拐腿,运动减少。蛋壳异常(薄、脆、易碎),新鲜蛋的蛋黄可动性大,孵化率明显降低。

【病理变化】 幼鸽的特征性变化是在背肋和胸肋连接处向内弯,形成肋骨内弯沟现象。肋骨和脊椎连接处出现串珠样结节,在其胫骨和股骨的骨骺部可见钙化不良。成年鸽的特征性病变局限于骨骺和甲状旁腺。骨骺软而容易折断,在肋骨内侧面的硬软肋连接处出现明显的串珠状结节。腿骨组织切片呈现缺钙和骨样组织增生现象。胫骨用硝酸银染色,可显示出胫骨的骨骺有未钙化区。

【诊　断】 根据病鸽的骨骼、喙及蛋壳异常等临床症状,结合病理变化,可确诊。

【防治措施】 保证鸽的充足光照,在春秋季到来时要适量补充维生素 D,另外,在多雨季节光照不足时,也应适量补充维生素 D 和鱼肝油,同时注意日粮中玉米、高粱及其他豆类的配比要合适,同时要防止饲料的长时间存放、霉变。避免长期使用磺胺类等药物。

治疗可用维生素 A-D 滴剂,每日每只 2 次,轻症者每次半滴,重症者每次 2～3 滴,连用 5～7 天。维丁胶性钙,每日或隔日肌内注射,每只每次 0.2 毫升。维生素 D_3,每千克体重 1 000 单位,一次肌内注射;或给幼鸽一次喂服 15 000 国际单位,而后保证适量供应。还可每 100 千克饲料中添加鱼肝油 50 毫升和多种复合维生素 25 克。

三、维生素 E 缺乏症

本病是由于维生素 E 缺乏引起的以小脑软化,胸部及腿部肌肉苍白、松弛、无力等为主要特征的一种营养代谢病。

【临床症状】 本病以幼鸽多发,可发生小脑软化症。呈现共济失调,鸽头不断左右晃动,两腿呈痉挛性抽搐,无目的地行走或冲撞。病程较长者可见腿部及胸部肌肉松弛、无力、肌肉苍白,有时可见到白色条纹。皮肤苍白,出现小红细胞性贫血。有的病鸽表现皮下出血。成年鸽繁殖率降低。

【病理变化】 主要病变在脑,其受损害出现病变的先后次序是小脑、大脑半球的纹状体、延脑和中脑。幼鸽出现脑软化症状后立即宰杀,可见到小脑表面轻度出血和水肿,脑回展平,小脑柔软而肿胀,脑组织中的坏死区呈黄绿色混浊样。在纹状体中,坏死组织常呈苍白、肿胀而湿润,在早期即与其余的正常组织有明显的界线。脑膜、小脑与大脑的血管明显充血、水肿。有些病鸽的肌胃、骨骼肌和心肌呈现明显的严重营养不良,肌肉苍白,并有灰白色条纹。组织学上的变化是透明变性。肌纤维呈透明样变性的横向断裂。肌肉内的组织水肿,渗出液使肌肉纤维群和个别的纤维分离。渗出的血浆中有红细胞和嗜异染性白细胞。

【诊　断】　根据日粮分析、发病史、流行特点、临诊特征和病理变化可做出初步诊断。采用维生素 E 胶丸试验性治疗效果显著,可确诊。

【防治措施】　严格保管饲料,防止因阳光暴晒、雨淋、水浸等因素引起饲料的酸败、腐败。饲料宜现配现用,不宜长期贮存。另外在鸽的繁殖期及幼鸽的育雏期应适量补充维生素 E。

治疗可用维生素 E 胶丸 50 毫克/丸,1 日 2 次,每次每只 1 丸,连用 3～7 天。同时在日粮中按每千克饲料加入亚硒酸钠 0.2 毫克、蛋氨酸 2～3 克则效果更佳。

四、维生素 B_1 缺乏症

本病是由维生素 B_1(硫胺素)缺乏引起的鸽碳水化合物代谢障碍、以多发性神经炎为特征的一种营养代谢病。

【临床症状】　病鸽初期食欲减少,发育迟缓,呈慢性消化不良状态。随病程的发展,腿、颈和翅膀的伸肌发生痉挛,出现多发性神经炎症状,如嗜睡,头部震颤,肌肉麻痹或痉挛,两腿伸直,或身体坐在屈曲的腿上,头缩向后方,呈特征性的"观星"样姿势。随后饮食欲迅速下降或废绝,体重减轻,以致死亡。种鸽维生素 B_1 缺乏时,母鸽照常产卵,但孵出的幼鸽可能出现程度不同的维生素 B_1 缺乏症,重症者可发生死亡。

【病理变化】　维生素 B_1 缺乏的幼鸽皮肤呈广泛水肿,其水肿的程度取决于肾上腺的肥大程度。肾上腺肥大,雌鸽比雄鸽的更为明显,肾上腺皮质部的肥大比髓质部更大一些。肥大的肾上腺内的肾上腺素含量也增加。病死鸽的生殖器官却呈现萎缩,睾丸比卵巢的萎缩更明显。心脏轻度萎缩,右心可能扩大,心房比心室较易受害。肉眼可观察到胃和肠壁的萎缩,而十二指肠的肠腺却变得扩张。在显微镜下观察,十二指肠肠腺的上皮细胞有丝分裂明显减少,后期则黏膜上皮消失,只留下一个结缔组织的框架。在肿大的肠腺内积集坏死细胞和细胞碎片。胰腺的外分泌细胞的胞质呈现空泡化,并有透明体形成。这些变化被认为是细胞缺氧,致使线粒体损害造成的。

【诊　　断】　根据发病日龄、饲料分析、特征症状(多发性外周神经炎)和病理变化可做出初步诊断。采用维生素 B_1 试验性治疗效果显著,可确诊。

【防治措施】　为防止本病发生,在饲养过程中,应注意饲料调配,各种谷类、麸皮、新鲜的青绿饲料和酵母、乳制品含有丰富的维生素 B_1,适当多喂这一类的饲料,可防治肉鸽维生素 B_1 的缺乏症。另外,应注意饲料不能长期贮存。

治疗可用维生素 B_1,每次每只 50 毫克,肌内或皮下注射,数小时后即可见效。也可用盐酸硫胺素按每千克体重 2.0 毫克拌料投喂,但应注意病鸽因厌食而未吃到拌在料内的药物,达不到治疗目的。

五、维生素 B_2 缺乏症

本病是由于维生素 B_2(核黄素)缺乏引起的以趾爪向内弯曲、两腿发生瘫痪、发育受阻为主要特征的一种营养代谢病。

【临床症状】　幼鸽生长缓慢,消瘦,腹泻,不愿走动,甚至头、尾、翅低垂,脚趾向内弯曲,瘫伏于地或用翅膀辅助跗关节行走。肌肉松弛,严重时萎缩。皮肤干燥,粗糙。另外,维生素 B_2 是保证胚胎发育所必需的物质,若种鸽缺乏维生素 B_2,所产卵孵化时易出现死胚,孵化率明显降低。有时也能孵出雏,但多数带有先天性麻痹症状,体小、水肿。

【病理变化】　病死幼鸽胃肠道黏膜萎缩,肠壁薄,肠内充满泡沫状内容物。有些病例有胸腺充血和成熟前期萎缩。病死成年鸽的坐骨神经和臂神经显著肿大和变软,尤其是坐骨神经的变化更为显著,其直径比正常大 4~5 倍。

【诊　　断】　根据日粮分析、特征性症状(足趾向内蜷缩、两腿瘫痪等)及病理变化等,可做出诊断。

【防治方法】 日粮中增补维生素 B_2 添加剂或含维生素 B_2 较多的物质,如酵母、脱脂乳、新鲜青绿饲料。并注意饲料的多样化。

治疗可用维生素 B_2 注射液,每次每只 2 毫克,肌内注射,1 日 2～3 次,连用 5 天。维生素 B_2 片剂,每次每只 2 毫克,口服,1 日 2～4 次,连服 3～5 天。

六、泛酸缺乏症

本病是由于泛酸(遍多酸、维生素 B_5)缺乏引起的以羽毛生长阻滞和松乱、皮肤受损等为主要特征的一种营养代谢病。

【临床症状】 特征性表现是羽毛生长阻滞和松乱。病鸽啄羽、羽毛断碎、不整,头部、趾间和脚底皮肤发炎,表层皮肤有脱落现象,并产生裂隙,以致行走困难,有时可见脚部皮肤增生角质化,有的形成疣性赘生物。幼鸽生长受阻、消瘦,眼睑常被黏液性渗出物黏着,口角、泄殖腔周围有痂皮。口腔内有脓样物质。重症者可出现视力障碍。母鸽泛酸缺乏时所产卵在孵化的最初 2～3 天死亡较多。

【病理变化】 剖检可见腺胃有灰白色渗出物,肝肿大,呈暗的淡黄色至深黄色,脾稍萎缩,肾稍肿。

【诊　　断】 根据病鸽羽毛生长阻滞和松乱等临床症状,结合病理变化可做出诊断。

【防治措施】 啤酒酵母中含泛酸最多,可在饲料中添加一些酵母片。按每千克饲料补充 10～20 毫克泛酸钙,都有防治泛酸缺乏症的效果。但需注意,泛酸极不稳定,易受潮分解,因而在与饲料混合时,都用其钙盐。另外,小麦、麸皮、葵花饼、花生饼中均有泛酸的存在,在日粮中可适当增加,尤其是适当增加饲料中小麦的比例是预防本病简便有效的方法。

治疗可用泛酸钙,每次每只 2 毫克,口服,1 日 2 次,连用 7 天。对缺乏泛酸的母鸽所孵出的极度衰弱雏鸽,如立即每只腹腔注射 200 微克泛酸,可以收到明显疗效,否则不易存活。

七、烟酸缺乏症

本病是由于烟酸(尼克酸)缺乏引起的以口炎、下痢、跗关节肿大等为主要特征的一种营养不良性疾病。

【临床症状】 病鸽表现为皮肤发炎,且有化脓性结节,腿部关节肿大,骨短粗、腿骨弯曲,与滑腱症有些相似,不过其跟腱极少滑脱。幼鸽口黏膜发炎,消化不良和下痢。成年鸽的腿呈弓形弯曲,严重时可能致残。产蛋鸽引起脱毛,有时能看到足和皮肤有鳞状皮炎。

【病理变化】 严重病例的骨骼、肌肉及内分泌腺,可发生不同程度的病变,许多器官发生明显的萎缩。皮肤角化过度而增厚,胃和小肠黏膜萎缩,盲肠和结肠黏膜上有豆腐渣样覆盖物,肠壁增厚而易碎。肝脏萎缩并有脂肪变性。

【诊　　断】 根据日粮分析、临床症状和病理变化等,可做出诊断。

【防治措施】 针对发病原因采取相应的预防措施,调整日粮中玉米比例,或添加色氨酸、啤酒酵母、米糠、麸皮、豆类、鱼粉等富含烟酸的饲料。

对病鸽可在每吨饲料中添加 15～20 克烟酸。若有肝脏疾病存在时,可配合应用氯化胆碱或蛋氨酸(按每吨饲料添加氯化胆碱 50％粉剂 1 千克或蛋氨酸 1 千克)进行治疗。

八、叶酸缺乏症

本病是由叶酸缺乏引起的以生长不良,羽毛色素沉着障碍,贫血,有的发生伸颈麻痹等为特征的一种营养代谢性疾病。

【临床症状】 病鸽初期表现为啄羽,生长不良,羽毛色素沉着障碍,羽毛生长不好;眼结膜、喙及爪苍白,贫血。随后病鸽呈现颈麻痹,脖子伸长不能抬举,常匍匐于地上,喙触地,呈无力样,翅麻痹下垂,精神委顿,羽毛松乱,呼吸困难,不能站立,拉绿色稀便。产蛋鸽叶酸缺乏时,其产蛋量下降,蛋的孵化率下降。

【病理变化】 剖检可见肝、脾、肾贫血,胃有小点状出血,肠黏膜有出血性炎症。

【诊　断】 根据临床症状和病理变化等,可做出诊断。

【防治措施】 饲料里应搭配一定量的黄豆饼、啤酒酵母、亚麻仁饼或肝粉,防止单一用玉米作饲料。避免长期服用抗生素或磺胺类药物。

病鸽肌内注射纯叶酸制剂 50~100 微克,在 1 周内血红蛋白值和生长率恢复正常。也可在每 100 克饲料中加入 500 微克叶酸时,或口服叶酸片剂(5 毫克/片),每次每只 0.5~1 片,1 日 2 次,连用 5 天。若同时配合应用维生素 B_{12}、维生素 C 进行治疗,则疗效更佳。

九、维生素 B_6 缺乏症

本病是由维生素 B_6(吡哆素)缺乏引起的以食欲下降、生长不良、骨短粗症和神经症状为特征的一种营养代谢病。

【临床症状】 幼鸽食欲下降,生长不良,贫血,并出现特征性的神经症状。病鸽双脚神经性地颤动,多以强烈痉挛抽搐而死亡。有些幼鸽发生惊厥时,无目的地乱跑,翅膀扑击,倒向一侧或完全翻仰在地上,头和腿急剧摆动,这种较强烈的活动和挣扎导致病鸽衰竭而死。另外有些病鸽无神经症状而发生严重的骨短粗症。成鸽表现为食欲减退,产蛋量和孵化率明显下降,贫血,体重减轻,逐渐衰竭死亡。

【病理变化】 病死鸽皮下水肿,内脏器官肿大,脊髓和外周神经变性。有些呈现肝变性。出现骨短粗症的组织学特征是跗跖关节的软骨骺的囊泡区排列紊乱,以及血管参差不齐地向骨板伸入,致使骨弯曲。

【诊　断】 根据日粮分析,结合病鸽生长不良、骨短粗症和神经症状等临床症状,可做出诊断。

【防治措施】 根据病因而采取有针对性的防治措施。饲喂量不足时需增加供给量,尤其是鸽育肥时。平时做好饲料的保管。

十、维生素 B_{12} 缺乏症

本病是由维生素 B_{12}(钴胺素)缺乏引起的以营养代谢紊乱、贫血等为特征的营养代谢性疾病。

【临床症状】 患病幼鸽表现为生长发育缓慢,食欲降低,饲料利用率降低,贫血。种鸽繁殖力下降,产蛋率降低。所产蛋孵化到16~18 天时会出现胚胎死亡的高峰。

【病理变化】 特征性的病变是鸽胚生长缓慢,鸽胚体型缩小,皮肤呈弥漫性水肿,肌肉萎缩,心脏扩大且形态异常,甲状腺肿大,肝脏脂肪变性,卵黄囊、心脏和肺脏等胚胎内脏均有广泛出血。有的还呈现骨短粗症的病理变化。

【诊 断】 根据日粮分析,结合病鸽生长缓慢、贫血等临床症状,可做出诊断。

【防治措施】 在饲料中适量增加鱼粉、肉屑、肝粉和酵母等,因为植物性饲料中不含维生素 B_{12},仅由异营微生物合成。动物性蛋白质饲料为维生素 B_{12} 的重要来源。如每千克鱼粉含 100~200 微克;干燥的瘤胃内容物中每千克含 130~160 微克,同时喂给氯化钴,可增加合成维生素 B_{12} 的原料。

治疗用维生素 B_{12} 注射液,每日每只 20~50 微克,肌内注射。在种鸽日粮中每吨加入 4 毫克维生素 B_{12},可使其所产蛋能保持最高的孵化率。

第二节 钙磷缺乏与钙磷比例失调症

本病是由饲料中钙和磷缺乏,维生素 D 不足、以及钙磷比例失调引起的以骨营养不良,血液凝固、酸碱平衡、神经和肌肉功能障碍的一种营养代谢病。

【临床症状】 病鸽初期表现为喜蹲伏,不愿走动,步态僵硬,食欲不振,异嗜,生长发育迟滞等症状。幼鸽的喙与爪较易弯曲,肋骨末端呈串珠状小结节,跗关节肿大,蹲卧或跛行,有的腹泻。成鸽发病主要是在高产鸽的产蛋高峰期。初期产薄壳蛋,破损率高,产软皮蛋,产蛋量急剧下降,蛋的孵化率也显著降低。后期病鸽胸骨呈"S"状弯曲变形,肋骨失去硬度而变形,无力行走,蹲伏卧地。

【病理变化】 病死鸽尸体剖检主要病变在骨骼、关节。全身各部骨骼都不同程度地肿胀、疏松,骨体容易折断,骨密质变薄,骨髓腔变大。肋骨变形,胸骨呈"S"状弯曲,骨质软。关节面软骨肿胀,有的有较大的软骨缺损或纤维样的附着。血清碱性磷酸酶活性明显升高,而血清钙、无机磷浓度的变化则因病而异。

【诊　断】 根据临床症状,结合骨骼、关节的病理变化,可做出诊断。

【防治措施】 本病应以预防为主,首先要保证肉鸽日粮中钙、磷的供给量,并要调整好钙、磷的比例(1.5∶1)。对舍饲笼养鸽,要得到足够的日光照射,或定期用紫外线灯照射(距离1~1.5米,照射时间5~15分钟)。一般日粮中以补充骨粉或鱼粉进行防治,疗效较好,若日粮中钙多磷少,则在补钙的同时要重点补磷,以磷酸氢钙、过磷酸钙等较为适宜。若日粮中磷多钙少,则主要补钙。

对病鸽加喂鱼肝油或补充维生素D_3,并在饲料中补充适量的钙、磷。

第三节　锰缺乏症

本病是以锰缺乏引起的以生长停滞、骨短粗症为主要特征的一种营养代谢病。

【临床症状】 患病幼鸽特征症状是生长停滞、骨短粗症。胫跗关节增大,胫骨下端和跖骨上端弯曲扭转,使腓肠肌腱从跗关节的骨槽中滑出而呈现脱腱症状。病鸽腿部变弯曲或扭曲,腿关节扁平而无法支持体重,将身体压在跗关节上。严重病例多因不能行动无法采食而饿死。成年患病母鸽所产的蛋孵化率显著下降,鸡胚大多数在快要出壳时死亡。胚胎躯体短小,骨骼发育不良,翅短、腿短而粗,头呈圆球样,喙短弯呈特征性的"鹦鹉嘴"。

【病理变化】 病死鸽的骨骼短粗,管骨变形,骺肥厚,骨板变薄,剖面可见骨密质多孔,在骺端尤其明显。骨骼的硬度尚良好,相对重量未减少或有所增多。

【诊　　断】 根据病史、临诊症状和病理变化,可做出诊断。

【防治措施】 糠麸为含锰丰富的饲料,每千克糠中含锰量可达 300 毫克左右,用此调整日粮也有良好的预防作用。同时应注意补锰时防止中毒,高浓度的锰(3 克/千克日粮)可降低血红蛋白和红细胞压积以及肝脏铁离子的水平,导致贫血,影响幼鸽的生长发育,而且过量的锰对钙和磷的利用也有不良影响。

治疗可在每千克饲料添加 120~240 毫克硫酸锰,或用 1∶3 000 高锰酸钾溶液作饮水,每日更换 2~3 次,连用 2 日,1 周后可再用 2 日。

第四节　硒缺乏症

本病是硒缺乏引起的以营养性肌营养不良、胰腺变性等为特征的一种营养代谢病。

【临床症状】 本病的临床特征为渗出性素质、肌营养不良、胰腺变性和脑软化。渗出性素质常在 2~3 周龄的幼鸽开始发病,到 3~6 周龄时发病率高达 80%~90%。多呈急性经过,重症者可于 3~4 日内死亡,病程最长的可达 1~2 周。病鸽主要症状是躯体低垂的胸、腹部皮下出现淡蓝绿色的水肿样变化,有的腿根部和翼根部亦可发生水肿,严重的可扩展至全身。出现渗出性素质的病鸽精神高度沉郁,生长发育停止,冠髯苍白,伏卧不动,起立困难,站立时两腿叉开,运步障碍,排稀便或水样便,最终衰竭死亡。有的病鸽呈现明显的肌营养不良,一般以4周龄幼雏易发。其特征为全身软弱无力,贫血,胸肌和腿肌萎缩,站立不稳,甚至腿麻痹而卧地不起,翅松软下垂,肛门周围污染,最后衰竭而死。有的病鸽主要表现平衡失调、运动障碍和神经紊乱。

【病理变化】 有渗出性素质的病鸽,剖检时可见水肿部有淡黄绿色的胶冻样渗出物或淡黄绿色纤维蛋白凝结物。颈、腹及股内侧有淤血斑。有肌营养不良的病例,主要病变在骨骼肌、心肌、肝脏和胰脏,其次为肾和脑。病变部肌肉变性、色淡、似煮肉样,呈灰黄色、黄白色的点状、条状、片状等;横断面有灰白色、淡黄色斑纹,质地变脆、变软、钙化。心肌扩张变薄,以左心室较为明显,多在乳头肌内膜有出血点,在心内膜、心外膜下有黄白色或灰白色与肝纤维方向平行的条纹斑。肝脏肿大、硬而脆,表面粗糙,断面有槟榔样花纹;有的肝脏由深红色变成灰黄或土黄色。肾脏充血、肿胀,肾实质有出血点和灰色的斑状灶。胰脏变性,腺体萎缩,体积缩小有坚实感,色淡,多呈现淡红或淡粉红色,严重的则腺泡坏死、纤维化。

【诊 断】 根据流行病学、饲料分析,结合营养性肌营养不良、胰腺变性等特征,以及用硒制剂进行试验性治疗取得良好效果等,可做出诊断。

【防治措施】 本病应以预防为主,在每千克饲料中添加0.1~0.2毫克亚硒酸钠和20毫克维生素E。注意剂量算准,搅拌均匀,防止中毒。有些缺硒地区曾经给生长期间的玉米叶面喷洒亚硒酸钠,测定喷洒后的玉米和秸秆硒含量显著提高,并在饲喂试验取得了良好的预防效果。

治疗可用0.005%亚硒酸钠溶液,皮下或肌内注射,幼鸽0.1~0.3毫升,成年鸽1.0毫升;或者用饮水配制成每升水含

0.1~1毫升的亚硒酸钠溶液,给幼鸽饮用,5~7天为一疗程。对幼鸽脑软化的病例必须以维生素E为主进行治疗;对渗出性素质、肌营养性不良等缺硒症则要以硒制剂为主进行治疗。

第五节 鸽痛风

痛风是机体内尿酸生成过多或尿酸排泄障碍引起的高尿酸血症。其病理特征为血液尿酸水平增高,尿酸盐在关节囊、关节软骨、内脏、肾小管及输尿管中沉积。主要由于大量饲喂富含核蛋白和嘌呤碱的蛋白质饲料,如动物内脏、肉屑、鱼粉、大豆、豌豆等引起,饲料中含钙或含镁过高以及日粮中长期缺乏维生素A亦可引起本病,饲养在潮湿和阴暗的鸽舍、饲养密度大、运动不足以及衰老都是本病的诱因。临床上表现为运动迟缓,腿、翅关节肿胀,厌食、衰弱和腹泻。鸽偶尔发生。

【临床症状】 一般症状病鸽食欲减退,逐渐消瘦,冠苍白,不自主地排出白色半黏液状稀粪,含有大量的尿酸盐。成年母鸽产蛋量减少或停止。

内脏型痛风比较多见,但临诊上通常不易被发现。主要呈现营养障碍、腹泻和血液中尿酸水平增高。

关节型痛风多在趾前关节、趾关节发病,也可侵害腕前、腕及肘关节。关节肿胀,起初软而痛,界限多不明显,以后肿胀部逐渐变硬,微痛,形成不能移动或稍能移动的结节,结节有豌豆大或蚕豆大小。病程稍久,结节软化或破裂,排出灰黄色干酪样物,局部形成出血性溃疡。病鸽往往呈蹲坐或单腿站立姿势,行动迟缓,跛行。伴有本病的一般症状。

【诊 断】 根据病因、病史、特征性症状和病理变化,可做出诊断。

【病理变化】 有内脏型痛风的患鸽,剖检时可见在胸膜、腹膜、肺、心包、肝、脾、肾、肠及肠系膜的表面散布许多石灰样的白色尖屑状或絮状物质,此为尿酸盐结晶。对关节型痛风的患鸽,切开肿胀关节,可流出浓厚、白色黏稠的液体,滑液含有大量由尿酸、尿酸铵、尿酸钙形成的结晶,沉着物常常形成一种所谓"痛风石"。

【防治措施】 针对具体病因采取切实可行的措施,往往可收到良好的效果。否则,仅采用手术摘除关节沉积的尿酸盐"痛风石"等对症疗法是难以根除的。总之,本病必须以预防为主,积极改善饲养管理,减少富含核蛋白质日粮,改变饲料配合比例,供给富含维生素A的饲料等措施,可防止或降低本病的发病率。

治疗可试用阿托方(又名苯基喹啉羟酸)0.2~0.5克,每日2次,口服;但伴有肝、肾疾病时禁止使用。也可试用别嘌呤醇(7-碳-8氯-次黄嘌呤)10~30毫克,每日2次,口服。用药期间可导致急性痛风发作,给予秋水仙碱50~100毫克,每日3次,能使症状缓解。

第六节 鸽啄癖

本病是由机体内维生素和微量元素不足或缺乏而引起的一种代谢紊乱性疾病。常见的啄癖有啄羽、啄肛、啄趾、啄蛋。

【临床症状】 病鸽初期无明显特殊症状,仅出现食欲减退,精神沉郁,便秘。随病程的发展,表现出啄羽、啄肛、啄趾或啄蛋,同时伴有相应营养物质缺乏的症状。

【诊 断】 根据临床症状即可做出诊断。

【防治措施】 平时加强饲养管理,避免饲养密度过大、拥挤以及室内空气污浊、潮湿,加强通风光照。供给充足的饮水和垫料,注意饲料多样化及合理调配。同时供给合格的保健砂。

本病宜采取对症治疗,给病鸽补饲适量的金维他或金施尔康或小施尔康等药物。

第七章 鸽中毒病

第一节 食盐中毒

食盐是维持机体正常生理活动所必需的物质。鸽有喜吃食盐的习性,在鸽的日粮和保健砂中添加一定量的食盐,对鸽体大有好处。但是如果饲料中含食盐过多,鸽会发生中毒。

【临床症状】 鸽食盐中毒的轻重,取决于摄入量的多少和持续多久。早期中毒时表现高度兴奋,鸣叫,震颤,饮水增多,食欲不振,嗉囊肿胀,充满液体,粪便稀薄或混有稀水,鸽舍内地面潮湿。严重中毒时,患鸽表现食欲废绝,饮欲强烈,过多饮水,呼吸急促或困难,口腔、鼻腔黏液增多,精神时而沉郁,时而兴奋,腹泻,泻出稀水,双脚无力,肌肉抽搐,步态不稳或瘫痪,胸腹朝天,仰卧挣扎,皮下水肿,后期呈昏迷状态,最后衰竭死亡。

【病理变化】 剖检可见皮下组织水肿,呈胶样浸润。嗉囊充满液体,嗉囊、腺胃黏膜易脱落。腹腔和心包积水,心冠心肌有点状出血。肺水肿。消化道充血、出血,或腺胃有白色胶样黏液。肠道充血,并有溃疡灶。脑膜血管充血,常有小点出血。肝脏、脾脏均肿大充血。肾脏和输尿管有尿酸盐沉积。

【防治措施】 平时应注意经常按比例(0.3%)喂给食盐,混拌均匀,尤其初喂食盐时,喂的比例不宜太高,以 0.2% 为好,要妥善存放食盐。一旦发生食盐中毒,应立即停喂食盐。给中毒鸽灌服或喂服石蜡油或蓖麻油类泻剂,每只鸽 1 毫升;同时供给多量的清洁饮水,以防脱水。必要时注射兴奋剂,中毒轻者可自然康复。严重中毒的鸽,要适当控制饮水,因饮水太多会促使食盐吸收扩散,使症状加剧,死亡增多。应该每隔 1 小时让其饮水十几至二十分钟,饮水器不足时分批轮饮或增加饮水器。同时要喂服甘草糖水。有条件的可肌注葡萄糖酸钙,剂量为 0.2 毫升/只;也可用 20%安钠咖液肌内注射,剂量为每只 0.1~0.2 毫升。在饮水中加入适量的肾肿解毒药及 3%白糖,连饮 3 天;也可在饮水中加入 5%的葡萄糖和适量的维生素 C 制剂,以利解毒。

第二节 氨和氯中毒

氨和氯是有刺激性气味的气体,二者引起的中毒是由于鸽群密度过大未及时清理鸽粪造成鸽舍内氨气积聚,或使用大量含氯消毒药物(漂白粉)消毒后未经过充分通风,或周围环境受这些气体严重污染引起的。当舍栏中的含氨量达 0.26% 时可引起鸽子中毒。

【临床症状】 氨中毒时病鸽出现结膜炎,流泪,呼吸急促,痛性咳嗽,肺水肿,痉挛,昏迷,最后死于呼吸麻痹。

【防治措施】 平时注意鸽群密度适中,栏舍通风良好。发生氨中毒时,应立即加强舍内通风或迁移到空气清新的地方。严重时应尽快注射樟脑磺酸钠或安息香酸钠咖啡因等兴奋剂,注射硫酸阿托品减少肺水肿。氨中毒时,还可用 0.5%~1% 的苏打水洗涤口、眼、鼻,用氯化铵内服。

第三节 磺胺类药物中毒

磺胺类药物是治疗鸽子细菌性疾病和球虫病的常用药物,在正确使用条件下,安全性较高。但使用不当也会引起一定的毒性反应,严重中毒较为少见。其毒性作用主要是损害肾脏,破坏肠道正常栖居菌群,抑制肠内维生素 K 和 B 族维生素的合成,干扰钙的代谢和蛋壳合成,以及引起黄疸、过敏反应、免疫抑制等。

【临床症状】 一般表现出精神不振,体质虚弱,鼻瘤青紫,呼吸急促,食欲下降或废绝,翼下有皮疹,粪便呈酱油色,也有时呈灰白色。成年雌鸽所产蛋的蛋壳质量下降或产蛋数减少。急性中毒主要表现为贫血或眼睑出血。

【病理变化】 剖检可见各种出血性病变。如皮下、胸肌及腿内侧肌肉广泛性或斑点状出血;肝脏肿大,黄褐色或紫红色,也有出血斑点;腺胃黏膜、肌胃角质膜下及小肠黏膜出血;肾肿大,输尿管变粗,内充满白色尿酸盐;骨髓变黄。

【防治措施】 一旦发现中毒应立即停用本药,还应采取护肝、护胃、控制出血及加快药物排出等措施。提供足够的饮水,并于其中加入3%葡萄糖、1%~2%小苏打,按每千克饲料加0.2克维生素C、35毫克维生素K,连服数日。可同时用3~8倍正常量的维生素B_{12}或叶酸肌内注射。预防方面应对幼龄鸽不用本类药品,对亲鸽应慎用。对肾脏有疾病的鸽,如尿酸盐沉积,禁用本药;对可使用本药的鸽群,建议与小苏打等量使用,并供给充足的饮水。

第四节 霉玉米中毒

本病是由于不良饲料引起中毒中常见的一种。玉米是鸽传统日粮中的主料,具有营养好、含糖分高、来源丰富等特点。但若贮藏期间受潮或闷热不通风,极易霉变而产生霉菌毒素。鸽采食了这样的玉米,就会发生中毒。

【临床症状】 一般表现为精神不振,食欲废绝,震颤,视力减退以至失明,流泡沫状唾液,步态踉跄。有的可出现转圈运动。间歇性颈肌强直或颈部弯向一侧,严重时倒地,乱蹬腿至死亡。

【病理变化】 剖检时肉眼可见病变是小肠黏膜充血,肠浆膜与肠系膜均有出血斑。心内外膜有斑状或点状出血。肝肿大,肺气肿。有时可见脑质变软、水肿、出血、坏死及脑脊髓液增多。

【防治措施】 救治时可给予3%～5%的糖水及1～2克硫酸钠、活性炭末或木炭末内服,可同时进行10%～20%樟脑油(0.5～1毫升)、樟脑磺酸钠(0.2～0.5毫升/千克体重·次)或苯甲酸钠咖啡因(2～4毫升)皮下注射。停用可疑的玉米,检查玉米尤其是胚乳部位是否发生霉变。平时对玉米要妥善存放,用前还需要检查。

第五节 有机磷农药中毒

有机磷农药有剧毒,种类很多,常见的有乐果、敌敌畏、敌百虫等。鸽误食有机磷农药拌过的种子,或采食了喷洒过农药的谷物、蔬菜、青草,或误食"毒饵",或防治外寄生虫用药不当,皆能引起中毒。

【临床症状】 中毒后不久表现不食,腿软,口腔黏液增多,不时流涎,流泪,瞳孔缩小,颈和肌肉震颤,运动不灵,体温下降,呼吸困难,常因抽搐窒息而死亡。

【防治措施】 为了防止中毒,要严格保管使用好农药,拌好的农药种子要妥善保存,播种时勿露在土上。鸽群周围不施或少施农药,提倡应用高效低毒的菊酯类农药。防治外寄生虫时必须按要求用药。急性中毒者,施行抢救术,拔掉嗉囊部羽毛,切开皮肤和嗉囊2厘米,取出谷物或其他内容物,用0.1%高锰酸钾溶液冲洗后,立即缝合。轻度中毒者,自口腔冲洗嗉囊,口服颠茄酊,每只0.01～0.03毫升;也可肌内注射解磷定0.2～0.4毫升,过2分钟后再皮下注射阿托品0.05～0.1毫升。可少量多次注射,直到瞳孔放大复原为止,令其安静休息。

第六节　敌鼠钠盐中毒

敌鼠钠盐纯品为无味、无臭的黄色针状结晶，不溶于水，能破坏各种动物的血液组织，一般用作毒鼠药，具有高效慢性灭鼠作用。鸽对其比较敏感。误食了此药制成的毒饵、污染的饲料和饮水而发病，食后3~5天即造成内出血死亡。

【临床症状】　中毒鸽表现喜光怕冷，眼无神，羽毛松乱，疲倦无力，消瘦、不食不饮，类似感冒，喉咙内像有什么东西卡在里面（实际是嗉囊里的积血，呼吸时在流动），握在手中嘴里会流出血液，粪便呈棕（血）色，发现吐血后在10~20小时内死亡，死亡后嘴角上还残留血迹。

【病理变化】　剖检可见各器官都有点状出血，皮下、肌肉也有出血点，嗉囊里和泄殖腔及肺部有积血，胃肠黏膜有坏死，但心肝正常。

【防治措施】　发现中毒病鸽，一般采用对症治疗法：应立即用维生素类药，例如维生素K，喂药1次后，即可达到止血的目的，可以避免死亡。但不能停止用药，每天2~3次，每次2片，连服1周。待鸽子吃食后适当减少药量，一般每日2次，每次1片，必要时也可肌内注射维生素K针剂治疗，按每千克体重注射0.5~1毫克，每天1次，连续4~5天，显效更快。此时鸽子体质较弱，要加强营养，10~15天痊愈，1个月内可以康复。口服或注射葡萄糖（可按每只鸽每次葡萄糖液5~10毫升，颈部或腿内侧分点皮下注射）作为支持疗法，同时补充维生素等均有积极的作用。另外，敌鼠钠盐属慢性药，鸽食下后要3~5天才发现，因此要及早防治，在饮水器里加入安络血或止血敏针剂，一般每针剂2毫升，加水250~300毫升稀释后供4只鸽子饮用。也可结合当地投放鼠药的时间，实行每天关棚饲养，因此药残效期较长，需关养30~40天为宜。

第八章 鸽普通病

第一节 胃肠炎

胃肠炎是鸽的常见病,可发生在各个年龄,尤以幼鸽易感。病因主要是食用腐败发霉、变质或被污染的饲料,饮水不洁或被粪便和病原微生物污染,或是饲料配合不当,经常变更饲料,致使鸽的嗉囊及胃肠不适引起。此外,环境气候变化大,鸽舍潮湿,使鸽受寒,抵抗力下降,引起肠道中的大肠杆菌增殖,均可导致胃肠炎的发生。另外,引起鸽子嗉囊病的各种因素同样能引发本病。

【临床症状】 病鸽表现精神委顿,目光无神,羽毛脏乱,口色苍白,脚干,食欲减退或废绝,经常饮水,消瘦,活动减少。触摸嗉囊无食物或软绵绵有波动感,腹部膨胀,消化不良,严重者腹泻,粪便呈水样或黏液样,白色或绿色。幼鸽比成年鸽严重。患病亲鸽常在哺育过程中传染雏鸽。亲鸽病重时,往往停止哺喂雏鸽。

【病理变化】 剖检病死鸽可见腺胃有出血点或溃烂,胃黏膜容易刮下;肌胃角质膜很易剥离,下层有充血或出血点,甚至坏死和发生溃疡。肠道膨大,呈灰白色,严重的呈黑褐色,十二指肠有炎症,或有充血、出血和坏死灶,大肠也有出血点,内容物呈浅绿色,有臭味。

【防治措施】 预防主要是做好饲养管理工作,平时对鸽群要精心管理,细心饲养。尤其是春夏季节,特别要注意饲料和饮水卫生,并注意饲料的搭配和饲料的品质。如亲鸽发病,在治疗亲鸽的同时,还要对其所哺育的雏鸽给药预防。对病鸽喂给易消化的饲料及青菜,供给足够的清洁饮水;饮水中可加入少量食盐(1升水加盐9克)。

对病鸽可采用以下方法治疗:0.1%高锰酸钾溶液,饮水,连饮3~5天。用强力抗以1:1600浓度饮水,连饮3天。四环素片,每只用量为1/8~1/4片,每天3次,连服3~5天。环丙沙星,以0.007%比例拌料,喂服3~5天。磺胺二甲基嘧啶片,每只用量1/4片,第一次用量加倍,每天3次,连服2~3天。对失水严重的病鸽,可口服补液盐(配制方法:氯化钠3.5克、氯化钾1.5克、碳酸氢钠2.5克、葡萄糖粉20克,加水1升即成)。其作用是补充机体的体液、电解质和糖,调节酸碱平衡,促使毒物排泄,纠正各种代谢性中毒,增强机体抵抗力。

第二节 鼻 炎

鸽患鼻炎主要由于气候变化剧烈,忽冷忽热,气温骤变,冷风袭击;细菌、病毒侵入鼻黏膜;鸽舍通风不良或饲养密度高,堆粪过多,积存不良气体如氨气、硫化氢、漂白粉消毒后残存的氯气以及尘埃的刺激等,都会引起鼻炎的发生。

【临床症状】 本病潜伏期为1~3天,多见于幼鸽。本病易流行于冬季。病鸽表现精神欠佳,稍有减食。鼻部肿胀,鼻黏膜潮红,一侧或两侧鼻腔流出黏性鼻涕,鼻瘤湿润污秽,失去原有的色泽。因鼻涕干结堵塞鼻孔而有鼻音和打喷嚏,甩头,鸽呼吸受阻。病鸽常在肩膀羽毛上揩擦鼻液或用爪抓鼻子。有的鼻和颜面水肿,重者波及眼睛,引起流泪和结膜炎,脸部水肿。急性鼻炎,一周左右恢复正常,慢性者则拖延较长。原发性鼻炎无传染性,很少发生死亡。

【防治措施】 在冬季多发季节注意鸽舍的保暖,防鸽受凉。及时清除鸽粪和脱掉下的羽毛。保持鸽舍良好的通风透气,注意合理而充足的阳光,减少尘埃,氨气浓度不得超过0.002%。

治疗可选用以下药物：鼻腔患部用3％硼酸水洗净鼻腔分泌物，每天2次，要求有污必洗，保持鼻孔畅通。1％氨苯磺胺溶液，滴鼻，清除鼻腔内干结的分泌物，每天数次，也应有污必除。银翘解毒片，口服，每只每次半片，每天2次，连用3～4天，有一定疗效。链霉素，口服，每只每次5万～10万单位，每天2次，连用2～3天；必要时可肌内注射，每只每次3万～5万单位，每天2次，连用2～3天。四环素，喂服，每只每次半片，每天2次，连服3～5天。

第三节　咽喉炎

鸽舍通风不好，卫生条件差时，容易引发信鸽急性咽喉炎。

【临床症状】　鸽在呼吸时伴有"咯咯"声，病鸽一般为羽毛倒立，饮水增加，并伴有水样性黏液下泻，鼻有干酪样物，喉咙发红等。

【防治措施】　阿奇霉素，口服，单次口服0.0025克，即每粒喂4～6次。

第四节　支气管炎

由于鸽舍狭小、潮湿、污秽，或在长期阴雨寒冷、气温剧变的情况下，支气管黏膜受刺激而发炎。本病亦可继发于鼻炎。

【临床症状】　病鸽表现咳嗽，呼吸加快，随呼吸可听见水泡音。当并发肺炎时，出现呼吸困难，有时张口呼吸。有的病例伴发气囊炎。

【防治措施】　预防主要是加强饲养管理，搞好清洁卫生，对鸽舍、用具等及时消毒，及时清除粪便。供给足够的营养，尤其是维生素A，提高鸽上呼吸道的抗病能力。不让病鸽饮冷水和硬饲料。

第八章 鸽普通病

治疗病鸽可用青霉素,每只每天 2 万单位,分 2 次口服,连服 3～5 天。也可用链霉素,每只每天 5 万～15 万单位,分 2 次口服,连服 3～5 天。

第五节 创伤性食管炎

本病常发生于哺育亲鸽。一般因饲料尖利粗糙造成食管创伤引发炎症。患病亲鸽表现不愿哺喂雏鸽,有时可见到患鸽口吐鲜血等症状,便可确诊。但要注意与鹅口疮和毛滴虫病鉴别。

【临床症状】 患鸽减食或停食,患病亲鸽不敢哺喂雏鸽,严重时不再哺喂雏鸽,逐渐消瘦,口吐鲜血,甚至死亡。

【病理变化】 剖检可见到食管患处黏膜充血、出血、肿胀,有黏膜剥脱、糜烂,或有假膜被覆。若发生出血性炎症,口腔、食管、嗉囊积有血液或血凝块。

【防治措施】 预防本病要对育雏亲鸽喂给多种混合饲料,少喂稻谷和带芒刺的麦类,要保证充足饮水。

治疗病鸽可采取将哺育亲鸽隔离 3～4 天,停止哺雏。对患鸽喂给青菜和软饲料,饮水中加入青霉素和链霉素,每 100 毫升水加入 20 万～30 万单位,每天换 1 次药水,连用 3 天。并喂给鱼肝油和维生素 C。出血时可肌注维生素 K_1,每次 1～2 毫克,每日 2 次。

第六节 胰腺炎

鸽胰腺炎多是由于营养或代谢失调引起。

【临床症状】 病鸽主要表现脚软,行走困难,不愿下水,精神不振,生长缓慢,腹泻。发病 3～5 天后死亡。

【病理变化】 剖检可见胰腺肿大、充血,呈粉红色或苍白色。

其他脏器无明显变化。

【防治措施】 治疗可用胰腺炎粉,每包(50克)拌料25～50千克,连用3～5天。同时服用15％水溶性氟哌酸(每包50克、加水50升),以防继发肠炎。此外,应加强饲养管理,在饲料中加入维生素A、维生素D及复合维生素B液、蛋氨酸、微量元素等,以使饲料营养全面。

第七节 嗉囊炎

本病是一种常见的消化道疾病,包括硬嗉病、嗉囊食滞、嗉囊酸醇、消化不良等。多是由于鸽摄食了发霉变质或不易消化的饲料,误食异物,以及受不健康的亲鸽哺食,缺少饮水或砂砾造成,致使消化道阻塞,饲料不能通过蠕动推向腺胃;还有的患急性传染病引起胃肠炎,也可诱发本病。

【临床症状】 童鸽和成年鸽都可发生本病,以1～3月龄鸽较为多见,乳鸽也有少数发生。患鸽表现食欲减退,甚至废绝,嗉囊胀大,触之坚硬结实,饮水增多,口中有黏稠唾液和酸臭味,粪便稀烂或便秘,日渐消瘦,严重的病鸽嗉囊溃烂以致死亡。

【防治措施】 预防主要是针对病因、症状而决定具体对策加以防范,平时注意饲料搭配,不要喂霉变劣质饲料,应供给优质软化饲料,亦不要在鸽饥饿时喂得过饱,饮水要清洁。

治疗可按积食程度不同而采取不同的方法,轻者一般可灌服2％苏打水或2％食盐水,或0.1％高锰酸钾水冲洗嗉囊2～3次。冲洗时将鸽头朝下,再用手轻轻按摩嗉囊,使食物软化,使病鸽吐出积食和水,后喂0.5～1片维生素B片,可起止吐作用。清洗完毕后,在积食初期可喂服酵母片2片,以促进消化。病情重者,可考虑做嗉囊切开术。手术时先拔掉嗉囊附近的羽毛,将皮肤用酒精及碘酊消毒后,沿嗉囊内侧面将皮肤切开2厘米,然后避开嗉囊上的血管纵切开嗉囊,用镊子夹出阻塞物或毒物,切口不要太大,以方便取出异物为度。嗉囊壁用酒精消毒后,用丝线做连续缝合,皮肤做结节缝合。缝合完毕,将创口用碘酊消毒后,撒一些磺胺粉。手术后 12 小时内禁止饮水或给饲,以后也应控制饲喂,5～7 天即可拆去皮肤的缝合线。

第八节 眼 炎

鸽眼炎症是指鸽的结膜炎和角膜炎等炎症。本病多见于幼鸽。其发病原因一是换羽季节或秋冬干燥季节或饲养密度太大,给料时鸽群惊食而扬起飞尘进入眼内;二是月龄不同的鸽混养在一起,大鸽欺侮小鸽,强鸽啄咬弱小鸽,啄伤眼睛,感染发炎;三是大龄鸽公母不分栏饲养,常见几只公鸽为争夺母鸽打斗,啄伤眼睛;四是某些疾病如维生素 A 缺乏症、线虫刺激眼睛等也可造成眼炎。上述原因引起的眼炎与某些传染病如鸟疫、败血霉形体病等的眼炎不同,它们一般不会引起鸽的全身症状和病变。

【临床症状】 本病多见于 1～3 月龄的鸽子,常仅发生于一侧眼睛。病初表现眼无神,眼圈湿润,眼睑肿胀,眼结膜充血、潮红或见有伤痕,流泪,后变成黏液性或脓性分泌物,眼睑黏液甚多以至封闭眼睛。如把眼睑翻开,即可见黄色块状分泌物。有时还会引起不同程度的角膜混浊和缺损,即角膜表面有一层云雾状灰白色斑,影响视力,严重的角膜糜烂、穿孔,甚至失明,有的眼球突出,最后导致眼球萎缩。病鸽还表现因眼睛不适而在背部羽毛上摩擦眼部,或用脚趾抓眼,造成眼附近羽毛脏湿,鼻瘤污秽。一般呈良性经过,失明者甚少。如治疗及时、恰当,则数天可愈。

【防治措施】 预防主要是保持鸽舍的环境卫生,保持空气清新,防止尘土飞扬;加强饲养管理,采取积极有效方法,以杜绝或减少可能引起眼炎因子的出现;饲料营养要合理搭配,特别要合理补充维生素 A。

治疗本病可采用以下方法：①对病鸽可用1％食盐水洗眼，清除眼内分泌物，再涂上四环素眼膏，每天2～3次；也可用2％硼酸水冲洗眼的患部，先把眼内污物冲洗掉，再涂上金霉素眼膏，反复冲洗涂药，直至治愈。另外再口服鱼肝油2滴。②醋酸可的松眼药水滴眼，每天数次。③甘汞、注射用葡萄糖粉按1∶5均匀混合后，吹入眼内，每日1～2次，连吹3～5天，对角膜炎疗效较好。

第九节 热射病

暑热天气、环境温度过高或潮湿闷热，会使肉鸽的羽毛污秽，影响散热，使体温升高，体内代谢旺盛，氧化不全的中间代谢产物蓄积引起酸中毒；加快呼吸及大出汗时可引起脱水、水盐代谢紊乱，最后循环衰竭。热痉挛主要是大出汗致使钠盐、钙盐丢失过多，引起肌肉痉挛性收缩。但这种情况体温不会很高，且神志清醒。

【临床症状】 本病的特征症状是突然发病，高度沉郁，饮水量大增，张口架翅，急促呼吸，步态不稳，软脚，瘫痪，猝死，死前频频发生抽搐、痉挛。

【病理变化】 剖检可见病鸽头盖骨出血，脑膜充血、淤血、出血、水肿；心包积液，心肌出血；肺水肿，淤血；其他组织亦可见有出血。另外，刚死亡的鸽只，其胸腹内温度较高，热可灼手。

【防治措施】 要注意休息和充分供应饮水并适当加喂食盐，防止日光直射头部。鸽舍及车船运输不能过度拥挤，保证清洁通风良好，长途赶运应在早晚凉爽时进行，并注意勤饮水，勤休息。本病往往突然发生，如救治不及时可迅速死亡。因此一旦发现，应立即急救。治疗原则是防暑降温，镇静安神，强心利尿，缓解中毒。发现病鸽应立即将其置于凉爽通风的地方，头部和心区施行冷敷，并配合用冷盐水内服，尽量在短时间内使体温下降。在饲料中添加 0.05％维生素 C,同时适量投饮一些清热解暑中草药，如芦根、夏枯草等，可以有效地防止本病的发生。

第十节 软 嗉 病

本病常因鸽食入变质腐败的饲料、饮水或容易发酵的饲料，或误食毒物后，在嗉囊内腐败发酵和产生多量气体，引起嗉囊发炎和显著膨胀所致。有时由于患胃肠炎、鹅口疮、毛滴虫等病继发引起。

【临床症状】 患软嗉病的病鸽表现食欲减退或完全不食，不泌，嗉囊胀大而下垂，内充满乳糜或腐败的黏性液体或气体，手摸有软绵绵的波动感，似有弹性，口气酸臭，口内黏液黏稠，常呕吐，腹泻，喜饮水。挤压嗉囊或将鸽倒提时，会流出灰色或乳白色的酸臭液。严重者嗉囊溃烂而死亡。

【病理变化】 剖检可见腺胃膜充血、出血，发生坏死，胃黏膜易刮下。

【防治措施】 首先将嗉囊中的内容物排除掉，再进行冲洗和喂药。将病鸽倒吊，头朝下，用手将嗉囊中的食物和液体挤出，再向口中插入 1 根导尿管，从中注入 1.5％碳酸氢钠溶液，再将鸽倒挂，挤出冲洗药液。反复几次，直到清水流出为止。冲洗后喂服胃舒平 0.5～1 片、酵母片 1～2 片、土霉素 0.5 片(12.5 万单位)，每天 2 次，连喂 3 天。或内服姜酊和大黄酊各 1～2 毫升，并喂服水溶性复方维生素 B 水溶液 3～5 毫升。服药后停食 1～2 天，然后喂给易消化的细粒状饲料或浸水的面包和牛奶、新鲜青菜。另外饮水中加入少量醋酸，以达到消炎、杀菌、健胃之目的。若由传染病引起，应采取对症治疗。

第十一节 肿 瘤

【临床症状】 病鸽胸腹部、腿部及脚趾部的皮肤处有隆起的瘤肿。并能扩展到深部组织,切开后可见核状凝块,凝块周围有黄色脓液。发生在口腔部,初期唾液增加,有臭味,随即口腔黏膜发生黄色小斑点,后期成为带菜花状的肿瘤。

【防治措施】 预防主要是清除致癌物质,对外伤感染做到及时治疗,防治癌变。有效的治疗办法是早期手术切除,或及时淘汰病鸽。

第十二节 便 秘

笼养鸽较易发生。尤其是突然改变饲料,或喂给不易消化的劣质饲料,长期缺乏油脂饲料、青饲料及保健砂,运动不足,加上饮水太少,或因下痢后粪便与肛门周围的羽毛凝结附着造成阻塞,均会使鸽排便不畅而逐渐造成便秘。有的因寄生虫病或肠炎好转后而发生便秘。

【临床症状】 病鸽食欲减退,饮欲下降,常见有不断地排便动作,但不见粪便排出。眼半闭,羽毛蓬松,呼吸加快,肛门膨胀,有时还能触摸到粪便留在泄殖腔内,外观肛门干涸外凸,病鸽表现不安。

【防治措施】 预防应根据其发病原因,改善饲养管理,切勿随便改变饲料和饲喂不易消化的劣质饲料,同时供应充足饮水,设法增强运动。治疗首先将凝结在肛门周围的粪便,用温开水软化并洗净,同时用以下药物治疗:5%硫酸钠溶液灌服,每次5～10毫升,促使蓄积粪便软化排出;如一次不行,可隔天再灌1次,直至畅通。液状石蜡灌服,每次3～6毫升,促使粪便随液状石蜡的润滑而慢慢排出体外。5%人工盐溶液饮水 2~3 天,以发挥其健胃通便作用,以助排粪。

第十三节 卵 泌 症

鸽卵泌症,俗称难产。其产生原因往往是鸽体过肥,脂肪过多,使输卵管收缩或因蛋大难产;或由于输卵管发炎、狭窄或扭曲,使卵无法通过产道;或由于雌鸽体质过弱或疲劳过度,致使子宫收缩无力;或是产蛋时遇猛追乱捉。

【临床症状】 患鸽表现不安,欲回巢产蛋,而蛋长期留于子宫内产不出来,并出现排粪困难,可见到肛门四周被粪便污染,并有黏液流出;病鸽精神沉郁,食欲减退或停食,重症者数天后死亡。

【病理变化】 剖检可见子宫内长留不下的鸽蛋,沾于子宫壁,严重者可使子宫管腔坏死。

【防治措施】 对初产雌鸽防止营养过剩,身体过肥,捕捉临产鸽时动作一定要轻柔。治疗措施主要是助产。操作方法:先用双手握鸽,将鸽腹部朝上,用大拇指在趾骨前方、胸骨后方轻轻触压腹部,待摸到蛋体,慢慢地向肛门方向推动,并在肛门涂上植物油以润滑产道,术者用力要与鸽配合,当病鸽努责时,向肛门方向推蛋,若发现白色点(蛋露头),可加大力量直至将蛋挤出;若不见蛋露头,则不能大力,防止产道破裂。为避免产道发炎,可内服四环素,每次半片,1 日 2 次,连用 3 天。

第十四节 创 伤

创伤是受体外动或静的不利因素作用,引起机体肌肤或器官的损伤,如啄、抓、跌、撞、碰、压、扭、刺、咬、击等,使组织结构的完整性遭受破坏,表现为破损、肿胀、充血、出血、炎症、坏死、溃烂、缺失及疼痛。金属栏网饲养、栏舍破旧或不牢固、饲养管理粗暴、不饲喂全价饲料、雄多雌少、不同品种或年龄混养,均容易使鸽发生这一类病。轻度的创伤多能自行愈合,重度的创伤主要是采用外科治疗和辅以适当的全身抗感染处理。

【病理症状】 受伤局部呈现淤血、肿胀、温热、疼痛。若皮肤破裂而出血,常被异物污染。骨折时出现异常运动。

【防治措施】 预防主要是防止外力冲撞鸽体及天敌损害鸽群,注意防鹰、防兽害。治疗主要是创伤的处理:先用较温和的消毒液如1‰~3‰过氧化氢、0.1%高锰酸钾溶液等将创口冲洗、清理和抹干净,随之撒布磺胺粉或以磺胺软膏、鱼石脂软膏涂布。若创口过大,还应用已浸过消毒药的缝合针缝合,并从当天起进行连续2~3天的抗菌药内服或注射,以防止继发性感染。若为深部创伤,不宜治疗,应予淘汰。

附　录

食用动物禁止使用的药物

序号	兽药及其他化合物名称	禁止用途	禁用动物
1	兴奋剂类：克仑特罗 Clenbuterol、沙丁胺醇 Saltutamol、西马特罗 Cimaterol 及其盐、酯及制剂	所有用途	所有食品动物
2	性激素类：己烯雌酚 Diethylstilbestrol、及其盐、酯及制剂，己二烯雌酚 Dienoestrol（☆）、己烷雌酚 Hexoestrol（☆）	所有用途	所有食品动物
3	具有雌激素样作用的物质：玉米赤霉醇 Zeranol、去甲雄三烯醇酮 Trenbolone、醋酸甲孕酮 Mengestrol Acetate 及制剂	所有用途	所有食品动物
4	氯霉素 Chloramphenicol、及其盐、酯（包括：琥珀氯霉素 Chloramphenicol Succinate）及制剂	所有用途	所有食品动物
5	氨苯砜 Dapsone 及制剂	所有用途	所有食品动物
6	硝基呋喃类：呋喃唑酮 Furazolidone、呋喃它酮 Furaltadone、呋喃苯烯酸钠 Nifurstyrenate sodium 及制剂	所有用途	所有食品动物
7	硝基化合物：硝基酚钠 Sodium nitrophenolate、硝呋烯腙 Nitrovin 及制剂	所有用途	所有食品动物
8	催眠、镇静类：安眠酮 Methaqualone 及制剂	所有用途	所有食品动物
9	林丹（丙体六六六）Lindane	杀虫剂	所有食品动物
10	毒杀芬（氯化烯）Camahechlor	杀虫剂、清塘剂	所有食品动物

续表

序号	兽药及其他化合物名称	禁止用途	禁用动物
11	呋喃丹（克百威）Carbofuran	杀虫剂	所有食品动物
12	杀虫脒（克死螨）Chlordimeform	杀虫剂	所有食品动物
13	双甲脒 Amitraz	杀虫剂	所有食品动物
14	酒石酸锑钾 Antimony potassium tartrate	杀虫剂	所有食品动物
15	锥虫胂胺 Tryparsamide	杀虫剂	所有食品动物
16	孔雀石绿 Malachite green	抗菌、杀虫剂	所有食品动物
17	五氯酚酸钠 Pentachlorophenol sodium	杀螺剂	所有食品动物
18	各种汞制剂包括：氯化亚汞（甘汞）Calomel、硝酸亚汞 Mercurous nitrate、醋酸汞 Mercurous acetate、吡啶基醋酸汞 Pyridyl mercarous acetate	杀虫剂	所有食品动物
19	性激素类：甲基睾丸酮 Methyltestosterone、丙酸睾酮 Testosterone Propionate、苯丙酸诺龙 Nandrolone Phenylpropionate、苯甲酸雌二醇 Estradiol Benzoate 及其盐、酯及制剂	促生长	所有食品动物
20	催眠、镇静类：氯丙嗪 Chlorpromazine、地西泮（安定）Diazepam 及其盐、酯及制剂	促生长	所有食品动物
21	硝基咪唑类：甲硝唑 Metronidazole、地美硝唑 Dimetronidazole 及其盐、酯及制剂	促生长	所有食品动物
22	阿伏霉素 Avoparcin(☆)		

注：1. 食品动物是指各种供人食用或其产品供人食用的动物。

2.（☆）为出口香港、澳门的活鸽增加禁用药。